国家社科基金项目“批判性思维的理论基础与培养策略研究”阶段性成果

中国批创思维

发展报告

2015年卷

熊明辉　谢　耘◎主编

中国社会科学出版社

图书在版编目（CIP）数据

中国批创思维发展报告．2015年卷／熊明辉，谢耘主编．—北京：中国社会科学出版社，2016．12

ISBN 978－7－5161－9450－8

Ⅰ．①中…　Ⅱ．①熊…②谢…　Ⅲ．①创造性思维—研究报告—中国—2015　Ⅳ．①B804．4

中国版本图书馆CIP数据核字（2016）第299569号

出 版 人　赵剑英
责任编辑　喻　苗
责任校对　李　莉
责任印制　王　超

出　　版　中国社会科学出版社
社　　址　北京鼓楼西大街甲158号
邮　　编　100720
网　　址　http://www.csspw.cn
发 行 部　010－84083685
门 市 部　010－84029450
经　　销　新华书店及其他书店

印　　刷　北京君升印刷有限公司
装　　订　廊坊市广阳区广增装订厂
版　　次　2016年12月第1版
印　　次　2016年12月第1次印刷

开　　本　710×1000　1/16
印　　张　19.5
插　　页　2
字　　数　290千字
定　　价　75.00元

目　录

序　言

和谐社会的形成与运行，需要具备理性思考与判断能力的国民；现代生活的多元形式与价值冲突，也要求其成员具有批判性、创新性的理智态度。正因此，批判性思维和创新思维早已成为国际公认的国民素质重要内容。自20世纪80年代以来，我国学者对批判性思维和创新思维的学术研究方兴未艾，各种形式的批判性思维和创新思维培养实践也得到了蓬勃发展。在2015年8月汕头大学召开的第五届全国批判性思维教学研讨会上，经由教育部高等学校文化素质教育指导委员会批判性思维和创新教育指导委员会（筹）委员们共同商议，正式确立了《中国批创思维发展报告（2015）》的编写计划，并且也决定从2015年起，每年编写出版一本当年的中国批创思维发展报告，以期能够最为全面和最为及时地反映国内批判性思维和创新思维的研究和培养进展。

会后，我们进行了简单的筹备，便正式启动了《中国批创思维发展报告（2015）》的编写工作，并广泛地向国内批判性思维和创新思维领域的各位专家学者开展了征稿工作。非常幸运地，我们得到广大学界同仁的积极反馈，并收到了大家投来的诸多高质量稿件。这些来稿全面反映了国内不同地区、机构和个人在批创思维研究与实践上的工作进展，为我们的编写提供了最佳、最可靠的内容素材。在编写本书的过程中，我们也充分尊重了大家的知识产权，在每个选录的章节部分，都明确标明了作者的身份。当然，对于有些来稿内容，我们也略微做了一点语句上的修改，以便能够保证全书各章节在体例上的一致性和连贯性。在此，我们特别要向所有给我们来稿，为我们提供编写素材的学界同仁们，表示最衷心的感谢！

与此同时，我们也针对2015年在国内出版的批判性思维或创新思维研究专著以及所发表的学术论文进行了一个基本的考察，并从中遴选了一些有代表性的成果来进行介绍，以期能够较有针对性地反映这一年来中国学界在批创思维研究上的最新发展。在对相关专著和论文加以整理和介绍时，中山大学逻辑与认知研究所的郭燕销、于诗洋、杨璇和梁润成同学承担了较多的编写工作，在此也要一并向他们表示衷心感谢！

熊明辉、谢耘

2016年6月

第 一 篇

理论进展篇

第 一 章

2015 年中国批创思维教育研究发展报告

2015 年，中国批创思维教育的研究延续了蓬勃发展的势头，并取得了诸多重要的成果。本文通过对本年度公开出版的相关著作和公开发表的学术文章进行主题分析，以期详细展示 2015 年国内批创思维发展情况。

一 研究概况

（一）文献来源与检索情况

本次主题分析的文献来源有三类：

（1）第一类文献来源是中国知网中的 CSSCI 期刊。我们分别以“批创思维”“批判能力”“批判性思考”“批判思维”“批判性思维”“批判教育”“创造思维”“创新性思维”“创造性思维”“创新思维”“创新思考”这 10 个关键词，限定发表时间跨度为 2015 年 1 月 1 日到 2015 年 12 月 31 日，限定期刊来源为“CSSCI 期刊”，检索出来的文献在剔除重复和不相关的之后，一共 79 篇。

（2）第二类文献来源是 2015 年公开出版的批创思维著作。这部分文献我们是通过在网上售书平台检索和作者自荐两种方式结合获取，一共 29 部著作。

（3）第三类文献来源是《工业与信息化教育》2015 年第 7 期所刊发的批判性思维专刊，共 12 篇文章。

(二) 研究主题

我们原来计划把相关研究涉及的主题分成两个层次。第一个层次，是批创思维研究的主题。在这一层面上，批判性思维和创造性思维是被看作一个整体来进行相关的讨论和研究的；第二个层次，是批判性思维研究的主题和创造性思维研究的主题。我们试图对第一层面主题文献分类的时候却发现，虽然有不少学者认为批判性思维是创造性思维的基础，或批判性思维与创造性思维之间呈正相关，但在过去一年里，并没有将这两者视为一个整体对其进行研究的文献。考虑到不管是批创思维发展的理论研究者还是教育实践的同仁，都无法回避这几个问题：为什么要教、教什么、如何教以及教得怎么样。于是我们将第一层次的研究主题调整为：

1. 批判性思维（创造性思维）是什么？

2. 为什么要开展批判性思维（创造性思维）教育？

3. 如何开展批判性思维（创造性思维）教育教学？

4. 如何评价批判性思维（创造性思维）？

第二层次的研究主题分别从批判性思维研究和创造性思维研究文献中归纳而来。其中，批判性思维研究的主题共有 12 个，分别是：

（1）批判性思维的含义；

（2）批判性思维的构成；

（3）批判性思维的影响因素和机制；

（4）批判性思维与创造性思维的关系；

（5）批判性思维与逻辑；

（6）批判性思维的（不）可教育性；

（7）培养批判性思维的作用与意义；

（8）批判性思维发展的现状和反思；

（9）批判性思维的培养途径；

（10）批判性思维的培养策略；

（11）批判性思维的教学模式；

（12）批判性思维的评估。

其中，（1）至（6）属于第一层次主题中的“批判性思维是什么”；（7）和（8）属于“为什么要开展批判性思维发展”；（9）至（11）为“如何开展批判性思维发展”；（12）属于“如何评价批判性思维”。

对于创造性思维研究而言，主题共11个，分别是：

（1）创造性思维的含义；

（2）创造性思维与创造力的关系；

（3）创造性思维的构成；

（4）创造性思维特性；

（5）创造性思维与逻辑思维的关系；

（6）创造性思维的影响因素；

（7）创造性思维应用；

（8）创造性思维的可教育性；

（9）创造性思维的作用与意义；

（10）创造性思维发展教学研究；

（11）创造性思维能力的评估。

其中，（1）至（8）属于“创造性思维是什么”；（9）属于“为什么要开展创造性思维发展”；（10）属于“如何开展创造性思维发展教学”；（11）是“如何评价创造性思维”。

从上述第一层次和第二层次的主题归属可以了解到：不管是在批判性思维研究还是在创造性思维研究中，第一层次的第四个主题“如何评价”下面都是没有分主题的。这主要是因为不管是批判性思维研究还是在创造性思维研究中，这一主题下都只涉及两篇文献，且不全是专门讨论如何评价这两种思维的，所以不好也没必要再下设分主题。

（三）频次统计

1. 批判性思维与创造性思维研究频次统计

在总共91篇期刊文献中，讨论批判性思维和创造性思维的分别是45篇和46篇，百分比分别是49%和51%，相差并不大。若只考虑来自CSSCI期刊的79篇文献，则有33篇是关于批判性思维研究的，46篇是关于创造性思维研究的，两者的百分比分别为 42% 和 58%，即这种情况下创造性思维研究的文章会多一些。在 2015 年出版的著作（含译著编著）中，与批判性思维有关的是 8 部，与创造性思维有关的是 22 部，同时涉及批判性思维和创造性思维的是 1 部。相比之下也是创造性思维的要多。这与 CSSCI 期刊文献中创造性思维研究比批判性思维研究要多的情况也是一致的。将期刊和著作一起统计，结果也是类似的：批判性思维研究与创造性思维研究所占百分比分别是 44% 和 56%。由上述统计可知，2015 年度公开发表的创造性思维文献要比批判性思维文献多。

2. 第一层次主题的频次统计

第一层次主题的频次统计结果如表 1 所示。[①] 为方便起见，“批判性思维（创造性思维）是什么”简化为“是什么”；“为什么要开展批判性思维（创造性思维）教育”简化为“为什么”；“如何开展批判性思维（创造性思维）教育”简化为“如何教”；“如何评价批判性思维（创造性思维）”简化为“如何评价”。

表 1 第一层次主题频次统计结果

	是什么	为什么	如何教	如何评价
批判性思维	29	18	24	2
创造性思维	31	3	9	2
小计	60	21	33	4

由表 1 可知：

（1）不管是批判性思维研究还是创造性思维研究，“是什么”的频次是最高的，“如何教”次之，“为什么”再次之，“如何评价”是频次最低的。

（2）对于批判性思维研究来说，“是什么”的讨论虽然是最多的，但

① 考虑到著作（含译著、编著）中包含的第一层次和第二层次主题讨论的观点不一定是在 2015 年新提出来的，要从中分辨出哪些是 2015 年新提出的观点十分困难，所以在此处的主题频次统计和下文的各主题观点分述中均未参考相关著作。

与第二位“如何教”并没有相差很多，且排在第三位的“为什么”与第二位的“如何教”也不是相差很多。相比之下，“如何评价”的研究则显得相差很远。

（3）在关于创造性思维的研究中，“是什么”占了很大的比重；“为什么”和“如何评价”则相差无几；“如何教”要比这两者多一些。

（4）通过对比同一主题分别在“批判性思维”和“创造性思维”中的频次，我们发现（a）“是什么”和“如何评价”两个主题在这两个领域的文献数量相差不大；（b）在“为什么”和“如何教”这两个主题下，批判性思维的文献比创造性思维文献要多不少。

3. 第二层次主题的频次统计

如前所述，“批判性思维”研究主题共 12 个，“创造性思维”研究主题共 11 个，其频次统计结果见表 2。

表 2　　第二层次主题频次统计结果

批判性思维各主题（12）	频次	创造性思维各主题（11）	频次
（1）批判性思维含义	7	（1）创造性思维含义	4
（2）批判性思维的构成	4	（2）创造性思维与创造力关系	5
（3）批判性思维的影响因素和机制	4	（3）创造性思维的构成	8
（4）批判性思维与创造性思维的关系	7	（4）创造性思维特性	3
（5）批判性思维与逻辑	5	（5）创造性思维与逻辑思维的关系	2
（6）批判性思维的（不）可教育性	2	（6）创造性思维的影响因素	7
（7）培养批判性思维的作用与意义	11	（7）创造性思维应用	1
（8）批判性思维教育的现状和反思	7	（8）创造性思维的可教育性	1
（9）批判性思维的培养途径	5	（9）培养创造性思维的作用与意义	3
（10）批判性思维培养策略	12	（10）创造性思维教育教学研究	9
（11）批判性思维教学模式	7	（11）如何评价创造性思维	2
（12）批判性思维评估	2		

由表 2 可了解到：

（1）在批判性思维各主题当中，“批判性思维培养策略”的研究是频次最高的，其次是“培养批判性思维的作用与意义”，“批判性思维的

(不) 可教育性”和“批判性思维评估”频次最低。

(2) 在创造性思维各主题中，“创造性思维发展教学研究”频次最高，然后是“创造性思维的构成”，“创造性思维的影响因素”频次也不低，仅比“创造性思维的构成”低一点。

(3) 与批判性思维研究一样，在创造性思维各主题中，“如何评价创造性思维”的研究只有两篇。

(4) 在创造性思维研究中，有一个专门讨论创造性思维应用于社会生活实践的主题。

(5) 批判性思维研究中，有关于批判性思维与逻辑的关系的探讨，而在创造性思维的研究中，则是“创造性思维与逻辑思维”的关系讨论。

二 批创思维不同研究主题的观点分述

(一) 批判性思维研究

1. 批判性思维是什么

如前所述，“批判性思维是什么”下有第二层次主题 6 个，分别是：(1) 批判性思维的含义；(2) 批判性思维的构成；(3) 批判性思维的影响因素和机制；(4) 批判性思维与创造性思维的关系；(5) 批判性思维与逻辑；(6) 批判性思维的 (不) 可教育性。以下是对这 6 个主题具体观点探讨的概述。

(1) 批判性思维的含义

共有 7 篇文献涉及该主题的探讨。透过这些探讨，我们可以认识到不同学者对批判性思维含义以及如何去理解批判性思维的含义的看法是不一样的。有学者援引了国外学者对批判性思维界定，强调批判性思维的能力本质，认为批判性思维是根据思维元素和标准，通过熟练分析、评估和重建来进行自我引导、监督、修正，以提高思维品质的能力（高瑛，许莹）。一些学者则直接给批判性思维下定义，如“批判性思维又称为评判性思维，是对所学知识的性质、价值及真实性、精确性所进行的个人分析、评价、推理、解释及判断，并在此基础上进行合理的决策”（黄蕾等），又如“批判性思维是在真实情景中，通过一定准则对相关信息做出价值评判，并在此过程中不断提升问题解决技能的一种思维倾向”（余树煜等）。有学者试图从人们对批判性思维的不同定义中包含的共同之处来理解批判性思维积极思考、主动质疑、正确判断等基本品质（刘晓玲，黎娅玲）。还有学者通过回答“批判性思维是什么”和“批判性思维不是什么”来试图廓清批判性思维的含义，如董毓就认为，“批判性思维既不是社会上一些人望文生义得出的‘负面、挑错’的大批判，也不是一些逻辑专家所专注的单纯推理技巧。批判性思维，其实是以理性和开放性为核心的理智美德和思维能力的结合，是一种谨慎和公正的分析、构造和发展的过程，它对人的理性和知识发展有着直接的促进作用”；王路则明确指出：“批判性思维是一个理念而不是一个学科。”有一些学者则专门就如何理解“批判性思维”提出了自己的看法，如曲卫国强调要从批判性思维的社会维度来理解它，把批判性思维看成是具有社会维度的反思性活动，它关注的是主体和社会现实对批判性思维的制约和影响。批判性思维是批判性思维研究的对象，同时也是批判性思维教育的客体。

2. 批判性思维的构成

从4篇涉及批判性思维构成的讨论的文献来看，学者们都同意批判性思维并不是单一的构成，但在批判性思维包括哪些具体成分的问题上则有不同的看法。有些学者（肖薇薇）认为批判性思维由批判性思维技能和批判品质构成；有学者（董毓）则坚持批判性思维由智育部分和德育部分组成，其中德育部分是一组关于认知和行为的批判理性精神和品德，智育部分是一组辨别、分析、判断和发展的高阶思维技能；有学者（余树煜）说批判性思维不仅包含作为技能的方面，还包含作为标准的方面；还有学者（吴亚婕）认为批判性思维是由分析、评估、推论和自我调节四种核心能力构成。此外，董毓还对“作为技能”的批判性思维的具体内容进行了阐述。他认为，批判性思维技能是一组辨别、分析、判断和发展的高阶思维技能。这一组技能既包括论证的逻辑分析和推理技能，也包括一些批判性思维教育者不认同的部分：（1）信息分析能力，评估信息的真伪、质量和隐含关系、意义；（2）具体思考的意识和能力，根据语境来判断观念合理性；（3）深入思考能力，挖掘和辨别深层隐含的、基础性的假设；（4）探究、开放、构造能力，主动寻找多样的信息，努力构造替代解释和论证；（5）合理论辩意识和能力，力图通过多方的合理论辩达到最佳论证和认识；（6）综合判断的意识和能力，全面探究和不断发展。如果将董毓教授对批判性思维技能内容的阐述与吴亚婕的核心能力观点进行对比，我们会发现，虽然具体表述不一样，但董毓教授所说的六种能力似乎都可以纳入到吴亚婕所说的“分析”“评估”“推论”和“自我调节”这四种核心技能之中。

由上述主题探讨来看，学者们对批判性思维具体由哪些成分构成并未形成一致看法。这有三点体现：一是批判性思维究竟是由两种成分还是四种成分构成尚未有定论；二是即便是在采取了“两种成分说”说的观点中，这两种成分究竟是什么仍然是有争议的；三是在“两种成分说”中，“作为技能”的批判性思维的具体内容也还有待进一步澄清。另外在文献分析的过程中，我们发现学者们对本主题讨论的背后其实是有着对“批判性思维”的不同理解的。这大致有三种理解：大部分学者是侧重于教育学的视角去理解批判性思维和进行批判性思维构成的讨论的。在这些学者看来，“批判性思维”并不是指个体在特定情境下的某个具体的思维过程，也不是指某种类型的思维，而是指受教育者能够通过具体的教育教学活动所能够习得的某种分析和解决问题的能力或技能。另一些学者则倾向于从心理学的视角把批判性思维看作是个体在特定情境下的某个具体的思维过程，侧重于关注具体批判性思维的心理机制。这些学者认为对积极主动地进行批判性思维的“批判精神”也是批判性思维的一个构成要件。不同于这两种视角，一些学者是倾向于把批判性思维看作是某种思维类型的，基于这一视角的学者们会更多地关注批判性思维对信息（信念）进行分析、评估、构建等任务中的合理性问题。由此可见，明确“批判性思维”含义是分析批判性思维构成的基础。事实上，我们不大可能也无甚必要就“批判性思维的构成”的具体内容达成普遍一致的认识，但在进行该主题的讨论之前，清楚界定该讨论建立在何种意义上的“批判性思维”之上，也许是我们能够就相关观点进行批判性思维的前提。

3. 批判性思维的影响因素和机制

作为思维过程或技能的批判性思维并不是一种完全独立的存在。作为思维过程，它与因素相互影响着；而作为一项技能，它的形成和运用也是有条件的。有学者研究了批判性思维能力形成的影响因素。如吴亚婕和姜珊珊的研究结果则表明深度学习方法、成就学习方法会显著影响学生的批判性思维，与此同时，深度学习方法、批判性思维会显著影响并能够预测学生的期末成绩；黄蕾等人在对四所医学院校临床专业学生进行问卷调研后指出，医学生批判性思维能力与一般自我效能感呈正相关，提高医学生的一般自我效能感对批判性思维能力的提高具有促进作用。还有学者则就特定变量考察了批判性思维运作机制。如屠兴勇等以自我调节和知识分享为理论基础，构建了包括中介效应的调节概念模型，并通过回归分析发现，批判性思维与员工创新行为显著正相关，知识分享在两者之间起部分中介作用，而自我效能在批判性思维与知识分享之间起调节作用。此外，还有学者（张留华）对不同人群的推理机制进行了对比研究。他认为，普通人在日常推理中有一套不同于专家推理的是非好坏标准，相形之下，专家推理更像是日常推理的“保守扩充”，我们不应该以科学理性否认普通人的理性自治。还有一些学者则对形成批判性思维能力的影响因素进行了探讨。

4. 批判性思维与创造性思维的关系

批判性思维与创造性思维关系的探讨，既可以是这两种思维之间有何联系或区别的静态分析，也可以是这两者如何联系或区别的动态呈现。从文献分析的结果来看，学者们对该主题的探讨集中在对批判性思维与创造性思维相互联系的静态分析上。相关讨论可以归结为三种不同的看法：

一是认为批判性思维是创造性思维的基础、前提或先决条件。如胡显章就指出，创新思维是创新实践基础和前提，创新思维是建立在哲学的批判性思维基础上的。高瑛和许莹则认为批判性思维是创造性思维的先决条件。

二是认为批判性思维是创造性思维的核心环节或关键。其中，余树煜认为批判性思维是高阶创新思维的核心要素；李剑锋和张晶则认为批判性思维是创新过程中不可或缺的环节。吴亚婕等人则认为，激发创造力意味着要破除惯性思维，而批判性思维正是破除惯性思维的关键。同时，她们也还强调，虽然批判性思维能激发创造性思维，但并不等同于创造性思维。

三是避免在条件或构成的视角去理解批判性思维和创造性思维的关系，而仅仅是考究这两者之间是如何相关的。刘春晖对大学生创造性问题提出能力进行了实证研究，发现大学生创造性问题提出能力与信息素养、批判性思维倾向存在显著正相关，批判性思维倾向在信息素养预测创造性问题提出能力时起调节作用，提升学生的批判性思维能力有助于培养高素质创造性人才。刘晓玲和黎娅玲的研究则试图表明大学生批判性思维能力低下是导致创新能力不足的一个重要原因。

5. 批判性思维与逻辑

学者们对批判性思维与逻辑或逻辑学的关系的看法并未达成一致。张建军从高阶认知的特性入手，认为高阶认知研究既要诉诸逻辑因素在认知行动中的作用机制，也要把握逻辑因素与非逻辑因素的相互作用机制，从而隶属于“应用逻辑研究”。批判性思维是有赖于“基于合理推理的问题求解”的高阶认知。因此批判性思维教学与研究中的“反逻辑主义观念”是不正确的。加强逻辑基础教学是推进批判性思维发展的题中应有之义，在逻辑基础教学中亦应强化批判性思维视角。谢耘翻译的图尔敏文章通过对逻辑学发展历史的反思，阐明如若回归亚里士多德的理论传统，逻辑学研究是“论证理性评价的理论和技艺”，其中既有与“形式”相关的内容，也有与“功能”相关的内容。它们分别采用不同的理论术语和规范标准，而并不只是 20 世纪被约减而成的“纯粹形式化的”研究。因此，对论证的理性评价不能没有逻辑学家的参与，就如同不能没有具体领域中的实践者参与一样。李剑锋和张晶阐明了批判性思维研究不同于传统逻辑学研究的特性：研究对象不是逻辑蕴涵而是论证；论证的概念主要不是语形和语义的，而是语用的；放弃论证类型的一元论而主张多元论；注重论证的型式（scheme）和宏观结构；评估论证从单价论扩展到多价论；包含了不能确定为真但可合理接受的前提；论证的范例从几何学模型转换为法学模型；逻辑系统的概念和规则从刚性转变为柔性；与论辩术[①]和修辞学的关系从对立改善为相互补充。李正栓和李迎新则认为逻辑教学是批判性思维培养的逻辑基础。

6. 批判性思维（不）可教育性

有两篇文献涉及了批判性思维是否可教育的问题。其中一篇文献（张成伟，袁庆飞）指出，批判性思维的意识与技能是公民应具备的一项基本能力，这项能力可后天习得。另一篇文献（曲卫国）则基于现代心理学的一个基本共识——知识的获取运用或者说思维是人最基本的与生俱来的能力，从而认为批判性思维实际上无所谓缺乏不缺乏。

7. 培养批判性思维的作用与意义

批判性思维发展是否必要在很大程度上取决于它在我们公共生活和私人生活领域所能发挥的作用，或者说它对我们有着什么样的意义。事实上，这也正是学者们阐述批判性思维能力或批判性思维发展必要性的理路。胡显章指出，批判性思维是人类进步的武器，对提升文化自觉方面有重要的价值和意义。肖薇薇认为，批判性思维对学生个人成长和社会进步都将产生积极影响。一方面，对个人而言，批判性思维培养对学生生存、发展意义重大。另一方面，对国家和社会而言，批判性思维培养是建设创新型国家、推动社会进步的需要。李剑锋和张晶的观点是批判性思维的论证原理对于法律论证具有极其重要的价值和意义，构建嵌入批判性思维的法律思维训练课程体系，切实实现对法律思维能力的训练，是未来法学专业高等教育发展的必由之路。黄慧娴则认为档案学专业本科生批判性思维能力的培养，无论是对其自身能力素质的提高、学术精神的凸显，还是对于档案学科研究成果的质量提高、档案学科的发展，都有一定的积极作用。在宋军看来，以思辨能力为导向的学术英语教学不仅是深化大学英语教学改革的必然趋势，也是我国国际化人才培养的战略需要。蔡基刚则阐明了自己对于批判性思维与学术英语教育的看法：学术英语培养的不仅是

① 原文为“辩证法”，考虑到该文中的“辩证法”实际上与中国当前语境中的“辩证法”意义相去甚远，故改为论证理论中更常用的“论辩术”一词。

学术英语技能，更重要的是以批判性思维能力为核心的学术素养，这是通识教育在语言教学中的使命。还有一些学者从信息化社会或信息素养的角度论证了批判性思维的重要性。张成伟和袁庆飞指出，批判性思维存在于日常生活的琐碎事物中，在生活中扮演重要的角色。具备了批判性思维的人在面对各种问题时，能够理智、客观地选择相信什么，知道通过什么方式做什么，从而得出一个最合适的答案，学会运用批判性思维，学生走向社会后才能依据信息需求，有目的、高效地解决问题。余树煜等也指出，信息化社会要求人们能够以更高效的方式对信息进行筛选、处理和加工，批判性思维有助于人们这样处理信息。

8. 批判性思维发展的现状和反思

一些学者指出了当前我国批判性思维发展中存在的问题。胡显章说，相比西方国家队批判性思维发展的重视，我国高校缺乏必要的自觉和实践。但与此同时，他也强调我们在考虑中国批判性思维的历史发展和现状时，不能采取虚无主义和一概否定的态度。肖薇薇则指出，我国学生批判性思维缺失成为我国教育的重要积弊，主要表现为两个方面：一是没有批判，缺乏批判性思维的品质；二是不懂批判，缺乏批判性思维技能。刘晓玲和黎娅玲则支持当今高等教育中批判性思维培养中的三个问题：一是受传统文化的束缚，缺乏自由包容的氛围，即没有批判性思维培养的土壤；二是应试教育体制下的中小学传统灌输式教学忽视了教学过程中启发的作用，使学生的批判性思维意识形成受到阻碍；三是学生在日常学习中独立思考、培养自主学习能力的机会不多。

此外，学者们还对批判性思维发展缺失的原因进行了分析。肖薇薇认为学生批判性思维的缺失原因是多方面的，是多方因素长期作用的结果，既有来自传统的非批判性思维文化的深刻影响，也有来自近代以来非批判性政治历史的原因，但现实的非批判性教育模式的消极影响尤其值得引起重视：(1) 记忆型教育文化局限了批判性思维的生长空间；(2) 知识性教育模式弱化了思维自主建构能力的开发；(3) 一元化评价方式加剧了教育的功利化和工具化。李剑锋和张晶认为：学生批判性思维和创造性思维能力欠缺，是我国多年来实施应试教育导致的最大弊端。此外，传统教学文化缺乏批判反思元素、教师对批判性思维的认识存在偏差、目前教学评估体系制约着批判性思维的训练以及我国对批判性思维研究的滞后也给批判性思维教学带来困惑。

李正栓和李迎新则认为导致我国批判思维发展缺失的原因有四：(1) 长期的传统文化教育和应试教育已经使学生形成了比较牢固的唯上、唯师和唯书的心理定式，不敢大胆对存在的问题进行开放性质疑，没有深层次的独立思想，没有探索精神和创新意识。(2) 所谓的“面子问题、尴尬境地、为难情绪”等使得广大教育工作者难以顺利进行批判性教育与教学活动。(3) 高校对大学生的逻辑思维能力、理性精神和批判性思维品质的培养没有给予足够的重视。(4) 我国的批判性思维发展从大学教育开始，为时太晚。

9. 批判性思维培养途径

一般认为，批判性思维培养可以经由开设专门的批判性思维课程、逻辑通识课以及将批判性思维发展渗透至专业课教学三种途径来进行。王路在讨论了理念与学科及课程的关系后指出：通识教育是通过专业教学而实现的，如果批判性思维是与通识教育相符合的理念，则不需要通过专业教学来实现，不需要设置专门课程；逻辑是一门基础课，以批判性思维为目的而改造逻辑课程是错误的。既然不否认逻辑课有助于提高批判性思维素养和能力，就应该认真教好逻辑课。陈伟则对“批判性思维”课程的性质进行了探讨，他认为，“批判性思维”是一门全新的课程，它把逻辑学的教学从语法学和语义学转向了语用学。批判性思维课程既不是数学逻辑，也不是逻辑学导论，它是一门以论证为中心，融合论辩理论、认识论、认知科学和修辞学等学科的基本原理和方法，旨在培养分析习性和创新精神的课程。李剑锋和张晶对构建嵌入批判性思维的法律思维训练体系提出设想，她们认为这一工作可以从三方面着手：以法律逻辑课程作为法律思维训练的核心课程；专业课教学中引入批判性思维的教学方式；在实践教学环节开设思维训练的实训课程。

10. 批判性思维培养策略

一些学者对如何进行批判性思维培养，以及在此过程中应注意哪些问题进行了研究。胡显章指出，从中国高校学生的批判性思维现状来看，整体上是存在不足的，但是也有不容忽视的特色。因此，我们应该持一分为二的实事求是的态度，善于从我们的实际出发扬长避短、学习他人，探索具有自身特色的路径，这也正是理性的批判性思维的应有之义。肖薇薇建议要从以下三个方面入手，培养学生的批判性思维：（1）重设教育目标，将批判性思维的培养作为关键性指标；（2）创建思维型教育文化，为批判性思维的主体觉解提供生长空间；（3）拓宽教学内容，在学科、专业教育中融入批判性思维的培养。李正栓和李迎新指出：（1）开放性教学是批判性思维培养的重要前提；（2）探究式教学是批判性思维培养的重要途径；（3）逻辑教学是批判性思维培养的逻辑基础；（4）信息素养教育是批判性思维培养的必然要求；（5）多样性的测评方式是批判性思维培养的内在动力；（6）跨学科教学是批判性思维培养的有效方式。李剑锋和张晶认为，在批判性思维培养的实际操作层面上，教育者应该创新新型课堂教学文化、提供富有思考性的问题、提倡探究式学习。黄慧娴认为要培养档案学专业学生的批判性思维，就要做到夯实档案学科知识基础，克服自身思维惰性、提高学习兴趣，抓取机会给自己营造良好的批判性学术氛围，在实践中提高批判性思维能力。刘晓玲和黎娅玲则分析岳麓书院教育模式后指出，培养大学生批判性思维要注意三点：（1）开展交流活动，创造自由开放的学术环境，培养学生批判性意识；（2）转变教师角色，创建活力课堂，促进学生批判性思考；（3）鼓励学生自主学习，建构知识体系，养成批判性品质。吕林海等在对中国学生保守课堂学习行为的调查研究后指出，在批判性思维指标上，主动开放型最强，利他保守型居中，习惯保守型最弱，鉴于批判性思维是创新能力的核心要素，本研究认为，激活中国课堂教学环境，鼓励学生积极参与到学习活动中来，是未来教育改革的重要任务。余树煜等则从批判性思维的两个本质属性（标准和技能）入手，认为批判性思维的训练需要遵循一定的行为准则，并且具有明确的目标性，同时侧重于批判性思维技能的改善，并以此提升批判性思维能力。

也有学者探讨了批判性思维发展的教学内容设计和选择的问题。其中，刘翠航对美国霍尔特·麦克杜格尔出版社的初中世界历史教材设计中对培养具有历史批判性思维的学生的相关设计予以分析，并总结了这对我国历史教材编写的借鉴意义。王伟则对将“半费之讼”作为批判性思维教学中的一个典型案例进行了分析。他认为，“半费之讼”具有综合性、探究性和开放性的特点，可以运用在案例教学中。学生在教师的引导下，通过反复思索、步步深入的主动、独立、积极的分析与探究过程，不仅体验了着眼于不同角度形成不同视野得到不同结论的探究过程，而且经历了肯定、否定、否定之否定等批判性反思，既在实际的动态逻辑思维过程中学习了如何进行逻辑思维，又培养了自己的批判性思维能力，实现了自我的综合提升。

11. 批判性思维教学模式

不少学者对批判性思维教学模式进行了研究。吴亚婕等以批判性思维核心能力及其发展过程为基础，提出了一个基于网络环境的大学生批判性思维培养教学模式。高瑛和许莹在梳理国内外批判性思维能力相关研究和国外四种有影响力的培养模式基础上，结合中国社会文化和外语专业学科特点，构建了一个“三位一体”的外语专业批判性思维能力培养模式。吴厦厦在将美国 SIOP 模式应用于外语专业教学进行研究后指出，在外语教学中能够批判性地学习美国 SIOP 模式，将语言三位一体的功能糅合在一起，将学生批判性思维能力的培养与语言基础知识的传授和技能的训练有机结合，将对学生批判性思维能力的培养具体落实到教学行动中，就能使外语专业大学生的语言能力、学术知识能力、批判性思维能力得到全方位发展。余树煜等提出了问题解决式在线教学的批判性思维发展模型，并验证了该模型能够促进学习者批判性思维的发展。郭炯和郭雨涵采用行动研究法，依托“培训项目的设计与实现”课程，通过三次教学实践活动和支架的设计、实施、分析和反思，对重构的批判性思维培养模型进行了效果分析，进一步明确了学习支架在学生批判性思维培养过程中所能发挥的作用。张洪英对以批判性思维的 ABE 模式对《冯谖客孟尝君》进行阅读教学做了探讨。张成伟和袁庆飞提出了基于中学信息技术教育的批判性思维培养模式——基于创设问题情境的教学模式，并指出实施这一教学模式中的注意事项。

12. 批判性思维评估

在批判性思维质量评估方面，研究者们主要是对批判性思维发展成果的测量工具进行了研究。其中，吴志泉介绍了包含批判性思维在内的大学生核心教育成果测量工具“大学生学习评价”（Collegiate Learning Assessment，CLA）及其测量方法和注意事项。赵婷婷等对在美国影响最大的一项大学生学习成果标准化测试——ETS水平轮廓测试汉化后形成的EPP（中国）批判性思维能力测试进行了检验，认为这一标准化测试工具信度与效度良好，对中国高等院校具有适用性，为我国高等教育质量评价开拓了新的视角和途径。

（二）创造性思维研究

1. 创造性思维含义

一些学者试图廓清创造性思维的含义。刘韧认为所谓创造性思维指以新颖独特的方式来解决问题的思维方式。詹慧佳等则认为：“……创造性思维（creative thinking）是创造性的具体表现是个体高级认知活动。……根据认知心理学的观点，将人脑比喻成计算机，创造性思维则可看作产生‘输出’（创造性思维产品）的运行过程。”在王保国看来，创新思维是思维主体在特定的时刻对原有思维方式的综合运用，是以解决实际问题为出发点的思维和智力品质。创新思维是在一般思维方式和方法的基础上发展起来的，是由多种类型的思维在创新实践中的有机结合、聚变式重构并产生在本质上飞跃的思维新范式，是对原有思维范式的成功突破和组合。创新思维是创造力的灵魂和核心，是一种综合性的思维方式，是以线性思维为基础的多种思维方式的有机运用。周可真认为创新思维是人类创新活动的根本所在。从词素构成来看，创造力或被理解为一种力量、动力，按照这两种理解，创新思维就是人所具有的某种力量或才能。

2. 创造性思维与创造力的关系

一般认为，创造性思维是创造力的核心。张景焕等指出，创造力是创造思维与创造人格的结合，创造力的核心是创造思维。在实践中，多数创造力研究都以创造思维来代表个体的创造力水平的。在李宏岩和赵丕锡看来，创造力是根据一定的目的和任务，运用一切已有信息，在独特地、新颖地、有价值地（或恰当地）产生出某种产品的过程中表现出来的智能品质和能力。创造力是在进行创造活动并产生创造产品的过程中体现出来的，而创造的过程实质是一个问题解决的过程，即发现问题、分析问题和解决问题，在这个过程中，创造思维是核心。詹慧佳等人看来，创造力又称创造性，众多研究者对创造力的定义中包含两个最典型特征——“新颖”和“实用性”，即个体产生新颖奇特且有价值的观点或产品的能力。沈汪兵等也认为，创造性思维不仅是人区别于动物的重要特征，而且是个体创造性的内核和心理基础。

3. 创造性思维的构成

学者们对创造性思维的构成主要是从思维要素、能力要素、过程要素和形成条件这几方面来讨论的。

在思维要素方面，林崇德认为创造性思维是分析思维和直觉思维的统一。所谓分析思维，是指概念、判断、推理、证明按部就班的逻辑思维；而生活中往往有来得快、直接、看不出推导过程的理解或领悟的思维，它往往是由于概括而产生触类旁通的思维，创造性思维正来自这两种思维的统一。刘韧认为创造性思维指以新颖独特的方式来解决问题的思维方式，它是多种思维的综合表现，包括发散型思维、收束型思维和灵感思维。王保国认为创新思维是以线性思维为基础，综合抽象思维、移植思维、形象思维等传统思维而形成的一种综合性的思维方式，是思维主体在实践中以客观需求为动力，借助已有的信息和认知为前提，综合运用各种思维技能和思维方法，超越思维定式，突破逻辑信道，成功获取认知的一切思维实践活动和思维方式的总称。沈汪兵等也认为创造性思维包含聚合思维和发散思维。

在能力要素方面，刘春晖指出创造性问题提出能力是创造性思维的重要组成。他认为，创造性问题提出能力是根据一定的目的，运用已有情境或经验，在独特地、新颖地、具有价值地（或恰当地）创造新问题并表达新发现问题的过程中表现出来的思维品质或能力。

在过程要素方面，李宏岩和赵丕锡认为一个创造思维的过程既有发散思维阶段，又有聚合思维时期，在培养创造思维时二者必须兼顾。华莱士（Wallas）四阶段论是创造性思维过程研究的重要模型，该模型认为创造性思维包括准备期、酝酿期、明朗期、验证期。詹慧佳等人从脑神经科学的角度，探讨了这一创造性思维过程四阶段的神经机制。

在形成条件方面，杜胜利等认为精神是在形体基础上突现的高层次系统，形体与精神是两个不同层次开放系统之间的关系；精神作为系统突现后能够像物质系统那样由于自身自组织原因而自我运动发展；精神系统内部包含心理、意识和思维三个层次，相应的心理基础才能形成相应的创造性思维。

4. 创造性思维特性

李宏岩和赵丕锡认为创造性思维的特征主要包括三个方面：

一是流畅性，指思维活动少阻滞、多流畅，在短时间内产生的想法和观念多；二是灵活性，指思维变化多端，举一反三，闻一知十；三是独特性，指对问题能够提出新颖、独特的见解，能够发现新事物、提出新见解、解决新问题。

刘韧则指出创造性思维具有创新性、综合性和灵活性的特点。创新是创造性思维的基本特点。创造性思维贵在创新，具体体现在思考的方式或形成的结论上，具有首创性、新颖性及独特之处。综合性是创造性思维的重要特点。创造性思维表现在以目标为核心，综合运用多种思维形态和思维方法，对各种要素进行有目的的选择和重组，从而形成新的构想和最佳的解决方法。创造性思维是一种开放的、灵活多变的思维，没有现成的思维方法和程序可以遵循，是一种非逻辑、非规范的思维活动，他人不可以完全模仿或者模拟。

在王保国看来创新思维作为一种深化、复杂、变化和发展的特殊思维形式和思维品质，除了具有一般思维形式的特点外，还特别突出以下四个方面的特征：创新性，包含独创和新颖两层含义；批判性，是创新思维的基本特征；多向性，创新思维也称发散思维，是创新思维的必要条件；价值性，创新思维是最高价值的思维。

5. 创造性思维与逻辑思维的关系

刘韧认为，创造性思维是一种开放的、灵活多变的思维，没有现成的思维方法和程序可以遵循，是一种非逻辑、非规范的思维活动。王保国从哲学层面上对创新思维与逻辑思维的关系进行了研究。他认为，创新思维与逻辑思维具有本质上的不同，但同时又具有相通、相容和相交的内在一致性。一切创新思维都是以逻辑思维为前提和基础，逻辑思维是思维主体在创新思维过程中对创新思维规律的概括和总结，是创新思维的重要成果。

6. 创造性思维的影响因素

梁晓燕和王少强认为，大学生"微博控"使用微博对其创造性思维的发展有积极的作用。沈汪兵等对性别差异对创造性思维的影响进行了实证研究，其研究结果表明，两性在创造性思维的聚合思维和发散思维方面均表现出显著的行为和神经活动差异。在发散思维方面，女性优势相对明显，但在聚合思维方面，男性具有一定的优势。两性在不同类型创造性思维方面的相对优势与大脑两半球的加工优势有密切联系，且受到性别作用等因素的调节。张景焕等则对遗传与环境因素的交互作用对创造力的影响及其作用机制进行了研究。该研究以中国汉族人群为基础，考察多巴胺（DA）、5-羟色胺（5-HT）神经递质通路商的32个基因约700个多态性位点与创造力的关系，并探讨了家庭环境在遗传多态性与创造力关系中的调节作用。王跃新等从脑生理和心理、知识和经验、社会政治环境和生活环境方面对创新思维发生及运行机制进行了分析。

大多学者专注于创造性思维的个体影响因素探讨的同时，也有学者开始转向创造性思维的社会性影响因素。其中，谷传华等对中美儿童的社会状态和创造性差异进行了跨文化研究。沈汪兵和袁媛也专门讨论了社会文化的三个层次对创造性思维的影响。他们认为，创造是一个只有在个人、文化、社会相互作用中才能观察到的过程。对创造性的研究要同时重视个体自身因素和影响创造性的外部因素，并从三个层面（文化观念、文化活动或经历、文化工具）阐述了社会文化对创造性思维的影响。吴洁清等在把"教师创造性教学行为"界定为教师努力培养学生的创造性思维和行为，并在对学生的创造性表现给予积极反应的教学行为的基础上，对教师创造性教学行为对中学生创造性问题解决的影响进行了实证研究，结果发现教师的这一教学行为对学生创造力显著正相关。

7. 创造性思维应用

马千对创新思维向创业智慧的突变过程中所需要的条件和路径进行了研究。张世彤等在梳理已有创新方法的基础上，对基于多种创新思维方法的创新方法进行了梳理。马君等以创新能力的构成要素为基础，从绩效评价、成就目标导向两个维度对团队成员工作中的创新行为的跨层次影响进行了实证研究。

8. 批创思维的可教育性

李宏岩和赵丕锡指出，国内外大量的研究与实践已经表明学生的创造思维能力既可以通过科学的、艺术的教育教学进行有效培养，也可以进行定量的测验。

9. 创造性思维的作用与意义

张婷婷认为，指挥科学与指挥艺术相结合是军事指挥的制胜之道，艺术灵性是军事指挥不可或缺的构成要素，军事指挥员神机妙算、出奇制胜来自他们的突破定式、多向开拓的创造性思维。创造性思维对军事指挥具有重要意义。刘保全则指出创造性思维对精品新闻采写具有重要作用，要创新新闻写作的思维方式。张国富和龚林静认为，创造性思维对现代陶艺传承和发展有重要意义，应以创造性思维去开发、探索新的广阔天地。

10. 创造性思维发展

学者们对创造性思维发展的研究主要集中在对着重培养学生创造性思维的教学模式的探讨上。韩葵葵和胡卫平指出，科学创新素质是包括创造性思维和创造性人格在内的科技创新人才所具备的素质，他们在对国外青少年科技创新素质的培养模式分析后指出，在青少年科技创新素质培养中，要注意营造创新性环境，重视创造性研究；培养创造性教师，实施创造性教学，开发创造性课程，开展创造性活动。

刘韧提出培养学生的创造性思维应从以下几个方面入手：（1）指导、帮助学生进行概念化、系统化学习；（2）注重启发式教学，调动学生创新性思维；（3）培养学生的创造性人格；（4）加强教师对学生职业岗位能力培养的认识；（5）建立民主和谐的师生关系；（6）建立科学有效的激励和评价方式。

石勇讨论了机械零件课程设计中学生创造性思维的培养问题，他认为，机械零件设计是一项创造性活动，培养学生的设计能力就是要使学生掌握相关的创造性思维方式。在这一门课程的设计中，应该要引导学生树立正确的设计思维，培养他们的创造性思维。赵元和张小萍认为历史学创新思维的内涵包括求异思维、历史想象力、问题意识、假设求证法的研究思路和综合分析法。为了培养学生的历史学创新思维，历史学创新思维课堂教学模式应该要创新历史课堂教学目标、重构历史课堂教学模式、创新作业设计、改革考试形式等方面下功夫，新的教学模式对教师素质提出了新的要求。林晓对基于创新竞赛的大学生创新人才培养模式进行了实证研究，提出可经由创新竞赛的“三个基点、两种路径”构建大学生创新人才培养的新模式，并对组织实施这一培养模式的各个环节提出了建议。

邓文博和张文兰对基于APP Inventor培养中学生创造性思维教学模式进行了研究，他们发现在高中阶段采用APP Inventor进行程序设计教学，能够显著促进学生的创造性思维。李宏岩和赵丕锡根据任务驱动教学模式的三要素（教学者、学习者、任务）、创造思维方法和任务驱动的理论基础，构建了“基于创造思维的任务驱动教学模式”模型，并对其进行了验证。梁小军和扶健华以篮球教学为例，对运用“多维系统反馈法”促进学生创新思维的作用进行了实证研究，发现这种方法对学生的创新意识和战术创新能力提升有显著作用。朱浩认为研究生创新思维活动具有开放、非平衡、非线性、随机涨落、超循环等特性，其内在发生机制和形成过程遵循复杂系统的自组织演化规律。自组织理论作为一种科学的方法论，为探讨研究生创新思维生成与培养的机制，提升研究生创新能力提供了一种新的思路与方法。

11. 创造性思维能力的评估

李宏岩和赵丕锡介绍了托兰斯创造性思维测验。该测验是目前影响最大、应用最广泛的一种测验，它主要以发散思维为指标编制有关的测试量表，从思维的流畅性、灵活性和独特性等方面来测验一个人创造思维能力的高低。

王婕在对相关文献梳理后指出，大学创造力的评价指标体系主要由大学生创造性思维能力、创造性人格倾向和创造性行为能力三方面的重要影响因素构成。

吕红艳和罗英姿从创新动机、创新个性、创新思维和创新知识四个维度，对江苏省有关高校的博士研究生创造性特征进行了调研，其结果显示博士研究生具有较强的创新动机，创新个性突出，但创新思维和创新知识自我评价较低，创新动机在三类高校博士研究生之间存在显著性差异。

三 进一步的讨论

从上述主题分析的情况来看，2015 年国内学界的批创思维研究至少有两个需要我们注意的问题：

首先是对批判性思维与创造性思维之间关系的探讨。从已有的研究来看，人们在“批判性思维与创造性思维之间有着密切联系”这一观点并未表达不同意见。但这并不意味着这一主题下的研究已经充分了。至少从该主题的相关分析结果来看，也许是这一主题并未引起大家的充分注意。事实上，从批创思维发展的角度来看，厘清批判性思维和创造性思维之间的联系，有利于结合两者更好地开展教育，而不是顾此失彼，或者重复浪费。没有批判的创新是盲目的，没有创新的批判是空洞的。但是要协调批判与创新，就必须要对批判性思维和创造性思维有更进一步的认识。从前文中的主题分析和各主题观点分述中，我们可以了解到，“批判性思维与创造性思维的关系”这一主题频次统计结果是 7，这并不是特别少。但是如果我们对这 7 个涉及该主题的观点做进一步分析就会发现，这 7 处相关探讨中，有一处是基于大学生创造力问题提出能力与批判性思维之间的相关性研究，其余 6 处都可以看作是对费希纳观点——批判性思维是创造性思维的先决条件的复述或转述，未见更进一步的推进。也许，这也正是在接下来亟须进一步深入探讨的主题。

其次是批创思维与逻辑的关系的探讨。这个问题之所以被提出来，是牵涉到批判性思维和创造性思维质量的评价指标体系中是否需要加入“合理性”这一维度。我们想答案是显而易见的，我们无法想象不能经受合理性评价或检验的批判性思维和创造性思维。那么，如果要对批判性思维和创造性进行合理性评价的话，我们可以采取的标准是什么？两千多年前亚里士多德把逻辑学表述为“确立结论的科学”。除了逻辑学以外我们还能找到更合适的合理性评价的来源吗？如果没有，那么这个问题就将是与一系列主题相关，而不仅仅是批判性与逻辑，或创造性思维与逻辑思维的问题了：如批创思维的可教育性、批判性思维与创造性思维的关系、批创思维的培养途径，等等。从某种意义上说，恰当认识和处理批创思维与逻辑之间的关系，甚至有可能是我们正确理解批判性思维与创造性思维关系的一个突破口。

当然，基于上述主题分析，可供讨论的问题远不止这些。但我们还是准备到此为止，因为在我们看来，批创思维的讨论不可能在这终结。其实也许不用强调，即便是我们就上述两个问题提出的一些看法，也显然并非是结论，甚至也不能算是建议。但它们又确实向我们预示着某种可能性。这种可能性是否具有可接受性，还需要各位同仁一起进行合理性评价才能判断。不知道各位会借助什么样的合理性标准去完成这一合理性评价？

（郭燕销　中山大学法学院、逻辑与认知研究所）

参考文献：

彼得·范西昂，都建颖、李琼译：《批判性思维：它是什么，为何重要》，《工业和信息化教育》2015 年第 7 期。

储著源：《论中国特色社会主义创新思维范式》，《重庆大学学报》（社会科学版）2015 年第 4 期。

蔡宝来、张诗雅：《SDP 课程与课题研究型学习：关系、条件及策略》，《全球教育展望》2015 年第 7 期。

蔡基刚：《再论我国大学英语教学发展方向：通用英语和学术英语》，《浙江大学学报》(人文社会科学版)2015 年第 4 期。

陈伟:《“批判性思维” 究竟是一门什么课程》,《工业和信息化教育》2015 年第 7 期。

程晓堂:《英语学习对发展学生思维能力的作用》,《课程·教材·教法》2015 年第 6 期。

杜胜利、谢俊、陈卓:《用系统方法探索形神问题的理论难点》,《系统科学学报》2015 年第 1 期。

邓文博、张文兰:《基于 APP Inventor 培养中学生创造性思维的设计研究》,《电化教育研究》2015 年第 8 期。

董毓:《为什么要扩展批判性思维教育的内容——关于批判性思维素质教育的理论和实践根据》,《工业和信息化教育》2015 年第 7 期。

高瑛、许莹:《我国外语专业批判性思维能力培养模式构建》,《外语学刊》2015 年第 2 期。

高萍:《以批判性思维夯实大学生的媒介素养》,《工业和信息化教育》2015 年第 7 期。

郭炯、郭雨涵:《学习支架支持的批判性思维培养模型应用研究》,《电化教育研究》2015 年第 10 期。

谷传华、张冬静、Hsueh Yeh,等:《儿童状态社会创造性的跨文化研究:基于中美文化的比较》,《心理与行为研究》2015 年第 2 期。

谷振诣:《批判方式:孟子的愤怒与苏格拉底的忧伤》,《工业和信息化教育》2015 年第 7 期。

胡显章:《提升文化自觉,培养批判性思维》,《工业和信息化教育》2015 年第 7 期。

黄慧娴:《档案学专业本科生批判性思维培养刍议》,《档案学通讯》2015 年第 5 期。

黄蕾等:《医学生批判性思维能力与一般自我效能感的相关性研究》,《复旦教育论坛》2015 年第 3 期。

韩葵葵、胡卫平:《国外青少年科技创新素质的培养模式及启示》,《教育理论与实践》2015 年第 28 期。

贾国栋:《大学中普及英语公众演讲课程的必要性与可行性》,《中国大学教学》2015 年第 9 期。

李柏洲、徐广玉、苏屹：《基于 HLM 的共享心智模式与创新绩效关系的跨层次研究：学习空间的中介作用》，《管理工程学报》2015 年第 4 期。

李柯影、郑燕林：《3D 打印技术在中小学教学中的应用——以英国中小学课堂引进 3D 打印技术项目为例》，《现代教育技术》2015 年第 4 期。

李宏岩、赵丕锡：《基于创造思维的任务驱动教学模式》，《黑龙江高教研究》2015 年第 10 期。

李剑锋、张晶：《批判性思维教学与法律思维训练》，《湖南科技大学学报》（社会科学版）2015 年第 4 期。

李剑锋、张晶：《批判性思维及训练路径》，《山东社会科学》2015 年第 S1 期。

李培根：《师问》，《工业和信息化教育》2015 年第 7 期。

李永山：《大学生素质教育课程体系的构建与实施研究》，《中国高等教育》2015 年第 11 期。

李正栓、李迎新：《中国大学生批判性思维教育实施的策略研究》，《外语教学理论与实践》2015 年第 3 期。

刘涛：《信息素养研究的未来：元素养研究进展》，《图书馆理论与实践》2015 年第 3 期。

刘翠航：《美国初中世界历史教材能力培养特点刍议——以霍尔特·麦克杜格尔出版社〈世界历史〉教材为例》，《外国中小学教育》2015 年第 3 期。

刘晓玲、黎娅玲：《岳麓书院批判性思维培养途径及其现代意义》，《现代大学教育》2015 年第 3 期。

刘春晖、林崇德：《个体变量、材料变量对大学生创造性问题提出能力的影响》，《心理发展与教育》2015 年第 5 期。

刘春晖：《大学生信息素养与创造性问题提出能力的关系——批判性思维倾向的调节效应》，《北京师范大学学报》（社会科学版）2015 年第 1 期。

刘韧：《开发创造性思维能力提高高职学生学习效果和自主学习能力》，《思想战线》2015 年第 S1 期。

林崇德：《增强适应能力，争做创造性人才——为北师大心理学院新同学的演讲》，《心理与行为研究》2015 年第 5 期。

林晓：《基于创新竞赛的大学生创新人才培养模式研究》，《江苏高教》2015 年第 2 期。

梁小军、扶健华：《运用“多维系统反馈”法促进学生创新思维的实证研究》，

《武汉体育学院学报》2015 年第 8 期。

刘保全：《创新思维方式成就新闻精品——以“中国新闻奖”获奖作品为例》，《当代传播》2015 年第 2 期。

梁晓燕、王少强：《积极心理学视角下大学生“微博控”心理需求的研究》，《教育研究与实验》2015 年第 3 期。

吕红艳、罗英姿：《博士研究生创造性特征之内涵及现状——基于江苏省十二所高校的实证研究》，《国家教育行政学院学报》2015 年第 11 期。

吕林海、张红霞、李婉芹，等：《中国学生的保守课堂学习行为及其与中庸思维、批判性思维等的关系》，《远程教育杂志》2015 年第 5 期。

马君、张昊民、杨涛：《绩效评价、成就目标导向对团队成员工作创新行为的跨层次影响》，《管理工程学报》2015 年第 3 期。

马千：《基于创新思维突变创业智慧培养与形成路径研究》，《科学管理研究》2015 年第 4 期。

麦尚文、黄雪姣：《新型主流媒体的内容思维与价值体系重构》，《中国编辑》2015 年第 1 期。

彭湃：《为高阶学习而评价——表现性评价及其在高等教育学习成果评估中的应用》，《高等教育研究》2015 年第 11 期。

曲卫国：《缺乏的到底是思辨能力还是系统知识？——也谈外语专业学生的思辨问题》，《中国外语》2015 年第 1 期。

沈汪兵、袁媛：《创造性思维的社会文化基础》，《心理科学进展》2015 年第 7 期。

沈汪兵、刘昌、施春华，等：《创造性思维的性别差异》，《心理科学进展》2015 年第 8 期。

宋德龙：《高中英语学科关键能力的实证调查与模型研究》，《上海教育科研》2015 年第 7 期。

宋军：《基于问题式学习对学术英语思辨能力的培养》，《湖北社会科学》2015 年第 10 期。

石勇：《机械零件课程设计中学生创造性思维的培养》，《教育理论与实践》2015 年第 21 期。

陶文昭：《习近平治国理政的科学思维》，《理论探索》2015 年第 4 期。

汤晓山：《广告创意思维的阐述与建构》，《传媒》2015 年第 22 期。

图尔敏、谢耘译：《逻辑与论证评价》，《工业与信息化教育》2015 年第 7 期。

屠兴勇：《批判性思维、创新氛围对员工创新行为的影响机制研究》，《社会科学》2015 年第 8 期。

屠兴勇、何欣、郭娟梅：《批判性思维对员工创新行为的影响——一个有调节的中介效应模型》，《科学学与科学技术管理》2015 年第 10 期。

王伟：《培养批判性思维能力的典型教学案例——“半费之讼”》，《工业和信息化教育》2015 年第 7 期。

温建平：《信息化背景下协作共享翻译教学模式探讨》，《中国翻译》2015 年第 4 期。

吴洁清、董勇燕、周治金：《教师创造性教学行为对中学生创造性问题解决的影响》，《应用心理学》2015 年第 3 期。

吴亚婕、赵宏、陈丽：《网络环境下大学生批判性思维培养教学模式的实践》，《现代远程教育研究》2015 年第 2 期。

吴亚婕、姜姗姗：《学生学习过程、批判性思维与学业成就的关系研究》，《电化教育研究》2015 年第 12 期。

吴厦厦：《美国 SIOP 模式与中国外语专业大学生批判性思维能力发展研究》，《外语教学》2015 年第 4 期。

吴智泉：《美国“大学生学习评价”（CLA）的特色与启示》，《黑龙江高教研究》2015 年第 3 期。

王保国：《关于创新思维与逻辑思维关系的哲学思考》，《延边大学学报》（社会科学版）2015 年第 2 期。

王婕：《基于领导力开发的大学生创造力培养研究》，《中国青年研究》2015 年第 3 期。

王路：《批判性思维再批判》，《科学经济社会》2015 年第 1 期。

王跃新、赵迪、王叶：《创新思维发生及运行机制探赜》，《吉林大学社会科学学报》2015 年第 5 期。

奚彦辉、赵万里：《科学心理学的社会心理转向》，《科学与社会》2015 年第 1 期。

徐飞：《让创新创业深入骨髓融入血脉》，《中国高等教育》2015 年第 Z3 期。

肖薇薇：《批判性思维缺失的教育反思与培养策略》，《中国教育学刊》2015 年第 1 期。

俞树煜、王国华、聂胜欣，等：《在线学习活动中促进批判性思维发展的问题解决学习活动模型研究》，《电化教育研究》2015 年第 7 期。
詹慧佳、刘昌、沈汪兵：《创造性思维四阶段的神经基础》，《心理科学进展》2015 年第 2 期。
卓泽林：《国际化视野下高等教育创新驱动型人才的培养》，《高校教育管理》2015 年第 6 期。
赵蒙成、刘卫琴：《美国的媒介素养教育：历史、问题与发展趋势》，《外国中小学教育》2015 年第 4 期。
赵婷婷、杨翊、刘欧，等：《大学生学习成果评价的新途径——EPP（中国）批判性思维能力试测报告》，《教育研究》2015 年第 9 期。
赵元、张小萍：《历史学创新思维课堂教学模式探究》，《教育理论与实践》2015 年第 24 期。
张成伟、袁庆飞：《基于信息技术学科的批判性思维能力培养研究》，《现代教育技术》2015 年第 7 期。
张会杰：《大学通识教育的课程考核：意义、困境及管理之改进》，《高教探索》2015 年第 6 期。
张洪英：《批判性阅读：〈冯谖客孟尝君〉》，《工业和信息化教育》2015 年第 7 期。
张国富、龚林静：《陶艺的传承与发展》，《山东社会科学》2015 年第 S1 期。
张建军：《高阶认知视域下的批判性思维教学与研究》，《河南社会科学》2015 年第 7 期。
张留华：《普通人在日常生活中如何推理》，《工业与信息化教育》2015 年第 7 期。
张敏、张一力：《积极拖延一定有益于提升创新绩效吗？——基于社会网络的实验研究》，《科学学研究》2015 年第 1 期。
张世彤、门玉琢、单长楠：《多种创新方法集成与应用研究》，《工业技术经济》2015 年第 11 期。
张婷婷：《试论艺术的智性价值》，《艺术百家》2015 年第 2 期。
张婷婷：《艺术灵性与军事指挥》，《解放军艺术学院学报》2015 年第 2 期。
朱浩：《基于自组织理论的研究生创新思维生成与培养机制研究》，《研究生教育研究》2015 年第 4 期。

周光礼：《培养理性的行动者——高等教育目的再思考》，《高等工程教育研究》2015年第3期。

周剑、王艳、Xie Iris：《世代特征，信息环境变迁与大学生信息素养教育创新》，《中国图书馆学报》2015年第4期。

周可真：《科学的创新思维和直觉方法》，《学术界》2015年第11期。

第二章

2015年中国批创思维研究主要成果

2015年，批判性思维和创新思维仍然是中国学界研究的热门主题，学者们从不同的学科领域、不同的理论视角，针对与批创思维相关的不同议题展开研究，取得了丰富的学术成果。在中国知网以“批判性思维”为篇名检索，可以查到近四百篇学术论文，以“创新思维”为篇名检索，可以查到近一千篇学术论文，学科分布广泛涉及教育学、语言学、新闻与传媒、经济学、医学、艺术学、军事学、计算机科学等诸多领域。与此同时，2015年中国学者还出版了多本以批判性思维和创新思维为主题的学术译作、理论专著和相关教材。本章主要分别针对学术论文和学术著作两个范畴，遴选了一些具有代表性的研究成果，进行摘要式简介，以期向读者反映出2015年中国批创思维研究的主要成果。

一 学术论文

1. 李培根：《师问》，《工业与信息化教育》2015年第7期

作为教师，无论是为了给自己内心留下广阔天地，还是为了让学生心灵给自由留下广阔天地，都需要批判性思维。我们中国知识分子从整体上来讲，更多是“理性的适应”，缺少理性的批判、征服。学习很多时候是为人的，即实现别人的预期和目的。事实上，我们教师一方面不应把自己

工具化，另一方面也不应把学生培养成工具。对于教育改革来说，“道”比“术”更重要。大学不应仅仅引领科技的发展，更应该引领社会思想和文化的进步，后一个引领表现在开放性和批判性上。开放性主要体现在对不同思想乃至异质思维的包容，这是有必要的，因为某些异质思维在未来会被证明是正确的。这样的教育应该是以学生为中心的，而不是以教师为中心。真正的以学生为本，应该从自由存在的意义上，从对生命的敬畏、对生命意义的尊重上去理解。在教育活动中，教师是主导，要确立学生的主体地位。师生关系应该是“我与你”关系而不是“我与它”的关系，学生不应沦为教师眼中的工具性或对象性存在。要注意的一个问题是，不应把创新教育理解为精英教育。普通学生一样具有创新的潜能，教师们需要思考并实践如何去激发学生创新的潜能。以学生为中心的因材施教才是有意义的，其关键还是在于让学生自由发展。相应地，教育的最高境界不应该是知识的抵达，而应该是心灵的抵达。这意味着博雅教育不只是通识教育，不只是书院也不只是创新创业精神。博雅教育的关键在于心灵的自由，这是最重要的。我们应该试图让学生更容易找到他们的自由存在。心灵自由才能够“跃迁”，才能自由发展，这是最重要的。心灵自由需要开放，需要自觉。其实对于一个心灵很自由、很开放的学生来讲，他不仅仅在课堂上学到东西，也不仅在实践活动中学到东西，他可以从很多地方学到东西，并且不断升华自己的人格。其实还有很重要的一点——心灵开放、心灵自由者敢于批判并善用批判性思维。学习好的标准不应该是知识存量大，而应该是在好奇心的驱动下自己去学习。关注问题是一种很好的素养，它本身可以引发求知欲。关注重大问题本身还是一种人文情怀。相比之下，问题视野比知识视野更重要，锻炼学生观察问题、发现问题的能力更重要。现在中国一些研究型大学搞研究，多数研究者都不是好奇心驱动，这也是很大的问题。除逻辑思维之外，证伪思维也是非常重要的。“证伪”就是试图去发现有什么问题，有什么错。我们的思维不能完全沿着传统的逻辑方法，还要关注“证伪”。

2. 胡显章：《提升文化自觉，培养批判性思维》，《工业与信息化教育》2015 年第 7 期

批判性思维在提升文化自觉方面有着重要的价值和意义。当今创新思维得到越来越多的关注，因为创新思维是创新实践的基础和前提，而创新思维是建立在哲学的批判性思维基础上的。相比国外教育界对批判性思维教育的重视，中国高校缺乏必要的自觉和实践。一般认为，批判性思维直接来源于西方文化，批判性思维的发展是西方哲学思想和教育思想发展的组成部分。从中国高校学生的批判性思维现状看，整体上是存在不足的。但是，也有不容忽视的特色。因此，简单地认为中国传统文化压制创新的观点稍显粗暴，不够理性。我们在考虑中国批判性思维的历史发展和现状时，不能采取虚无主义和一概否定的态度。实际上，儒家典籍所倡导的“博学之，审问之，慎思之，明辨之，笃行之”体现了中国古代学人对批判性思维的追求，对中国教育历史乃至当今中国高等教育都有积极影响。从历史的长河看，在中国封建集权的境遇下，统治者推崇的是“民可使由之，不可使知之”的治国之术，批判性思维未能得到普遍的发扬。加上中国传统文化缺乏科学实证与逻辑推理以及过于强调师道尊严，不利于批判性思维的传播和养成。小组合作、课堂展示、角色扮演等方法都有利于创新人才的培养，但最关键的还是如何界定“创造力”，发现中国学生自己的创新形式和表现方式，再根据这些特点提供创新支持条件，才能够事半功倍。这并非否定中国高等教育存在批判性思维薄弱的问题，而是认为我们在运用批判性思维来剖析中国教育的时候，应该持辩证的一分为二的实事求是的态度，善于从我们的实际出发扬长避短、学习他人，探索具有自身特色的路径，而这正是理性的批判性思维的应有之义。实际上，我们的文化素质教育一直努力提倡工具理性与价值理性相结合，科学教育与人文教育相结合，为学与为人相结合，相信坚持从中国实际出发，实现综合创新，我们可以发挥好批判性思维教育的后发效应，可以做得更好，我们应该有这样的文化自觉和自信。若要使批判性思维融入教育教学全过程，还需要在理念、课程建设和师资队伍建设上做出持续性努力。而且，批判性思维需要依托创新文化的孕育，这不是单凭学校自身内在体系就能

完成的，需要教育生态系统为之提供外部环境，需要社会经济、政治、文化和科技等生态因子提供外部政策和能量，或者说，需要学校内部因子和外部因子协同共振来推进。

3. 彼得·范西昂：《批判性思维：它是什么，为何重要?》，《工业与信息化教育》2015 年第 7 期

本文主要回答两个核心问题，即到底什么是批判性思维？其重要意义和作用又在哪里？作者通过分析批判性思维能力强的人的特点，把批判性思维定义为“具有目的性和反思性的判断”，并在此基础上指出，批判性思维的技能既包括阐释、分析、推理、评估、解释和自我调整等认知技能，也包括好奇、敏锐、执着求真等思维习性。作者认为，批判性思维是普遍的、有目的性的人类现象。理想的批判性思考者不仅表现在他们具备认知技能上，而且体现在他们的生活和生存方式（习性）上。体现批判性思维的生活或生存方式包括：(1) 对广泛事物怀有好奇心；(2) 想要充分掌握信息并力争做到；(3) 善于抓住运用批判性思维的机会；(4) 相信理性的探究过程；(5) 相信自己有推理能力；(6) 包容不同的世界观；(7) 灵活考虑不同的选择和观点；(8) 理解他人观点；(9) 以公正的态度评估推理；(10) 坦诚面对自己的偏见、成见、陈规以及利己倾向；(11) 审慎地做出或更改判断；(12) 当反思结果表明需要做出改变时，愿意重新考虑或修正自己的观点。批判性思维并不等同于好的思维。在有关人类思维和决策的科学研究中，有两种思维系统：一个系统更为直觉化、反应性、快速而整体化；另一个系统更具反思性，以成熟判断来摒除个人偏见，追求真理，这种思维系统就是我们讨论的批判性思维。批判性思维不仅对我们的生活、学习和工作具有重要意义，而且，它是人类个体解放思想的工具，也是人类社会走向民主与文明的途径。

4. 史蒂芬·图尔敏：《逻辑与论证评价》，《工业与信息化教育》2015 年第 7 期

本文通过对逻辑学发展历史的反思，清晰阐明了“逻辑学”的学科性质和内容。20 世纪的逻辑学被缩简为一种“纯粹形式化的”研究，是由于哲学家们追随了柏拉图的理想主义知识论传统，从而将论证的“形

式层面”和“实质层面”完全对立起来。在当时逻辑学和分析哲学中所盛行的做法，是完全专注于讨论那些与论证“有效性”“必然性”和“衍推”相关的问题。哲学家们借助从形式逻辑中所发展出来的术语，来分析与解答那些与“内容”和“功能”相关的问题。这使得他们将所有的“实质论证”（substantial arguments）都判定为是具有“逻辑”缺陷的，进而也就认为它们都是应当被“合理”质疑的。但是，如若回归亚里士多德的理论传统，那么逻辑学研究应当是“论证之理性评价的理论和技艺”，其中既有与“形式”相关的内容，或者说“分析学”的内容，同时也有与“功能”相关的内容，也就是“论题学”的内容，它们分别采用不同的理论术语和规范标准。同时，对论证的理性评价也需要逻辑学家和具体领域中的实践者展开相互合作。

5. 董毓：《为什么要扩展批判性思维教育的内容》，《工业与信息化教育》2015 年第 7 期

针对笔者提倡的“以探究和创新为导向的批判性思维”教育，出现了一些不同观点和批评。本文主要回答其中的一种：批判性思维不应超出对观念和论证进行分析、检验的逻辑手段范畴。笔者从 3 个方面来论证自己的立场：第一，笔者提倡符合当代对批判性思维的认识——它是具体、多样、构造和论辩的过程，而不是单一论证的静态结果分析。批判性思维教什么：什么是批判性思维的素质？批判性思维，其实是以理性和开放性为核心的理智美德和思维能力的结合，是一种谨慎和公正的分析、构造和发展的过程，它对人的理性和知识发展有着直接的促进作用。批判性思维其实是某种德育和智育的结合。德育部分，是一组关于认知和行为的批判理性精神和品德，包括谦虚、谨慎、客观、具体、公正、反省、开放等素质。批判性思维的智育部分，是一组辨别、分析、判断和发展的高阶思维技能。批判性思维概念的发展：具体、多样、构造、论辩四大特征。第二，批判性思维作为判断和认知能力，需要具备哲学认识论意义上的完整性，才能判断知识和行动的合理性，这就超出逻辑分析的范围。批判性思维方法论的哲学依据是批判性讨论最能促进知识进步。其实，批判性思维应该包含什么、批判性思维教育应该教什么内容的问题和哲学，特别是认

识论、知识理论的看法有紧密关系。第三，只有以理性和开放性为主轴的批判性思维教育，才能培养具有创造知识能力的人才，而这既是中国需要的，又是中国缺乏的。对批判性思维的需求是中美学生的根本差异和中国复兴的障碍。

6. 谷振诣：《批判方式：孟子的愤怒与苏格拉底的忧伤》，《工业与信息化教育》2015 年第 7 期

批判方式由批判的对象、标准和目的构成。本文对孟子和苏格拉底的批判方式进行了比较。孟子的批判方式是立场式的，它以建立在人性善之上的仁政主张为标准，以消灭“淫辞邪说”和“为王者师”为目标，横扫其他诸家之说。苏格拉底的批判方式是合作式的，它以准确、透彻地理解所批判的对象为基础，以逻辑学的同一律和矛盾律为标准，以知道自己所知中的缺陷为目的，追求理性所能提供的最佳选择。孟子的批判方式及其衍生物——绝对化、情绪化和泛道德化的思维习性，是中国文化的不良遗产。我们应当倡导苏格拉底式的批判方式：以追求理性所能提供的最佳选择为目标，在评估支持主张的理由和推论时，坚持宽容原则和中立原则，基于理由和推论的质量，得出最佳的选择和判断。

7. 陈伟：《“批判性思维”究竟是一门什么课程?》，《工业与信息化教育》2015 年第 7 期

“批判性思维”是一门全新的课程，它把逻辑学的教学从语法学和语义学转向了语用学。本文围绕批判性思维课程，着力谈两个问题：它是什么，它不是什么，以及由此得出的结论和仍待解决的问题。首先，批判性思维课程不是什么。批判性思维课程不是数学逻辑，数学逻辑（也被称为数理逻辑、现代逻辑等）不是这样的课程，它有自己的特定主题和方法，处理的是数学基础问题或者说是数学哲学的问题，不关注日常生活中论证的合理性问题；数学逻辑使用的是形式化方法，因为自然语言的模糊性而创立了它自己的人工语言。如果硬要数学逻辑发挥评估日常论证的作用，则找错了对象。数学逻辑有自己的特定使命和重要价值，但是不能把数学逻辑当成万能钥匙。因此，如果把批判性思维课程（或者教材）设计成数学逻辑的内容，则既是对数学逻辑的不尊重，也是对批判性思维的

不理解。批判性思维课程不是逻辑学导论，逻辑学导论作为逻辑学入门课程，讲授最基本、最经典的逻辑学知识、原理、思想和方法，它是开启逻辑学之门的钥匙，它的价值和意义毋庸置疑、不容替代。也正是因为这个原因，完全没有必要把逻辑学导论和批判性思维课程混为一谈，那样的话，既伤害了逻辑学导论课程，又伤害了批判性思维课程。批判性思维课程不是常识漫谈也许有人会提出，批判性思维课程本就是培养和训练一种反思性思维能力，而不是学习专门知识，学习专门知识是其他课程的任务。但是，如果说因为批判性思维教育重在发展思维能力而不重在学习理论知识没有什么不对的话，那么发展批判性思维能力却也不等于发展任意解释的能力，更不等于常识漫谈。之后，我们讨论批判性思维课程是什么。“批判性思维”应该是一门什么样的课程？对此，需要回答三个基本问题：“批判性思维”教什么？怎样教？为什么教？批判性思维课程以论证为中心，这里所说的论证是广义的论证，等同于论辩概念，它不仅仅指静态的论证，而且包括动态论证、多主体论证，也就是涵盖了整个论辩过程。我们认为一个批判性思维课程的目录至少应该包括以下 15 个议题：批判性思维的本质和价值、批判性思维的指导性原则、批判性思维的基本标准、分析论证结构、审查理由质量、评价论证关系、考察不同的解释和论证、揭示隐含前提、澄清意义（概念和定义）、学会提问、构建论证、经验思维和科学思维、信念的法则、易犯的思维错误、批判性写作。批判性思维课程在教法上以学生为主体，以教师为主导（甚至有时候只是一个主持人或嘉宾的角色），以能力训练为重点，以知识讲授为辅助，以交流讨论为形式。批判性思维课程培养分析习性和创新精神，在批判性思维课程的教学活动中，最直接的目标是培养和训练学生的分析性能力，培养学生初步具备一个好的思考者所应该具有的技艺。而这种技艺如果在学术研究和生活实践中得以长期运用，它就会慢慢地变成一种思维习性，并最终演化成一种“求真、公正、反思、开放和尊重理性”的精神，而这种精神正是创新的必要条件。

8. 张留华：《普通人在日常生活中如何推理?》，《工业与信息化教育》2015 年第 7 期

在科学主导的话语体系中，人们很容易把所谓的“日常生活”称为“非科学工作”，而把“普通人”称为“非科学家”。这种谓述从概念的逻辑或修辞来看，具有特别的意义：“科学工作”“科学家”是正概念，处在当今人们关注的焦点中，是第一位的，而“日常生活”“普通人”则处在当今人们关注的边缘，是第二位的，只能用负概念“非科学工作”“非科学家”来界定。本文选择直观或初始意义上的“科学家”概念，特指不同于日常生活中“普通大众”的一种职业群体，或曰“专家”队伍。当然，这里所谓的“专家”和“普通人”并不一定在人群或个人身份上有着截然而固定的划界，“专家”和“普通人”之间的区分主要是以具体问题研究的专业性或科学知识的丰富性为标准的。由此观念出发，笔者试图以生活中的诸多推理现象区分“专家”和“普通人”，并把所有的推理现象分为“专家在科学实验中的推理”和“普通人在日常生活中的推理”：前者大多相对于某个专业而言，是学科化的思维方式，后者则是不设专业的，属于未分化的思维方式。直面日常生活中的推理现象，本文试图表明：普通人基于独特的推理取向，不仅有对于一系列所谓谬误的补救办法，以此保证日常推理并非总是犯错，而且对于推理现象有一套不同于专家推理的是非好坏准则，可以彰显日常推理在理性空间上的地位。回到科学实践本身来看，专家推理更像是日常推理的“保守扩充”，却无法否定普通人在科学专家之外的理性自治。

9. 高萍：《以批判性思维夯实大学生的媒介素养》，《工业与信息化教育》2015 年第 7 期

当代传媒技术的“授权”亟待大学生媒介教育的“赋能”。就新闻媒介公信力而言，迄今为止，在校大学生最信任的还是传统媒介——电视和报刊，热衷于网络消费的大学生是远离报刊、电视的典型代表，但这个族群最习惯使用的手机媒介其信任度却是最低的，五年来从来没有高过 5%。基于挚爱却不能信赖的新媒介消费，提高大学生对传媒讯息的辨别与判断能力是媒介教育的主要目标。批判性思维方法是当代媒介素养教育

的核心工具，通过批判性思维评估传媒资讯，已经不仅仅是技能性问题，而是科学态度和信息消费质量问题。媒介素养使人们通过媒介获取信息，选择与理解，质疑与评估，创造与再生产，利用媒介工具传播信息的知识能力和文化素养，需要的正是这种思维工具。批判性思维的价值在于理性且科学的思维养成，在于培养求真、公正、诚实等批判意识，改善当代大学生的思维品质和精神气质。以批判性思维夯实大学生的媒介素养，既是课程品质的要求，又是大学生建构思维方式的需要。在批判性思维训练中，挖掘隐含前提这一过程可以促使思维发散，深入、细致、严密和新颖，以开发大学生的创新潜质并培育创新能力，既可以提升其学术技能和理智美德，又可以帮助他们找回原本求真、求善、求美、求解的好奇天性。提高批判性思维能力是大学生提升当代媒介素养的必要条件。批判性思维训练对大学生来说不仅必要而且可行。媒介素养是批判性思维的直接实践，批判性思维是媒介素养的自觉意识和思维定式。媒介素养的知识模式、理解模式和能力模式，以及把控媒介信息及媒介工具的能动性，需要在辩证批判中建构和升格。

10. 王伟：《培养批判性思维能力的典型教学案例——“半费之讼”》，《工业与信息化教育》2015 年第 7 期

“半费之讼”是指古希腊著名哲学家、智者学派代表人物普罗塔哥拉与他的一位学生之间的故事。作为批判性思维教学中的一个典型案例，“半费之讼”引起了古今中外无数学者的兴趣，对此形成了多种不同的分析观点。归纳起来，大致有 4 种。第一种观点是由莱布尼兹提出的，他认为师生间的合同是附条件的民事合同，这样的合同只有在条件具备时才能履行。第二种观点认为，这是一个非常有力的二难推理，谁也无法驳倒谁，法官也无法做出判决。第三种观点认为，推理中存在双重标准问题，一个标准是以合同为依据，另一个标准是以判决为依据，判断依据不一致，两个标准都违反了同一律或矛盾律，都是在诡辩。第四种观点认为，这个官司存在自涉，即自我指称，构成了一个无法解决的悖论。“半费之讼”具有综合性、探究性和开放性的特点，可以运用在案例教学中。学生在教师的引导下，可以很容易发现，这个案件中师生二人都使用了

“二难推理”的论证形式，症结在于师生辩词中出现了双重标准，即二人都根据法庭判决和签订的合同这个不同的依据，利用对自己有利的一个为自己辩护，违反了思维一致性的要求。在学生发现这个逻辑错误之后，老师可以引导学生再从论证的角度思考，明确论题和论据，通过反复思索、步步深入的主动、独立、积极的分析与探究过程，使学生不仅体验了着眼于不同角度形成不同视野得到不同结论的探究过程，而且经历了肯定、否定、否定之否定等批判性反思，既在实际的动态逻辑思维过程中学习了如何进行逻辑思维，培养了理性分析素养和批判性思维，又在不断挑战自我、挑战已有观点、挑战权威的过程中，培养了自己的批判性思维能力，实现了自我的综合提升。

11. 张洪英：《批判性阅读：〈冯谖客孟尝君〉》，《工业与信息化教育》2015 年第 7 期

本文以批判性思维的最佳解释论证模式解读文学作品《冯谖客孟尝君》。目前，对《冯谖客孟尝君》所意向的主流思想，现存的解释主要有“民本”说和“知己”说。“民本”说指的是用“以民为本”的儒家思想来解读冯谖“薛地焚券”的行为，并将“薛地焚券”的“义举”理解为《冯谖客孟尝君》最主要的思想精华。在“以民为本”“民可载舟，亦可覆舟”的思想中，以儒家的《孟子》最为典型，而孟子则将冯谖之类的权谋策士列为该判刑之人。事实上，儒家与纵横家的思想水火不容，“民本”说违背了 ABE 的“一致性”标准，在“融贯性”方面，对文本事实的解释多有牵强附会之处。“知己”说指的是用“士为知己者死”的侠士思想来解读“弹铗而歌”“薛地焚券”和“复凿二窟”等行为。“知己”说比“民本”说稍好一些。然而，将冯谖视为如聂政、荆轲、豫让一类的侠士，混淆了“策士”与“侠士”的区别。至于儒家“修齐治平”的思想，似乎与“策士”或“侠士”没什么关联。因此，目前这两种解释“民本”说和“知己”说都不能令人满意。它们与文学解释的一般原则不合，文本取证也显得牵强附会。另外，在“民本”说和“知己”说中所存在的教条思维和偏见的基础上，作者对于冯谖这个人物的策略思想进行反思。在解读《冯谖客孟尝君》时，为什么长期以来对冯谖的人物类型

归类不正呢？为什么千篇一律地用儒家式的“民本”思想和“半儒半侠”式的“知己”思想进行解读呢？教条式思维恐怕起了很大的作用，千篇一律就是教条式思维的表现；不愿或不敢直面纵横家的思想精髓，道德至上的偏见恐怕也起了很大的作用。由于“民本”思想和“士为知己者死”的思想具有道德的高尚性，无论冯谖有没有这种品性，都得给他往上贴，德育左右一切的教育思想也是一种偏见。偏见加教条的思维模式一旦横行起来，势不可当。在此基础上，作者在文中试图提出了另一种富有竞争性的解释——“谋略”说，基于解释的充分性、融贯性、一致性原则和文本证据给出论证。

12. 张建军：《高阶认知视域下的批判性思维教学与研究》，《河南社会科学》2015 年第 7 期

批判性思维教学与研究在我国学界的兴起，为认识与发挥逻辑的社会文化功能提供了新的条件。但是关于“逻辑应用”理念上的一些分歧，也在一定程度上影响着这种作用的发挥。有的倡导批判性思维教育的学者，明确提出反对批判性思维教学与研究中“逻辑主义观念”的论题，主张“逻辑应用只是批判性思维的一小部分，甚至不是主要部分”。这反映了对“逻辑应用”的一种已产生较大影响而需要加以澄清的认识。鉴于把握逻辑与批判性思维的关系对于批判性思维教学与研究的极端重要性，这种认识是值得学界关注与商讨的。本文指出，运用当代认知科学中的“高阶认知”理念进行分析与讨论，可以使得这个重要问题获得清晰澄明。

本文由四部分组成：一、“反逻辑主义观念”的提出及其基本论证；二、“推理”的双重语义与“高阶认知”视角的引入；三、批判性思维研究隶属于“应用逻辑研究”；四、正确处理逻辑基础教学与批判性思维教学的关系。全文论证了如下观点：批判性思维的要义在于“合理怀疑、合理置信”，两个“合理”的评估有赖于以“基于合理推理的问题求解”为特征的“高阶认知”。高阶认知研究既要诉诸于逻辑因素在认知行动中的作用机制，也要把握逻辑因素与非逻辑因素的相互作用机制，从而隶属于“应用逻辑研究”，因此上述“反逻辑主义观念”，是与批判性思维的

本性相违背的。从董毓教授提倡的“五个如何”诉求等论据，也推不出这种“反逻辑主义观念”。在上述澄清的基础上，可以进一步正确把握逻辑基础教学（通常所说的逻辑导论教学）和批判性思维教学的相互为用、相得益彰的关系。独立的批判性思维课程如何开好，如何实现“五个如何”这样的目标，的确值得深入研讨。比如其中究竟要讲授多少演绎逻辑与归纳逻辑的基础知识，需要依据教学对象、教学条件与教学目标等具体情况而定。但是，不论何种教学体系，均应以“应用逻辑”理念为指针。要使学生明确逻辑基础知识的掌握与批判性思维能力的提高具有正相关关系，从而激发学生学逻辑、用逻辑的热情。由此亦可明确，加强逻辑基础教学是推进批判性思维教育的题中应有之义。应利用和发展好现有基础逻辑教学课程资源，在澄清逻辑与批判性思维之关系的条件下，自觉地注入与加强批判性思维视角，这是推动批判性思维教育的重要途径。

本文也强调指出，在我国缺乏形式理性传统的特定历史文化语境中，要慎批“逻辑主义”或“逻辑中心主义”。如果非要谈“主义”，批判性思维理应是“逻辑中心主义”，因为它正是以“尊重合理论证”（说理）为核心的“逻辑精神”的集中体现。“逻辑精神”实质上是董毓教授所谓“五个如何”的“内核”，也是批判性思维的“内核”。

13. 王路：《批判性思维再批判》，《科学经济社会》2015 年第 1 期

有批判性思维论者认为，批判性思维属于通识教育，而不是专业教育。因此，他们主张要设立以“批判性思维”命名的通识课程。本文认为，批判性思维是一个理念而不是一个专业或学科，通识教育也是一个理念而不是一个专业或学科。但是，这两者之间是有区别的：通识教育的理念是要通过专业和学科来实现的，长期以来的教育实践已经表明了这一点。相较而言，批判性思维这一理念则尚未明确，如何去实现这一理念也还是不太清晰的。不过，有一点可以确认的是，如果批判性思维是应该通过通识教育的理念来实现的话，那么就不应当为它额外设置通识课以外的专业课程。逻辑是一门基础课，这门课的背后是逻辑学的这个学科。不管是逻辑基础课还是其背后的逻辑学学科，它们都不像批判性思维理念这样具有较大的可解释空间。它们比批判性思维理念具有更为稳定和基础的地

位。从这个意义上说，以批判性思维为目的去改造逻辑课程的做法是有问题的。批判性思维这一理念比课程、专业以及学科等更具解释空间，不应当成为我们轻易改造逻辑课程的依据，即便我们同意高校教师确实有开课的自由，但毕竟一门课程的设定必然会涉及专业和学科。

14. 武宏志：《认识论信念发展与批判性思维教学》，《延安大学学报》2015 年第 1 期

批判性思维的养成是一个包含不同阶段的发展过程。大学生的知识观或认识论信念也是要经历一些有序发展阶段或节点的进程。处于低阶认识论信念发展水平的学生很难成为真正的批判性思维者。认识论信念发展的连续统模型，启发了批判性思维理论家和教育者去具体探究认识论信念发展水平对批判性思维教学材料、教学法、测试等诸方面的深刻影响，突出了批判性思维的元认知特性，并把认识论信念发展与批判性思维发展有机结合起来，推进批判性思维教学特别是以论证技能为核心的批判性思维教学。

15. 王建芳：《"保证"是什么：国外近年有关图尔敏模型中的"保证"之争评析》，《自然辩证法研究》2015 年第 4 期

"保证"（warrant）是图尔敏模型中最具创意的一个概念，但一直以来都备受争议。即便在当前的西方，学界对"保证"概念的描述亦未达成共识：有学者把"保证"界定为前提、假设或预设，有学者界定为陈述或命题，也有学者界定为推论规则、原则或推理链，还有学者只从功能方面描述而不明确给出"保证"的属概念。本文立足图尔敏对"保证"概念的刻画，围绕国外学界在"保证"问题上的争议，通过对"保证"概念的分析指出，把"保证"界定为前提、假设或预设的学者，实质上是在传统论证框架下解读图尔敏模型，这与图尔敏的本意不符；把"保证"界定为一般性陈述的做法，虽然与图尔敏的认识相吻合，但却因未看到保证的承载者在不同语境中的动态变化而与图尔敏具有同样的局限性；把"保证"界定为推论规则的一些学者，误把图尔敏视域下的规则解读为逻辑推论规则，但却拓展了图尔敏模型中的"保证"概念。究其实，"保证"在不同的论证语境下具有不同的表现形式，它既可以是一

般、特称或单称陈述，也可以表现为逻辑推论规则甚至其他更为复杂的形式，这取决于主张者提出的论证及其对挑战者提出的批判性问题的回应。

16. 宋德龙：《高中英语学科关键能力的实证调查与模型研究》，《上海教育科研》2015 年第 7 期

学科关键能力对语言教学的作用可以体现在目标制定、过程优化和评价科学等各个方面。运用实证手段对我国高中阶段关键能力的调查与分析有助于更加准确的界定学科关键能力。本文通过对高中英语教师的调查与分析，并与批判性思维能力进行关联，形成了初步的高中英语学科关键能力框架和具体模型。本文共分为四个部分。第一部分为高中生英语学科关键能力的界定。作者认为，“英语学科的关键能力不是一项或多项具体的语言知识和语言技能，而是一种独立于他们之外而又通过他们体现出来的能力”。也就是说英语学科的关键能力不是词汇、语法、听力能力、说的能力、阅读能力与写作能力中的某一种或某一个，而是为完成今后不断变化的语言任务而应具备的一种综合能力。第二部分为高中英语学科关键能力的实证研究。在本部分，作者首先介绍了问卷的设计，然后基于问卷的数据对其进行了分析，作者认为从得分上可以看出受访者认为问卷内容比较好地反映了中学生语言关键能力在三个方面所应包含的因素。之后，作者对调查结果的因素进行了分析，主要分为验证性因素分析和结果性因素分析。第三部分为高中英语关键能力的组成。在调查结果的基础上，笔者建立了高中英语学科关键能力模型，主要包括输入性语言能力、输出性语言能力和交际性策略能力三个部分，从 SPSS 主要成分分析的结果来看，这三个部分中的 9 项能力为主要成分，是关键能力最必要的因子，其中输入性表达能力包括信息的获取能力、信息的梳理与分类能力、隐含信息的推理能力、信息的主旨归纳能力四个部分；输出性表达能力包括表达信息能力、归纳信息能力、评价信息能力三个部分；交际性策略能力包括思维品质和元认知能力两个部分。作者认为，高中英语学科关键能力可用批判性语言能力加以概述。当然，这只是为方便陈述的角度所做的简化概括，两者在具体内涵上还有差别，在具体的实践运用过程中，还是需要以模型中的具体内容为依据，从而更有针对性地解决实践问题。第四部分为结

语。本研究在实证数据的基础上，对高中英语学科的关键能力进行了初步界定，并将之与批判性思维能力的内涵进行了类比。作者希望研究结论能对高中英语教学的各个方面具有积极的意义，特别是在教学目标的设定、教学过程的优化以及课程评价的针对性和准确性方面能为英语教育从业者提供借鉴。

17. 张成伟、袁庆飞：《基于信息技术学科的批判性思维能力培养研究》，《现代教育技术》2015 年第 7 期

本文在厘清批判性思维概念、本质及与中学生信息素养关系的基础上，针对中学生素养要求进行适当“翻转”重构，设计了教学流程四大环节十小步骤，通过教学案例进行具体教学实施，旨在探寻信息化社会环境中学生批判性思维技能培养的注意事项：信息技术教师须遵循信息技术学科特点，逐步深入渗透批判性思维；发挥团队学习的作用、明确分工，避免学生在网络学习中迷航，让每个学生都参与进来；适当使用支架式的搭建，可以帮助学生理解案例情境，为思维寻找突破口；信息技术环境下，批判性思维的培养要防止技术异化。本文以批判性思维能力为着眼点，试图探讨在信息技术课堂中实现批判性思维能力培养的流程，使学生初步具备优良的思维品质——批判性思维意识和技巧。这种方法包括思维方式的演变，并内化为学生的价值评判意识，进而形成健康的人生观、消费观、生活习惯。本文共分为五个部分。第一部分为批判性思维的概念与本质。作者认为我国国内普遍认为：批判性思维是对思维的对象所包含的判断和论证进行解释、分析、评估、推理、说明和自我规范的综合认知能力。作者说，探讨这一概念的定义，在于能帮助我们更清楚地认识批判性思维的过程。第二部分为批判性思维是中学信息素养的一部分。作者认为，信息技术与批判性思维互相关联，信息技术学科教学以培养学生的信息素养为主要目标，而批判性思维的培养又是信息素养的核心要素。培养中学生信息素养的关键是培养他们的批判性思维，应向每一个中学生提供面向批判性思维的信息素养教育。学会运用批判性思维，学生走向社会后才能依据信息需求，有目的、高效地解决问题，这一过程包括问题的阐释、解决方案的设计、解决方案的实施以及相关的反思与自我调节等。因

此，开展基于批判性思维的信息素养教育势必成为新课改的主要任务之一。第三部分为信息技术课堂中培养批判性思维的理论基础。作者论及有关课程设置包括三种思路，而依据现阶段条件，本研究采用的是第二种思路，即在信息技术课程教学中渗透批判性思维。第四部分为信息技术学科中培养批判性思维的设计与应用。在本部分，作者详细地谈到了流程环节并总结说，研究者结合对学生活动的全程监控，对照批判性思维技能指标，认为该教学流程不仅让学生掌握了搜索引擎的使用技巧，更是引导学生批判性思维达到了较深层次的“评价”“推理”和“推理反思”。研究者在信息技术学科课堂中渗透批判性思维进行授课，受到大部分同学的欢迎。当然鉴于信息技术学科本身的特点，并不是每堂课、每一个教学知识都能够渗透批判性思维意识和技能。第五部分是研究结论。这种重视批判性思维培养的教育方式，一方面让中学生学会了把技术当作工具来收集、分析、判断、评价与解释信息，促进了他们思维、辨析能力的发展；另一方面分组讨论减少了个人对信息获取、分析、判断和评价的偏好倾向，从而使学生们看待问题更客观、更全面。

18. 吴智泉：《美国“大学生学习评价（CLA）”的特色与启示》，《黑龙江高教研究》2015 年第 3 期

为保障高等教育质量，美国开展了各种各样的理论研究与实践探索，目前已形成以学习者为中心，以可显现的证据为基础，以教育结果及绩效为核心的教育质量评价与监控体系。其评价从实施方式看大致分两类：一是直接测量与评价，如美国教育考试机构（ARG）推出的大学学术能力评量 CAAP（Collegiate Assessment of Academic Proficiency）等。二是间接调查与评价，以 2000 年印第安纳大学高等教育研究中心开始实施的全美大学生学习性投入调查（National Survey of Student Engagement，NSSE）为代表。“大学生学习评价”（CLA）等学习评价方法既是美国高等教育质量保障体系的重要工具，也是其教育改革与发展的助推器。研究 CLA，可以澄清高等教育学习的目标和内涵，了解思维能力等学习成果的科学评测方法。本文系统梳理了 CLA 方法的内容及特色，揭示其反映的美国高等教育发展的趋势和理念，多层面探讨对我国高等教育的启示。本文第一

部分介绍了 CLA 的评价内容。CLA 的评价内容主要聚焦于四种技能，即批判性思维、分析推理、书面沟通和解决问题。在这四种技能中，以批判性思维的测量最具特点。批判思维技能是一种分析学校教育价值的重要切片，可以反映出大学提供给学生的通用的、跨学科的某些技能。这些技能通常是人们在工作中、学术研究中、日常生活中获得成功所需要的。这些技能并不是只存在于某一个学科当中，而是跨越不同学科或不同知识领域，这些技能既是可学的，也是可教的。CLA 有两个主要的测量实施方案，用来测量学生在大学期间的价值增值。其中一个测量方法是在大学生活的开始阶段，对选定学生进行批判性思维技能测量，并在这些学生大学学习结束之时，再进行一次测量；另一个方法是随机抽样，即同时从大一和大四学生中选择样本进行测量。从统计上看，与同一个样本群的长期测量相比，这种随机方法也能得出相近的结论。第二部分介绍了 CLA 与其他两种测量工具的比较。大学生学术水平评估（Collegiate Assessment of Academic Proficiency）用来衡量学生的六个方面成绩：阅读、写作技巧、写论文、批判性思维、数学和科学。CAAP 测试帮助院校评估学生所接受教育的效果，评估学生个人技能水平，帮助学校诊断教学问题。EPP（ETS Proficiency Profile）是美国教育考试服务中心（ETS）针对高等教育开发的测评产品。EPP 测试工具用于协助评估通识教育的成果，提高教和学的质量。CLA 与 CAAP、EPP 在测试方式和结构设计上区别明显，CLA 主要采用的是论述题型，CAAP、EPP 则使用了客观题评估技能。第三部分介绍了 CLA 的信效度报告与数据分析。首先作者列举出几项研究表明，CLA 是一种有效的衡量批判性思维的方法，且与其他测量批判性思维的方法高度相关。然后，作者由 158 所学校的一系列数据得出结论说，某些类别学校的毕业生，拥有比其他同龄人更好的技能，那些具有更高竞争力的机构和博士学位授予机构的毕业生，也具有更好的 CLA 成绩。然而，所有学校或说各类型学校，测验的表现仍存在相当大的差异，这表明并不是所有的毕业学生都能够具备相同的水准。第四部分谈到了 CLA 的特色与启示，作者认为其启示主要体现在以下四个方面：（1）社会视角，体现“问责制”的要求；（2）学生视角，体现“以学生为中心”的理念；

(3) 高校视角，体现“价值增值”理念；(4) 全球化视角，CLA对通用能力的测量，具有普适意义。

19. 吴履履：《美国SIOP模式与中国外语专业大学生批判性思维能力发展研究》，《外语教学》2015年第4期

近年来很多国内知名教育专家指出，我国外语专业大学生“思辨缺席”或批判性思维能力低下。如何提高外语专业学生的批判性思维能力已成为外语教育界亟待解决的问题。本研究以美国SIOP模式为基础，从文献论述和实证研究两方面探讨SIOP这种以学科内容为依托的语言教学模式对培养我国外语专业学生批判性思维能力的有效性。对60名西安外国语大学英语专业大一学生进行为期半年的实验表明，SIOP模式可以有效地培养学生提出高认知水平问题的能力，并能全面提高学生的批判性思维能力，SIOP模式值得尝试和借鉴。本文共分为四部分。第一部分为引言。本研究以美国SIOP模式为基础，从文献论述和实证研究两方面探讨SIOP这种以学科内容为依托的语言教学模式对培养我国外语专业学生批判性思维能力的有效性，从而为最终建构我国外语专业大学生批判性思维多维培养模式打下基础。第二部分为SIOP模式介绍及评述。庇护式教学（Sheltered Instruction）是以英语为媒介向英语非母语学习者教授诸如教育、工程、心理学等各种专业课程，并通过策略的使用使这些课程的专业内容更容易被学生理解，同时使学生英语学术语言能力得以提高的教学理念。这种教学之所以称之为庇护式教学是因为老师采取各种策略不断地“修饰”教学，一方面为学生创造一个无威胁的庇护式语言使用环境，另一方面使老师教学符合英语学习者的语言水平，使教学内容更容易被学生理解和接受。SIOP不仅从整体教学理念上确保了对学生批判性思维能力的培养，它的多个教学策略也确保了老师能将学生批判性思维能力的培养与语言基础知识的传授和技能的训练有机结合，将对学生批判性思维能力的培养具体落实到教学行动中。第三部分为实证研究。(1) 研究问题，本研究试图回答以下两个问题，即SIOP模式是否能有效地培养学生提出高认知水平问题的能力，以及SIOP模式是否能全面提高学生的批判性思维能力；(2) 研究对象，从西安外国语大学英语教育学院2013级随机选

取两个班，作为实验班和控制班；（3）研究工具，实验所采用的工具是实验前后提问能力测试、实验前后批判性思维技能测试 A/B 量卷；（4）研究程序，作者共分出了五个程序；（5）数据收集与分析；（6）调查结果。第四部分是结论。从以上检测来看，实验班在批判性思维能力的测试中取得了很大的进步，这得益于为期一学期的 SIOP 模式教学，然而控制班在没有采用 SIOP 模式教学的情况下，批判性思维能力并没任何显著的提高。因此本次实验充分验证了我们的实验问题和假设：SIOP 模式可以有效地培养学生提出高认知水平问题的能力并能全面提高学生的批判性思维能力。

20. 李剑锋、张晶：《批判性思维及训练路径》，《山东社会科学》2015 年第 S1 期

批判性思维无论是对繁杂信息的把握还是创新都是不可或缺的。本文论述了批判性思维训练的途径和具体方法，以及批判性思维训练所面临的困境和亟待解决的问题。本文共分为三个部分。第一部分为批判性思维。作者追溯了“批判的”的起源和发展历史，“批判的”源于希腊文 Kriticos（提问、理解某物的意义和有能力分析，即“辨明或判断的能力”）和 Kriterion（标准）。从语源上说，该词暗示发展“基于标准的有辨识能力的判断”。批判性思维作为一个技能的概念可追溯到杜威的“反省性思维”，20 世纪 40 年代，格拉泽用于标示所提出的教育改革主题。70 年代，批判性思维作为美国教育改革运动的焦点而出现，80 年代成为教育改革的核心。接着，作者谈到了批判性思维者的人格品质，主要包括：探索真理、思想开放、分析性、系统性、自信及好奇性。作者认为，我们的思维教学诉求是既培养学生的批判性思维品质又要培养其批判性思维技能，使大学生成为真正理性的、能辨明是非的、有选择和创新能力的人才。第二部分为批判思维训练的途径、方法。批判性思维培养包括两方面内容，批判性思维技能和批判思维者的人格特质。所以批判性思维训练应该包括两个取向，一是技能取向，二是意识取向。批判性思维训练可以通过以下途径：其一，开设批判性思维课程；其二，通过逻辑课程培养学生的批判性思维，把逻辑课分成两个部分——形式逻辑（formal logic）和非形式逻辑

(informal logic)，传统上，逻辑是思维的科学，所以哲学家和教育家常推荐逻辑教学作为培养批判性思维的手段；其三，把批判性思维的培养与学科教学有机地结合起来，教学不是单一的传授知识或技巧。在实际操作层面上，教育者应该做如下尝试：第一，创造新型的课堂教学文化；第二，提供富有思考性的问题；第三，提倡探究性学习。第三部分是批判性思维训练中存在的问题。作者认为主要存在四个问题，分别为，中国传统文化中缺乏批判反思元素；教师对批判性思维的认识存在偏差；目前的教学评估体系制约着批判性思维训练；我国对批判性思维研究的滞后也给批判性思维教学带来困惑。作者认为，这些问题的存在一方面制约着批判性思维训练的开展，另一方面也激发着一些专家学者的努力工作，目前批判性思维教材正在编写之中，有更多的考试如公务员录用考试等均考察批判性思维能力，随着这些工作的开展，相信批判性思维教学很快会有效地开展起来。

21. 李剑锋、张晶：《批判性思维教学与法律思维训练》，《湖南科技大学学报》（社科版）2015年第4期

法律思维的培养是法学专业高等教育的核心目标之一。批判性思维的论证原理对于法律论证具有极其重要的价值和意义，可以应用于法学研究和法律实务之中。构建嵌入批判性思维的法律思维训练课程体系，切实实现对法律思维能力的训练，是未来法学专业高等教育发展的必由之路。法学专业的高等教育包括三个主要目标：法学专业知识的传授、法律思维的培养、法律信仰的树立，其中法律思维能力的培养和提升是关键。影响当前法学专业学生法律思维能力提升的因素有很多，其中不容回避的重要因素之一是国内法学专业的课程设置只注重理论知识教学，缺乏思维训练的课程。近年来部分重点院校借鉴西方教育发展成果着手建设、发展通识教育，其中将批判性思维或创新思维类课程作为通识教育的核心内容。但地方高校由于师资力量、教学资源的限制鲜有高校开设相关课程。即使目前开设思维训练课程的重点院校，也仅将其作为通识教育内容，并不强调在法学这样的具体专业学习中的运用，不能真正实现法律思维训练的目标。本文共分为三个部分。第一部分为批判性思维教学是实现法律思维训练的

有效途径。作者认为批判性思维训练适合各个领域，尤其适合应用于法律论证领域。第一，批判性思维研究着眼于论证的结构、类型、评估标准、构建方法等方面，而不仅仅只是逻辑形式的推理；第二，批判性思维追求事实真理，而不仅仅是逻辑有效，其对于理由论据的真实性的关注，弥补了传统逻辑在法律论证的分析中对于证据分析的忽视；第三，批判性思维研究所关注的论证的宏观结构，对于法律论证具有普适性价值。综上所述，批判性思维的特征符合法律论证的需要，而法律论证是法律思维的核心内容，在法学教学中系统引入批判性思维教学，其对法律思维训练的意义和价值是不言而喻的。第二部分为批判性思维在法律实务中的应用路径。法律思维能力在实务中表现为运用法学理论知识准确适用法律规范解决法律问题的能力，贯穿于法律实务的各个环节，渗透于各个诉讼主体的角色之中。每个诉讼主体在任何法律程序中都从不同角度不同层面持续进行着法律论证，或构建、或评估、或质疑，因而批判性思维对于提升法律思维技能的价值，集中体现于其在法律论证中的应用，具体而言可从法律论证内容和诉讼主体两个层面分析其应用路径。然后作者就这两个层面分别进行了阐述。第三部分为如何构建嵌入批判性思维的法律思维训练体系。作者根据其教学体会，提出了如下操作性建议：以法律逻辑课程作为法律思维训练的核心课程；专业课教学中引入批判性思维的教学方式；实践教学环节开设思维训练的实训课程。

22. 曲卫国：《缺乏的到底是思辨能力还是系统知识？——也谈外语专业学生的思辨问题》，《中国外语》2015 年第 1 期

本文开篇即指出了问题的缘由，即如何在外语教学中发展学生的思辨能力是国内外语教学界长期关注的问题，不过，自从黄源深（1998）提出外语学生“患思辨缺乏症”之后，外语学生思辨能力问题一下成为国内外语学界讨论的热点。但是作者认为这些讨论混淆了一些重要的概念，在作者看来，这些概念至少包括：（1）思维与思辨；（2）思辨与批判性思维；（3）思辨能力与系统知识的关系；（4）语言能力与思维能力的关系；（5）使用外语进行批判性思维与使用母语的区别。作者认为，外语专业学生所暴露的“思辨能力”问题不关思维，它更多反映的是由于外

语专业学科的定位问题，外语专业的本科教学无法像其他专业本科教学那样完成系统知识传授。虽然专业大纲面面俱到，提出学生要具备广博的文化知识以及能在“外事、教育、经贸、文化、科技、军事等部门”从事翻译、教学、管理、研究等各种工作，但所有这些知识是功利性地服务于技能，缺乏系统。没有系统知识，学生不可能掌握系统的思维方法和程序。大学教育虽然也教授技能，但其目的远不在此。系统知识的传授是大学本科教育有别于前大学教育的关键标志。缺乏系统知识的外语专业学生还要应付语言障碍，面对跨语际、跨文化语域中的不同文化的复杂冲突。巧妇难为无米之炊。有鉴于此，作者认为，外语专业如要有效解决所谓的“思辨缺席”问题，更好地发展，就必须废除大一统的技能型培养目标定位，允许多样化设定专业目标、学科定位，鼓励外语院系根据自身条件多样化地发展与外语有关的知识学科系统。唯有如此，外语专业才可能摆脱目前“思辨缺乏症”的困境。

23. 赵蒙成：《美国的媒介素养教育：历史、问题与发展趋势》，《外国中小学教育》2015 年第 4 期

随着数字媒介时代的来临，媒介素养越来越受到关注，为了应对信息社会给人类带来的挑战，世界各国都开展了媒介素养研究，发展全民媒介素养教育成为必然的趋势。美国是媒体输出大国，美国的媒介素养教育在 20 世纪 70 年代后期得到了比较快速的发展。那么，美国的媒介素养教育经历了哪几个阶段？其教育的主要目的和内容是什么？在发展过程中存在哪些问题？未来的发展趋势是什么？探讨这些问题，有助于我们更全面、深刻地把握美国的媒介素养教育状况。作者在本文中共分五个部分对上述问题展开论述。第一部分是美国媒介素养教育的发展历程，大致可分为 3 个阶段。分别是萌芽阶段，美国最早的媒介素养教育活动可以追溯到 20 世纪 30 年代的一个名为“威斯康星优质传播协会”（Wisconsin Association for Better Broadcasting）的组织，这个组织主要通过播放一些好的节目来帮助听众提高媒介意识、批判性思维和欣赏能力；兴起阶段，20 世纪 70 年代，美国教育学者们开始探讨如何把媒体活动和问题融入学校课程中；发展阶段，20 世纪 80 年代起，由于人们对大众媒介传播内容的关注度不

断提升，美国的媒介素养教育再次引起了人们的广泛关注，各类活动纷纷展开。经过半个世纪的发展，美国的媒介素养教育已取得了较大进展，媒介素养教育的研究也已成长为一个热度较高的研究领域。许多书籍、教材和期刊都不断地出版，传媒教育方面的专业人员人数也不断增加，越来越多的传媒教育机构也纷纷建立。迄今为止，美国关于媒介素养教育的组织已超过30个，这些媒介素养教育组织是推动美国媒介素养教育发展的主要动力。第二部分是美国媒介素养教育的目标。美国媒介素养教育主要是以培养学生的批判性思维能力、传媒分析能力、传媒生产能力和传播能力为目标，其课程设置主要是将媒介素养教育融入现有的其他课程。劳拉·斯坦（Laura Stein）将美国媒介素养教育的目标扩为以下几个，即免受媒体负面影响带来的危害；促进公民意识的形成和社会的民主；学会学习和自我表达；作为一种艺术形式来享受和欣赏媒体。第三部分是美国媒介素养教育的内容。如今在美国大部分地区，媒介素养教育已进入了中小学课堂。美国的媒介素养教育具有较强的系统性和针对性，主要体现在：善于根据不同年龄、不同层次的学生，设计难度和重点不同的教育主题和内容。美国的媒介素养教育主要分四个阶段：儿童阶段、初中阶段、高中阶段、成人阶段。在文中，作者列表分别加以详细说明。第四部分是美国媒介素养教育存在的问题。在取得较快发展的同时，美国的媒介素养教育也存在如下的一些不足。主要是，教育者对媒介素养教育缺乏正确的认识；媒介素养教育缺乏统一的课程标准；媒介素养教育师资不足；媒介素养教育缺乏公众和政府的支持；媒介素养教育缺乏统一有效的评估标准。第五部分是美国媒介素养教育的发展趋势。随着大众媒体的快速发展，及人们对媒介素养教育的不断重视，美国媒介素养教育未来的发展趋势主要是：媒介素养教育的专业化；媒介素养教育的大众化；媒介素养教育范围的扩大化；媒介素养教育方式的多元化；媒介素养教育跨学科化。

24. 刘春晖：《大学生信息素养与创造性问题提出能力的关系》，《北京师范大学学报》（社科版）2015年第1期

本研究考察了529名大学生的创造性问题提出能力，并探讨了信息素

养、批判性思维倾向对其的影响。结果表明：（1）大学生的创造性问题提出能力总体较好，流畅性分数较高，灵活性和独创性的分数存在较大的个体差异；（2）班级类型、学科类别的主效应显著，性别和年龄主效应均不明显；（3）大学生创造性问题提出能力与信息素养、批判性思维倾向存在显著正相关，批判性思维倾向在信息素养预测创造性问题提出能力时起调节作用。提升学生的信息素养和批判性思维能力，有助于培养高素质创造性人才。创造性问题提出能力是创造性思维的重要组成部分，它与创造性三个指标（流畅性、灵活性、独创性）的相关比问题解决与三个指标的相关更高。正如爱因斯坦所说，提出问题比解决问题更为重要。参照林崇德对创造性的定义，以及韩琴、胡卫平、邹玉敏对创造性科学问题提出的定义，本研究认为创造性问题提出能力是根据一定的目的，运用已有情境或经验，在独特地、新颖地、具有价值地（或恰当地）创造新问题并表达新发现问题的过程中，表现出来的思维品质或能力，它既包括提问的数量（即流畅性），也包括提问的多样性（即灵活性）和质量（即独创性）。本研究以创造性问题提出产品的评价为核心，从个体信息加工能力的角度，探讨信息素养对创造性问题提出能力的影响。信息素养概念由美国信息产业协会主席于 1974 年首次提出，他将其定义为利用大量信息工具及主要信息资源使问题得到解答的技术和技能。美国图书馆协会将具有信息素养的个体描述为“能够敏锐地洞察信息需求，并能够进行相应的信息检索、评估和有效利用所需信息的人”在信息素养与创造性问题提出关系中，批判性思维发挥着重要作用。批判性思维是带有目的的、自我规范的判断，它对各种信息（如证据的、概念化的、方法的、分类标准的或情境）进行理解、分析、评价、推论和解释，并最终形成结论。林崇德认为，批判性是指思维活动中善于严格地估计思维材料和精细地检查思维过程的智力品质。本研究选取大学生作为研究对象。许多研究表明创造性一般表现在风华正茂的青年期，研究此阶段学生的创造性十分重要。其中部分被试来自“基础学科拔尖学生培养试验计划”的参与学生。该计划旨在建立拔尖学生选拔程序，探索拔尖人才成长规律，改革学生培养模式，从而带动高校人才培养质量的全面上升。

25. 刘涛：《信息素养研究的未来：元素养研究进展》，《图书馆理论与实践》2015 年第 3 期

在信息社会人们应具备哪些能力的研究中，有一个重要的研究视角，即信息素养研究。这一视角认为信息素养是有效参与信息社会的一个先决条件，强调具备信息素养就是要能够确定、查找、评估、组织和有效地生产、使用和交流信息。信息素养随着社会发展、信息技术变革不断地被赋予新的内涵，并且衍生出一系列如媒介素养、信息通晓等相似的概念。元素养（Metaliteracy）作为 Web2.0 技术发展新浪潮中的“素养的素养”，是在摒弃对信息素养进行类似“更新漏洞补丁”一样不断追加新要素的理念后，由美国大学与研究图书馆协会（ACRL）信息素养评估工作组 Jacobson 等提出的，具有明显的继承性和独特内涵，且一经提出就得到广泛响应。ACRL 的工作组已于 2013 年 6 月启动信息素养新标准制定工作。有理由相信，元素养以其丰富内涵和整合性框架有望成为下一代信息素养的标准。对于国内信息素养研究者来说，元素养理论不仅展示了信息素养发展的方向，它带来的更大启示是，通过瞄准元素养理论有望推动我国信息素养教育迎头赶上国际信息素养教育的水准。但是作者认为信息素养标准不适应新的 Web2.0 环境，Web2.0 是由用户主导而生成的内容互联网产品模式，强调人们在交互协同的情境下生产和分享信息，信息交流模式从单项静态向多向实时转变。而且信息素养概念面临着一系列相似概念的竞争，作者认为元素养的主要议题包括元素养的内涵、元素养的领域和目标。最后，作者得出了对元素养的基本评价及元素养研究的启示。其结论是：第一，有效整合各种素养理论，强调批判性思维；第二，强调社交媒体情境中交互协同生产和分享信息；第三，强调动态信息情境中的元认知，提升信息素养的品位；第四，引入 MOOCs 教学模式，创新素养教育模式。作者认为，对国内研究者来说，要密切关注元素养研究进展，厘清元素养的概念、起源、基本理念、特点以及与各种素养的区别和联系，探索高校图书馆发展与元素养的耦合性研究；创新信息素养教学方式，在教学理念上积极引入开放学习理论和方法，在教学目标方面着重培养学生的批判性思维和元认知，在教学工具上积极利用 Web2.0 的主流应用特别是

网络社交平台以及 OERs 和 MOOCs 等开放教育形式；积极培养能够深刻理解元素养理论和实践、全面把握和熟练运用开展元素养的教育理念、教学目标和教学工具，能够融入元素养教学设计团队共同制订课程计划和课程指南，提高学生在社交媒体和交互协同在线社区中进行获取、评估、组织、交互协同生产与分享信息的能力的元素养馆员。同时，教育科研主管部门、图书情报联合机构、校图书馆要支引导和开展元素养相关研究，从课程规划、管理体系、人员配备和协作等方面加强顶层设计，制定本土化的素养培养标准、评价体系和教材体系，共同推动我国信息素养教育发展。

26. 周剑等：《世代特征，信息环境变迁与大学生信息素养教育创新》，《中国图书馆学报》2015 年第 4 期

当前世代大学生偏好的教育活动是个性化服务，电子媒介交互式学习，任务参与型学习甚至自主的学习；他们具备一定的信息素养能力，但差异巨大。本文指出，随着 Internet 技术及应用的深入发展，大学生信息素养能力包括三个层次，低层次是信息检索技能，然后是批判性思维能力和与自己专业密切相关的 IT 能力，更高层次是独立思考、认识论认知能力，最终达到解决实际问题的目的；高校图书馆已经不能独立满足学生多层次信息素养能力的要求及当前世代大学生对教育培训的偏好。本文提出信息素养教育五分策略：培养目标分层，教学内容分级，学科专业分类，培养过程分段，学生管理分流，并建议从网络课堂、图书馆、学院、学校、教育部、第三方平台等多个层面，共同推动我国大学生信息素养教育。当前大学生的特点是：自信，不迷信权威，敢于挑战传统；自我，独立，热衷电子交流而非面对面交流；有激情，有担当，乐于接受挑战；物质享受与精神享受二者兼顾；渴望成功，渴望成为团队活动的焦点。因此，对大学生而言，灌输式、说教式、单一化教育思路已经不能满足他们内心的需求，他们需要个性化服务、电子媒介交互式学习、任务参与型学习，甚至自主的学习。我国高校大学生信息素养教育创新设想，主要从三个方面展开论述：教育导向创新、教育主体创新、教育策略创新。教育导向创新包含信息素养的教学或者指导应该置身于学生真实的生活学习工作

环境，以提高学生解决问题能力为中心，设计信息素养教育培训的教学大纲、教学方法和考核目标，才能激发学生提升信息素养的内在动机，达到良好的教学效果，最终使得信息素养成为个人综合素质的有机组成部分。教育主体创新图书馆无力独立承担第二层次“与专业相关的 IT 技术、批判性思维”及更高层次“独立思考和认识论认知”的培养，但相关工作可联合学院、学校、教育部和网络课堂等其他主体整合完成。学院层面，通过与图书馆协作，大一时在专业课中推行嵌入式教学，大二时结合专业课程，尝试带有研究性质的论文写作，直至毕业论文写作。学校层面，在当前大学生已经具备一定计算机操作技能的基础上，可以结合专业情况，整合《计算机基础》《程序设计语言》等信息技术课程，将其纳入信息素养范畴。某些有条件的高校可以建立信息素养虚拟仿真实验中心，通过观摩，指导学生独立思考和解决问题。教育部层面，对信息检索、信息技术及初级的批判性思维能力、独立思考、认识论认知水平进行等级考核。教育策略创新，第一，应该就大学生信息素养情况进行测试，随后分级教学。第二，当前对大学生的信息素养要求明显分为三个层次，而这三个层次并非一朝一夕可以完成，因此，应该实行分阶段教学。第三，各学科大类对学生的信息素养要求也存在差异，因此，应该分门别类地组织教育培训活动和制定考核标准。第四，应充分结合慕课、公开课等形式，由图书馆、学院、教务处等相关单位，对学生教学及考核进行分流。

27. 张晶：《解读“批判性思维”》，《芒种》2015 年第 5 期

“批判性思维”一词在中国一直存在误读，而误读势必影响批判性思维理念的传播和批判性思维能力的培养。本文围绕批判性思维的内涵和本质从以下几个方面展开论述：

首先，批判性思维是合理的怀疑，是创新的基石，批判性思维既是一种能力也是一种品格。批判性思维是带着怀疑思考的能力和有理有据的思考能力，其核心是一种反思精神。

其次，批判性思维的目的在于“构建”而不是否定。批判性思维里的“批判”一词，不是“全盘否定”，更不是“批斗”，而是“扬弃”。辨析、分析思想的直接结果可能发现缺点，识别虚假和错误，但这不是目

的，只有发现了缺点我们才会有意思地寻找正确的论证和思想。

再次，批判性思维贯穿创新全过程。批判性思维与创新思维密切联系，批判性思维为建立知识创新提供平台，批判性思维以提出有价值的问题为前提，突破思维定式关键在于“批判”，批判性思维为当前的研究开辟了新的途径。

最后，批判性思维者也不是长有反骨的挑刺者，他们公正、开放、谦和。三思而后行也是批判性思维的观念。比较不同的观点，谨慎论证梳理自己的观点，使得他们的观点更具说服力，这种说服不是得理不饶人，更不是颐指气使，而是尊重他人、尊重事实的谦和做人体现。

28. 黄蕾等：《医学生批判性思维能力与一般自我效能感的相关性研究》，《复旦教育论坛》2015 年第 3 期

国内外研究已经证实了批判性思维能力对医学生的临床能力、学业成就和科研能力方面的积极预测作用，国际医学教育组织也将“批判性思维和研究”列为医学毕业生应具备的最基本的核心能力之一。一般自我效能感是指个体应付不同环境的挑战或面对新事物时的一种总体自信心，已有研究表明：一般自我效能感与学习能力、求知欲以及人格因素中的怀疑性、独立性呈显著正相关，并可通过影响学生的学业自我效能感来间接影响其学业成就。

本研究以我国 4 所医学院校临床医学专业的学生为研究对象，采用按照年级分层抽样的方法，选取大一到大五年级的 1861 名医学生进行问卷调研，探讨医学生批判性思维能力现状、影响因素与一般自我效能感的相关性，以期能为促进医学生批判性思维能力的提高提供科学依据。研究结果显示：医学生批判性思维能力总平均分为 285. 16 分，整体表现为正性批判性思维（≥280 分）；除寻找真相（36. 91 分）和系统化能力（38. 7 分）表现为负性外（<40 分），其余维度均表现为正性（≥40 分）。一般自我效能感总分平均为 25. 90 分。不同学校、年级、性别和年龄医学生的批判性思维有差异（$p<0.001$），军队院校学生的批判性思维能力得分低于地方院校；大二学生的批判性思维能力得分最高，大五学生最低，整体上随着年级的增加，医学生的批判性思维能力呈下降趋势；女生高于男

生；正性批判性思维能力者的一般自我效能感均高于负性者。

我国医学生的一般自我效能感得分低于国内针对大学生群体的测试结果，提示了医学教育中应加大医学生一般自我效能感的培养力度。本研究证实批判性思维倾向与一般自我效能感呈正相关，具有正性批判性思维能力的医学生，其一般自我效能感均高于负性者，证实了一般自我效能感对批判性思维能力的促进作用。医学教育工作者应更新教学观念，改变被动灌输式的教学方法，更多的应用讨论式的教学方法，引导学生打破定式思维，并鼓励其质疑创新，避免学生先入为主知识本位的思想，重视培养医学生批判性的处理临床问题的能力。同时应结合第二课堂开展丰富多彩的活动，给学生提供更多展示自己舞台，让他们可以获得更多的成功体验，从而提高其一般自我效能感和批判性思维能力。

29. 刘晓玲、黎娅玲：《岳麓书院批判性思维培养途径及其现代意义》，《现代大学教育》2015 年第 3 期

岳麓书院作为中国古代四大书院之一，孕育了王夫之、左宗棠、曾国藩等一大批国之栋梁。如今再探讨岳麓书院的教育，可以发现其“讲会”与“会讲”的教学模式，“质疑问难”的教学方法，以及书院学生遵循的（读书法）都在无形中培养了学生的批判性思维。借古思今，在当今教学改革的风潮下，岳麓书院的教育确实能给当今高等教育中的批判性思维培养带来一些启示：首先，开展学术交流活动，创造自由开放的学术环境，培养学生批判性意识；其次，转变教师角色，创建活力课堂，促进学生批判性思考；最后，鼓励学生自主学习，建构知识体系，养成批判性品质。本文共分为五个部分。第一部分为引言。作者介绍了岳麓书院的历史，并谈到其培养出的学生是具有批判性思维的。第二部分为岳麓书院批判性思维培养途径。岳麓书院教育理念在其独特的教学模式、教学方法以及读书理路中得到了很好的贯彻。首先是“讲会”与“会讲”式教学模式开启学生批判性意识，其次是“质疑问难”式教学方法促进学生批判性思考，再次是“异义”与“辨义”式读书理路养成批判性品质。第三部分是当今高等教育中批判性思维培养的缺失。众多研究发现中国高校大学生批判性思维能力普遍薄弱，缺乏主动质疑的意识，独立思考的能力。罗清旭发

现由于缺乏长期的批判性思维训练，我国大学生的批判性思维能力令人担忧。黄朝阳使用批判性思维技能调查问卷对分别来自一类、二类、三类本科院校的1000多名学生做了测试，结果显示批判性思维能力整体为低下水平。总的来说，当今高等教育中批判性思维培养问题有三：第一，受传统文化的束缚，缺乏自由包容的氛围，即没有批判性思维培养的土壤；第二，应试教育体制下的中小学传统的课堂模式忽视了教学过程中启发的作用，使学生的批判性思维意识形成受到阻碍；第三，日常学习中，学生独立思考，培养自主学习能力的机会不多。第四部分为对现代高等教育中批判性思维培养的启示。岳麓书院包容开放，崇尚学术自由的教学模式，注重质疑、反思、对话、辩难的教学方法以及有针对性地培养学生思辨能力的（读书法）对我们在当今高等教育改革中所提倡的注重学生批判性思维能力的培养具有借鉴意义。第一，开展交流活动，创造自由开放的学术环境，培养学生批判性意识。第二，转变教师角色，创建活力课堂，促进学生批判性思考。第三，鼓励学生自主学习，建构知识体系，养成批判性品质。第五部分为结语。作者在文末总结说，我们不妨借鉴前人经验，营造开放包容的学术环境，创建活力教学课堂，为国家培养出一大批自学能力突出、能够批判思考、独立解决问题的青年学子。

30. 俞树煜：《在线学习活动中促进批判性思维发展的问题解决学习活动模型研究》，《电化教育研究》2015 年第 7 期

知识经济社会中，批判性思维作为学习者进行高级思维和知识创新的核心要素，日益受到关注，通过在线学习活动设计促进批判性思维发展也将是大势所趋。文章在对已有研究进行评述的基础上，提出使用问题解决的方式促进学习者批判性思维发展的方法，建构了促进批判性思维发展的问题解决模型，并从教师和学生两个维度对该模型的设计与使用进行了说明，使用准实验方法对该模型效果进行了初步验证，数据显示该模型能够较好地促进批判性思维的发展，批判性思维深度及层次均有一定提高。本文共分为五个部分。第一部分为前言。作者在肯定了批判性思维重要的基础上，论及了本文的写作目的。现代学习生活中，批判性思维的重要性毋庸置疑，在常规课程体系中批判性思维培养的研究也较多。然而，在当今

以网络化学习为代表的新型数字化学习方式中，对于批判性思维培养机制的探索却凤毛麟角，且大部分研究仅仅提及研究的意义、策略等概念层面的内容，促进批判性思维的在线学习活动设计等内容过少。本文将通过对已有研究内容的梳理分析，明晰批判性思维概念界定及基本内涵并在此基础上探索促进批判性思维发展的在线学习活动设计方法。第二部分为批判性思维基础研究。本部分作者分三个部分加以阐述，分别为批判性思维概念及界定，促进批判性思维发展的在线学习活动设计评述，及批判性思维与问题解决。本研究认为通过设计问题解决式在线学习活动能够促进学习者批判性思维的发展，因为批判性思维的发展与问题解决式学习活动具体内在一致性。第三部分为在线学习活动中促进批判性思维发展的问题解决学习活动模型建构。主要分为教师设计维度和学生学习维度。其中，在教师设计中，又分为问题设计、角色设计、资源及工具设计；而在学生学习维度，又分为表征问题空间、确定解决方案、实施解决方案。第四部分为促进批判性思维发展的问题解决模型效果验证。在本部分，作者又分了研究设计与数据分析两部分，在研究设计部分中，又分为研究对象、研究准备、研究工具及研究假设四个部分；在数据分析部分中，作者又分为了批判性思维各维度比较、批判性思维层次对比、批判性思维个体深度对比三个部分。第五部分为结束语。网络化学习环境中批判性思维的研究越来越受到重视，如何通过在线学习活动设计来促进学习者批判性思维发展逐渐受到关注。本研究在相关研究的基础上，提出通过在线问题解决的方式促进批判性思维发展的方法，建构了促进批判性思维发展的问题解决学习活动模型，该模型包含教师与学生两个维度，教师维度以设计性要素为主，学生维度以认知操作性要素为主，并在教学中依据该模型进行学习活动设计，进行了初步验证，结果表明，促进批判性思维发展的问题解决模型能够较好地促进学习者批判性思维的发展。后续研究将对该模型的教学应用进行深入研究，并在此基础上进行模型的修订。

31. 李正栓、李迎新：《中国大学生批判性思维教育实施的策略研究》，《外语教学理论与实践》2015 年第 3 期

本文介绍了批判性思维在中国的引入与发展，并对中国大学生批判性

思维教育的现状及存在的问题进行了剖析，最后论述了如何通过“开放式教学、探究式教学、逻辑教学、信息素养教育、测评方式以及跨学科教学”等教育实施策略，研究中国语境下大学生批判性思维的培养，以期为中国批判性思维研究的理论和实践提供启示和参考。本文共分为五部分。第一部分为引言，作者介绍了本文主要的研究内容。本文通过对一线教师的访谈，剖析大学生批判性思维教育的现状以及存在的问题和原因，继而论述批判性思维教育实施的具体策略。第二部分为批判性思维在中国的引入与发展。在这一部分，作者讨论了两个内容，一是批判性思维的内涵，批判性思维强调个体的思考与分析，以及个体的推论、决策与评鉴的思维过程。批判性思维既要具有怀疑态度和创新精神，又要有“多角度广视野”深刻透彻的分析能力；二是批判性思维的引入和发展，作者列举了很多将批判性思维引入中国的学者及其著作。第三部分为中国大学生批判性思维教育现状及存在的问题。作者在对访谈的分析基础上，对其进行了分析，得出了批判性思维教育存在的以下问题，首先是长期的传统文化教育和应试教育已经使学生形成了比较牢固的唯上、唯师和唯书的心理定式，不敢大胆对存在的问题进行开放性质疑，没有深层次的独立思想，没有探索精神和创新意识；其次是所谓的“面子问题、尴尬境地、为难情绪”等使得广大教育工作者难以顺利进行批判性教育与教学活动；再次是高校对大学生的逻辑思维能力、理性精神和批判性思维品质的培养没有给予足够的重视；最后是我国的批判性思维教育从大学教育入手，为时太晚。第四部分是中国大学生批判性思维教育实施的策略。作者主要是从三个角度来展开论述的，分别为开放性教学是批判性思维培养的重要前提；探究式教学是批判性思维培养的重要途径；逻辑教学是批判性思维培养的逻辑基础；信息素养教育是批判性思维培养的必然要求；多样性的测评方式是批判性思维培养的内在动力；跨学科教学是批判性思维培养的有效方式。第五部分为结语。作者最后总结说，批判性思维的教育实施需要科学理论和教学实验的有效结合，要把新的教学理念和有效的教学策略结合起来。目前我们对批判性思维的研究还不成熟，还有大量的工作需要去做。如批判性思维培养的具体教学实验研究，在不同学科中的培养方法研究及其评测标准和评测技术的研究等。本文中所论述的批判性思维培养的教育策略只是对大学生批判性思维的培养起到抛砖引玉的作用，更深入的研究则需要我们教育工作者的共同努力！

32. 高瑛、许莹：《我国外语专业批判性思维能力培养模式构建》，《外语学刊》2015 年第 2 期

培养外语专业学生的批判性思维能力已经在外语界达成共识。因为批判性思维是创新思维的先决条件，对教育、经济、民主的发展具有至关重要的作用。批判性思维是根据思维元素和标准，通过熟练分析、评估和重建进行自我引导、监督、修正以提高思维品质的能力。人的批判性思维能力存在个体差异，但可以培养其关注文化差异和学科特点，因此有必要对其开展本土化和学科化的研究。作者梳理了国内外批判性思维能力培养相关研究，并在此基础上，得出国外有影响力的四种培养模式：第一种模式是批判性思维能力专业发展方案；第二种模式是批判性思维与外语教学融合培养框架；第三种模式是基于大学影响的学生学习效果理论模型；第四种模式是四层学习行为模型。在此基础上，作者结合中国社会文化和外语专业学科特点，尝试构建“三位一体”外语专业批判性思维能力培养模式。作者认为，构建我国外语专业批判性思维能力培养模式涉及众多因素，是一项复杂的系统工程，既要符合批判性思维能力培养的客观性和科学性，又要能体现外语专业的学科特点；既要借鉴国外学术界的理论成果，又要立足我国国情，体现中国文化和外语学习环境特点，确保模式的可操作性。作者认为外语专业批判性思维能力培养模式的构建不仅涉及教学者和学习者，还应该包括教学机构。在这三个主体中，教学机构搭建批判性思维培养的平台，教学者落实培养过程，学习者是知识构建和思维发展的主体。即，教学机构负责实施全方位的批判性思维能力培养方案，引导培养目标、课程设置、师资培养的转型；教学者负责落实批判性思维概念以及多种培养方法策略，明确所教学科对应的技能和倾向，有针对性地将批判性思维培养融入学科教学目标、方法及评估方式中，营造民主、自由的思维型教学文化；学习者通过转变学习方法，对课堂内外学习过程中接触的语言文本进行解码、意义建构、使用和分析评价，发展自身的外语

能力、文化素养和思维能力。三者相互影响，行成一体化的动态模式。

33. 蔡宝来：《SDP 课程研究与课题研究型学习：关系、条件及策略》，《全球教育展望》2015 年第 7 期

SDP 课程目标重在培养高中生的五种技能（Skills）：即批判性思维、创新能力、独立学习和研究能力、团队精神以及交流和展示能力。重点培养高中生的国际化视野和具有国际竞争实力的人才。其独特的课程性质和特点主要体现在五个方面：（1）援引国际教学理念，贴合中国课改目标；（2）课程内容模块化，打造高中学校国际品牌；（3）课程实施灵活化，便于教学安排；（4）采用全英文教学，结合本地化案例；（5）公认的评价体系，权威的认证机构。SDP 课程要求学生学习方式的本质性转变：重视批判性思维品质的养成，掌握课题研究的基本方法和研究策略，并具有课题研究型学习所需要的能力和素质。课题研究型学习是一种具有清晰的研究目的和可行性研究方案，明确集中的研究任务和研究问题，有可以验证的研究结果的学习方式。这种学习的发起、过程维持和成果发表都非常近似于自然科学和社会科学中的课题研究，因此被称为课题研究型学习。SDP 课程目标达成需要学习方式的转型，促使学生向课题研究型学习方式的转型。所以 SDP 课程性质决定了课题研究型学习。

SDP 课程的实施需要从教与学两方面进行。从教来看：更新教学理念、明确课程目标、合理设计教学活动、实施过程性评价。从学方面来看：课程认知准备、学习心向、学习资源、学习方式、学习方法。课题研究型学习的教学策略有五个层次。第一是问题驱动，确定研究课题。从明确问题开始，教师指导学生从分析发生在社会生活中的一个个案例入手，学生以小组的形式对文本资料、音视频资料、图片资料、现有观点等展开讨论和辩论，并发表自己的见解。第二是培训指导，做好课题研究准备。教师应对学习的全程给予训练和指导，不但要在课堂上给予适时的培训和帮助，在课后同样要给予学生指导和支持。课题研究前的准备工作，主要指教师通过培训和练习，帮助学生了解课题研究的目的、意义以及要解决的实际问题。第三是小组合作，制订课题研究计划。课题研究计划制订需要分组进行，要求学习者有较高的团队合作精神和协作意识。组建优秀团

队的第一步是分组，分组的成功与否，关系到未来团队成员之间课题合作研究的工作效率。该项工作应该在教师指导下由学生来完成。第四是方法导向、开展课题探究一般来讲。课题研究的过程会持续很长的时间，教师在每一节课上可以指导学习小组按照计划进行探究，如果小组成员需要，教师可提供方法以及技术方面的支持和帮助。第五是过程性评价，完成学习评价。SDP 课程学习中，学习者在完成每一次的学习和研究后，都要评价和反思自己的行为和角色，因此，应让学习者（或学习小组）尽可能详细地、诚实地描述学习研究的收获和结果，不管是成功的、失败的结果都应记录下来。

34. 沈汪兵：《创造性思维的文化基础》，《心理科学进展》2015 年第 7 期

创造性思维作为创造性的内核，是个体在一定社会文化背景上产生新颖独特且实用的观点或产品的思维形式。文章基于社会文化的三层次模型，以 Schein 的文化三层次模型影响最广泛。该模型主张文化包括物质文化或称为人工制品（如字画、兵马俑、瓷器等）、外显价值文化（如中学生日常行为规范）以及潜在根基性假设。分别从文化观念、文化活动或经历以及文化工具三个层面，围绕人性价值观、中庸取向、非价值性文化传统、海外旅居、多语种学习以及文化工具所涵盖的文化规则、符号和实物七个方面阐述了社会文化对创造性思维的影响。开展这方面的探讨有着重要的价值，不仅是对文化强国方针的心理学回应，而且有助于促进和深化心理与文化作用机理的认识，并对提升个体创造性和促进社会创新都有重要意义。文化观念方面有三个层面。第一是人性价值观。不同文化中人们所持有的人性认识论或价值观等可能是文化观念影响创造性思维的重要途径。上述差异性影响可从创造性思维内涵的文化差异角度来阐述。个人主义文化中，独创性更具价值；而集体主义文化中，合适性和可行性则更有价值。第二是中庸取向。文化价值观的影响中庸取向是中华民族重要的文化价值观或文化价值体系。历经几千年的历史演进和文化变迁，它现已成为儒家思想深刻影响中华民族命运的范例。第三是非价值性文化传统。研究表明，无论是具有明显价值色彩的人性价值观或文化价值观还是

毫无价值色彩的历史典故等文化观念都会对个体创造性产生显著影响。文化活动有两个层次。第一是海外旅居包括出国留学和海外旅行，均系典型的文化交流活动，且能较清楚和直观地反映出国前后人类行为文化层面的差异。第二是多语种学习是文化影响创造性的一个重要途径。文化工具有两个层次。第一是文化规则。八股文是深深影响明清时代与后世中国人创造性思维的典型文化规则系统。它不仅是中国古代标准化的论说文体，而且是明清时代科举考试——中国封建社会最主要的人才和官员选拔制度的官方文体。它的“标准化”与“客观性”虽为公平选拔人才提供了可能，但通常又是戕害作者创造性与个性的杀手。第二是符号和实物。文字作为典型的文化符号显著影响着人们的创造性思维。2008 年北京举办的奥运会是国家充分体现综合国力与文化实力以及展示创造性的盛会。研究显示，北京奥运会的会徽和吉祥物等标志设计以及开幕式所释放出的创新元素和蕴含的创造性思维令全世界尤为震惊，认为北京奥运会开幕式的创造性雄居所有奥运会开幕式创新性榜首。

35. 沈汪兵等：《创造性思维的性别差异》，《心理学进展》2015 年第 8 期

创造性思维是推动科学技术进步和人类社会与文化发展的重要心理基础。人类两性分别在创造性思维的聚合思维和发散思维方面表现出显著的行为和神经活动差异。在发散思维方面，女性优势相对明显，但在聚合思维方面，男性具有一定优势。两性在不同类型创造性思维方面的相对优势与大脑两半球的加工优势有密切联系，且受到包括性别作用等因素的调节。研究对这些问题进行了系统探讨，并就当前研究不足和未来趋势进行了展望。发散思维是创造性思维的核心，深受人们重视，甚至有时被等同为创造性思维。创造性思维的性别差异受到了包括个体发展和教育水平多类因素的调节。不同发展阶段两性创造性思维的差异模式各异，但关键转折点集中在小学 4 年级、初中 2 年级和首次社会工作时。思维类型调节着创造性思维的性别差异——男性图形或空间发散思维优势明显，女性的言语发散思维占优。社会环境和文化等社会性因素也影响两性发散思维的差异模式，且主要体现在下述两方面：一是体现为个体社会发展水平和文化

(如性别角色、社会刻板印象);二是评分者主观评分的影响(如异性吸引)——发散思维测验以开放性为主,主要依赖于同感评估技术等主观评定法。评分过程中,评分者性别与被试性别易产生微妙的交互效应。研究显示,男教师易对女学生发散思维流畅性和变通性给予高分。未来研究需加强对社会文化影响以及测验工具的信度或效度在发散思维性别差异模式中可能作用的探讨。现实生活中每天数万计的大事小情方案的最终定夺均离不开聚合思维。人们对聚合思维的重视很大程度源于 Simon 问题解决的研究和 Mednick 远距离联想测验的应用。或因此,目前聚合思维的评估主要以创造性问题解决范式(如顿悟问题解决)和远距离联想测验(RAT)实现。聚合思维虽长期被搁置在创造性研究的边缘,但随着近年顿悟研究的回暖和基于脑的顿悟研究的快速发展,部分学者已开始使用各类顿悟测验来探讨聚合思维的性别差异。由上可知,创造性思维的研究已经逐渐发展到基于脑的研究范式阶段。该取向下,人们通过借助传统行为测量和现代认知神经科学技术来解密创造性之脑,发现男性和女性的创造性思维具有显著差异,女性发散思维相对优于男性,且以言语发散思维的优势最明显,但男性的聚合思维相对优于女性,并与大脑两半球的加工优势有一定关联。但两性创造性思维的性别差异受到各类因素的调节,意味着今后研究探讨创造性思维的脑机制时需格外注意性别因素及其可能催生的心理效应。

36. 詹慧佳等:《创造性思维四阶段的神经基础》,《心理学进展》2015 年第 2 期

华莱士(Wallas)四阶段论是创造性思维过程研究的重要模型,该模型认为创造性思维包括准备期、酝酿期、明朗期、验证期。相关神经机制研究表明,准备期主要包括题目呈现前大脑状态和静息状态的研究,内侧额叶/ACC 及颞叶构成准备期网络;酝酿期主要包括酝酿期提示、延迟顿悟以及心智游移的相关研究,这一阶段涉及左右脑的共同参与,海马、腹内侧前额叶等脑区在酝酿过程中起重要作用;现有顿悟研究反映明朗期和验证期神经活动,前额叶、扣带回、颞上回、海马、楔叶、楔前叶、舌回、小脑等在内的脑区构成其神经基础,其中,扣带回、前额叶在不同角度进行的研究中均有参与，颞上回是负责远距离联想的关键脑区，海马参与定式打破与新颖联系形成，外侧额叶是定式转移的关键脑区，楔前叶、左侧额下/额中回、舌回在原型激活中起关键作用，左外侧前额叶参与对答案细节性的验证加工。未来研究可从研究对象、研究内容、研究手段三方面加以改进，以对创造性思维过程作更系统的探讨。准备期的神经活动起关键作用的脑区包括内侧额叶、ACC、颞叶，其中内侧额叶/ACC 负责认知控制，提前抑制无关思维活动，颞叶负责语义激活准备，并且这一准备期还与静息状态存在密切联系。目前解题前大脑状态的研究主要集中于言语创造任务，未来研究可加强对不同类型创造性问题解决准备期的考察，同时，对静息状态与创造性问题解决的关系的研究也有待作进一步的深入。酝酿期的神经活动起关键作用包含额叶、颞叶、顶叶在内的广泛脑区共同参与；海马、腹内侧前额叶等参与酝酿期的加工，在实现信息离线加工及催化表征重组过程中起重要作用；对特殊意识状态心智游移的考察可间接反映酝酿期机制，对与之显示密切相关的默认网络，在未来研究中可做进一步分析。

37. 刘春晖：《个体变量、材料变量对大学生创造性问题提出能力的影响》，《心理发展与教育》2015 年第 5 期

研究以 139 名大学生为被试，采用 2（信息素养：高、低）×2（批判性思维倾向：强、弱）×2（信息量：高、低）×2（批判情境：有、无）四因素混合设计，考察个体变量和材料变量对创造性问题提出能力的影响。结果显示：（1）从个体变量看，批判性思维倾向在信息素养预测创造性问题提出能力时起调节作用；（2）从材料变量看，信息量高且含批判情境的材料对创造性问题提出能力有促进作用；（3）个体变量和材料变量在灵活性和独创性上存在交互作用。高信息素养或强批判性思维倾向的被试在含批判情境材料下灵活性、独创性表现更好；低信息素养或弱批判性思维倾向的学生在无批判情境材料下灵活性表现更好，在两种批判情境下独创性无显著差异。创造性一直是心理学家研究的热点。很多认知心理学家认为创造性本质是一种问题解决的形式，并将创造过程和问题解决进行类比。如何衡量个体的创造性问题提出能力？从产品观看，它的

产品即创造性问题，可参照创造性的测量指标加以衡量。研究者发现，促进学生问题提出能力的发展，需要关注提问的数量、问题的多样性和质量，这基本对应流畅性、灵活性、独创性等发散思维的三个指标。以往研究也确实通过这些指标考察创造性问题提出能力。但创造性思维并不只是发散思维，它应是发散思维与聚合思维的统一，二者的紧密联系有助于提高创造性。因此，仅以独创性衡量问题质量并不够。本研究将在考察问题的流畅性、灵活性、独创性的同时，加入深刻性指标来刻画提问的思考层次，更好地反映问题质量。本研究将问题分为事实性、推论性和评价性三类：事实问题是对基本事实的客观反映，几乎不需要个体进行认知加工；推论问题则需要对信息进行一定的概括、比较；评价问题需要个体利用批判性思维，结合已有经验对信息进行评价和批判。提出这三类问题所需的认知水平、思考层次逐渐增高，因此，通过对个体提问类型的编码考察其深刻性从理论上是可行的。本研究拟从流畅性、灵活性、独创性和深刻性等指标考察大学生的创造性问题提出能力，在对个体变量（信息素养、批判性思维倾向）进行能力分组的基础上，探讨材料变量（信息量、批判情境）对不同能力大学生创造性问题提出能力的影响。研究假设，大学生的信息素养和批判性思维倾向对创造性问题提出能力有促进作用，信息量和批判情境对创造性问题提出能力的影响受到个体的信息素养和批判性思维倾向水平的调节。

38. 邓文博、张文兰：《于 APP Inventor 培养中学生创造性思维的设计研究》，《电化教育研究》2015 年第 8 期

信息化环境下培养学生高级思维能力一直是高中信息技术的课程目标，而创造性思维作为高级思维的一种重要能力，在高中信息技术课程的培养中显得尤为重要。本文采用实验组与对照组前后测对比设计，探讨了 APP Inventor 在培养中学生创造性思维过程中的有效性。实验结果表明，使用该工具教学的实验组学生创造性思维总体上显著高于对照组，并且在独创性方面显得尤为突出；同时对学生的作品进行量化评估发现，其创造性思维水平显著高于一般水平。由此可知，在高中阶段采用 APP Inventor 进行程序设计教学，能够显著促进学生的创造性思维。

（1）基于 APP Inventor 的教学活动对学生创造性思维培养有明显促进的作用研究表明，利用 APP Inventor 软件工具开展高中信息技术教学，对培养学生的创造性思维有促进作用，主要在创造性思维独创性方面有显著差异。可以说，APP Inventor 作为培养学生创造性思维的一种工具，对创造性思维技能的流畅性、变通性并无显著促进作用，而作为一种软件作品创作工具，对学生的独创性思维方面有较明显的促进作用。为了更有效、全面地培养学生的创造性思维，还需要不断改进教学策略，适当对学生的流畅性和变通性方面加以引导启发。由于创造性思维倾向是一个人比较稳定的个性特征，短时间内要发生改变实属不易。因此，对于如何利用此类工具培养学生的创造性思维倾向还需进一步研究。

（2）利用 APP Inventor 有助于开展高中信息技术程序设计教学。在手机媒体高度发达的今天，APP Inventor 作为可视化编程工具，通过所见即所得加速学生创造性活动的反馈速度，创作行为在计算机中很快得到反馈，容易针对结果的不足或特点进行改进或强化。基于 APP Inventor 开展程序与设计的课程内容，既能实现学生对基础知识的快速掌握及其程序设计教学内容的趣味讲解，又能培养学生的编程思维、创造性思维等高级思维能力，还可以简易、方便地实现学生自己的创作想法，调动学生创作的兴趣，还能在移动手机上外显和分享他们的创作作品。因此，在高中信息课程中，利用 APP Inventor 开展教学活动是一种行之有效的方法。

（3）作品创造性水平评价多元化。根据学生作品中的创造性思维水平的分析，对于一种新的创作软件工具的使用，学生在学习创作过程中，作品的创造性思维水平一般高于平均水平。通过此次研究发现，在作品创造性思维水平评价过程中，不仅要在教学过程的案例分析中进行形成性评价，还需要在完成作品后进行总结性评价，不断完善评价模型，质性分析和量化分析相结合，从而准确反映学生作品的创造性思维水平。

（4）教师创造性思维水平需要提高。目前在信息技术教学过程中，教师虽然具备基本的程序设计和工具软件基础知识，但是在教学过程中更需要通过新的方法和内容去营造创造性思维课堂氛围。在课程活动中设计中讲解基础知识的和案例分析的同时，启发、鼓励、引导学生进行创造性思维活动，保证创造性教学活动的有效进行。

39. 刘韧：《开发创造性思维能力提高高职学生学习效果和自主学习能力》，《思想战线》2015 年第 S1 期

创造性思维是指以新颖独特的方式来解决问题的思维方式。我国高职学生普遍存在基础知识薄弱、知识结构单一、创造性动机不强，以及学生过分依赖课堂环境的学习和教师课程讲授等问题，是导致学生学习效果差，自主学习能力不强的主要原因。而学生创造性思维能力的开发能够激发学生独立地、多角度地观察问题、分析问题和解决问题，是提高学生学习效果和自主学习能力的有效途径。职业教育是我国高等教育的重要组成部分，也是我国重点支持的教育领域，以培养高等技术应用型人才为根本任务。开发和培养学生的创造性思维能力是提高学生自主学习能力和学习效果的有效途径。如何开发和培养学生创造性思维能力？主要从哪些方面入手？是我们急需分析、思考和解决的问题。自 1896 年以来，创造性思维一直为人们所关注，尤其是 20 世纪 50 年代后，更受到了各国学者的青睐。所谓创造性思维指以新颖独特的方式来解决问题的思维方式。它是多种思维的综合表现，包括发散型思维、收束型思维和灵感思维。高职院校学生学习情况分析：学生基础知识薄弱，知识结构单一随着高校招生制度改革以及高考生源的下降，高职学校的学生质量也发生了很大变化，学生基础知识薄弱，知识缺乏系统化，条理化，难以将现有知识进行归纳和整理，做到灵活运用等问题是目前高职院校学生普遍存在的问题。学生的创造性动机不强，目前高职院校的学生，尤其一、二年级的学生还是受到基础教育或应试教育的影响，依旧沿袭着初、高中阶段的学习方法和思维模式，学习知识和技能习惯于被动接受、死记硬背，学习缺乏积极性和主动性。学生自主学习的能力有待加强，学生的自主学习能力是学生在学习活动中表现出来的一种综合能力，主要表现在学生能够独立地分析和解决问题的能力。学生自主学习能力的高低，取决于创造性思维能力的高低，而创造性思维能力的培养和提高依赖学生自身专业基础知识的掌握程度以及创造性动机的强弱。培养高职院校学生创造性思维能力：学校应指导、帮助学生进行概念化、系统化学习；学校应注重启发式教学，调动学生创新

性思维；学校应培养学生的创造性人格；学校应加强教师对学生职业岗位能力培养的认识；学校应建立民主和谐的师生关系；学校应建立科学有效的激励和评价方式。

40. 储著源：《论中国特色社会主义创新思维范式》，《重庆大学学报》（社科版）2015 年第 4 期

中国特色社会主义创新思维范式是中共党人在中国特色社会主义开创、坚持和发展的历史进程中主动构建的推进理论创新和实践创新的思维模式和方法，主要经历了倡导“摸着石头过河”的酝酿和开启阶段、“创新思维”概念正式提出的初步形成阶段、科学创新思维观构建的基本定型阶段、“顶层设计和摸着石头过河相结合”的转型升级阶段四个历史时期，主要包括人文创新思维与科技创新思维并重、理论创新思维与实践创新思维兼顾、精英创新思维与大众创新思维互补、个体创新思维与集体创新思维并举、“顶层设计”思维与“摸着石头过河”思维结合五个层次。

“思维”是指在表象、概念的基础上进行分析、综合、判断、推理等认知活动的过程。创新思维，也叫创造性思维，是指主体通过自身思维能力推动认知活动创造性发展的逻辑过程。范式是科学共同体解决问题和危机的模式和方法。中国特色社会主义创新思维范式是指中共党人在社会主义改革开放的伟大实践中，面对“什么是中国特色社会主义，怎样建设中国特色社会主义”的重大理论和实践课题，主动构建的推进理论创新和实践创新的思维模式和方法。它是对马克思主义和毛泽东思想关于思维发展理论的继承和发展，是马克思主义立场观点方法的高度概括，是中国特色社会主义理论逻辑和实践逻辑的思维体现。中国特色社会主义创新思维范式历史逻辑与中国特色社会主义历史逻辑、理论逻辑和实践逻辑具有高度一致性，是在马克思主义中国化历史进程中孕育、形成和发展的。因此，与中国革命、建设和改革的历史逻辑一样，中国特色社会主义创新思维范式具有客观的清晰的历史发展轨迹。作为推进中国特色社会主义理论创新和实践创新的思维工具，中国特色社会主义创新思维范式在中国特色社会主义开创、坚持和发展阶段具有一脉相承的立场、观点、方法和质同式异的结构形态，正确地解答了建设中国特色社会主义的理论和实践难

题。近现代中国的历史进程显示，思维变迁决定着国家富强、民族振兴和人民幸福。在国人运用非马克思主义思维范式没能探索出正确的救国救民道路背景下，马克思主义传入中国，很快改变了部分国人的思维观念和思维方式，从而开启了党和人民建构中国马克思主义思维范式的历程。自此党和人民将马克思主义基本原理和中国客观实际相结合，坚持用马克思主义立场观点方法思考和研究中国革命和建设战略问题，就找到了中国革命和社会主义建设道路，实现了中华民族的振兴。当前，党的十八大对中华民族复兴大业进行了全新的战略部署，我们正朝着“全面建成小康社会和富强民主文明和谐的社会主义现代化”伟大目标奋进，中华民族伟大复兴的机遇已经凸现。

41. 谢小庆：《关于审辩式思维教学与测试的共识》，《湖北招生考试》2015 年第 3 期

今天，国际教育界已经形成共识：教育最重要的任务之一是发展学生的审辩式思维（Critical Thinking）。审辩式思维是最值得期许的、最核心的教育成果。国际教育领域中谈论最多的话题之一是怎样发展学生的审辩式思维，“审辩”成为使用频率最高的教育词汇之一。审辩式思维是创新型人才最重要的心理特征。本文介绍了美国哲学学会就此问题以德尔菲方法（Delphi Method）所进行研究的主要结论。专家们关于“何为审辩式思维”的共识是：审辩式思维是有目的的、不断自我调整的判断。这种判断表现为解释、分析、评估、推论，以及做出判断所依据的证据、概念、方法、标准和其他必要背景条件的说明。审辩式思维是最基本的探索工具。审辩式思维包括“认知（Cognition）”和“气质（Dispositions）”两个维度。研究结果认为，在认知方面，审辩式思维包含 6 项核心认知技能和 16 项子技能；在气质方面，83% 的专家组成员取得的共识是，具有审辩式思维的人的情感气质特点表现在两个方面，一是表现在对待生活的一般态度方面，二是表现在面对特定问题的处理方式。在此基础上，针对审辩式思维的教学和测试，本文向教师、家长和校长们提出了一些建议。

42. 肖薇薇：《批判性思维缺失的教育反思与培养策略》，《中国教育学刊》2015 年第 1 期

学生批判性思维培养对提高教育质量，提高国家创新精神和实践能力，推进建设“创新型国家”具有重要意义。当前学校教育中，记忆型的教育文化、知识性的教育模式、一元化的评价方式等都制约了学生创新性思维的培养。为培养学生的批判性思维品质和能力，学校要通过重设教育目标、创建思维型教育文化、拓宽教学内容、强化元认知训练、改革教学评价方式等方面进行系统变革。要理解何谓批判性思维，首先要厘清何谓“批判”。在《现代汉语词典》中，“批判”一词被解释为“对错误的思想、言论或行为做系统的分析，加以否定”或者是“分析判别，评论好坏”。批判具有形式之分，也有性质、内容之别。从形式上分，批判可以分为外在批判和内在批判；从性质上分，批判可以分为消极批判和积极批判；从内容上分，批判可以分为理论批判和实践批判。“批判”区别于一般的批评，是“人之为人”这一独立思想主体的超越精神，其方法是使用合理的反思、理性的质疑和辩证的扬弃，其本质是一种求真的精神。基于这样的认识，“批判性思维”是指“对于某种事物、现象和主张发现问题所在，同时根据自身的思考逻辑做出主张的思考”。批判性思维与逻辑性思维相对应，要求具有发现问题、提出问题、独立思考的思维技能和品质。我国学生的批判性思维缺失近几年来越来越引起国内外有识之士的关注，成为我国教育的重要积弊。2010 年，耶鲁大学校长理查德·莱文在“中外大学校长论坛”上曾一针见血地指出：“目前中国大学的本科教育缺乏两个非常重要的因素，第一个是缺乏跨学科的广度，第二个是缺少对于批判性思维的培养。绝大多数亚洲国家的学校，本科教育是一个专识教育，一般来说学生在 18 岁时就选择了自己终身的职业方向，之后就不再学别的东西了。学生是被动的倾听者、接受者，他们一般不会挑战教授和彼此的观点，把注意力放在对于知识要点的掌握上，而不是去开发独立和批判性思维的能力。”其实莱文所指出的问题，不只局限于高等教育，甚至可以说是我国整个教育的普遍弊病，也就是“没有批判的教育”和“没有批判的学生”。为建设批评性思维，需要做到以下四点：学校要重

设教育目标，将批判性思维的培养作为关键性指标创建思维型教育文化；学校要为批判性思维的主体觉解提供生长空间拓宽教学内容；学校要在学科、专业教育中融入批判性思维的培养强化元认知训练；学校要培养批判性思维的敏感度和自觉性。

43. 吴亚婕：《网络环境下大学生批判性思维培养教学模式的实践》，《现代远程教育研究》2015 年第 2 期

批判性思维被公认为是新世纪学习的新基础。批判性思维培养教学模式以批判性思维的核心能力发展规律为基础，既体现了批判性思维的核心能力，也体现了批判性思维的核心能力发展过程。批判性思维包括分析、评估、推论和自我调节四个核心能力，既可以同时发展，也可以根据实际情况对单个核心能力进行有针对性的培养。批判性思维培养教学实践采用设计研究范式，包括两轮迭代过程，以验证该教学模式对促进大学生批判性思维发展的有效性。第一轮迭代针对每个核心能力设计学习活动，根据实验结果修正教学模式；第二轮迭代采用批判性思维整体培养的方式，设计包括教学模式中所有教学步骤的学习活动。实验结果显示：批判性思维培养教学模式对提升大学生批判性思维的核心能力是有效的。此外，学生运用批判性思维的进程表现出一般的趋势；混合式教学在传统高等院校对大学生批判性思维培养方面更具优势；主题选择、活动内容安排、活动时间安排亦影响批判性思维的整体培养。创新人才培养的基础之一便是批判性思维的培养，因为激发创造力就要破除惯性思维，唤起学生的问题意识与批判意识。而批判性思维正是破除惯性思维的关键。批判性思维要求思考过程中进行多维探索，不断挖掘现象背后所隐含的信息。批判性思维能激发创造性思维，但不等同于创造性思维。因此，培养创新人才必须要培养批判性思维。本研究基于批判性思维的认知发展理论和批判性思维的结构，沿着运用批判性思维就是培养批判性思维的思路，结合批判性思维的核心能力所对应的学生行为，反推出批判性思维培养的教学步骤，进而构建批判性思维培养教学模式的假设。这种批判性思维培养的教学模式体现了批判性思维培养的关键教学步骤，即“理解内容”“辨识理由与论证”“做出判断”“提出问题与疑惑”“多方收集信息”“做出决策”“表达结

果”“自我监控与反思”“重新认识”。9 个关键教学步骤基本能涵盖批判性思维的 4 个核心能力（“分析”“评估”“推论”“自我调节”），从而推动学生批判性思维的整体发展。批判性思维培养教学模式既体现了批判性思维的核心能力，也体现了批判性思维的核心能力发展过程，即体现了批判性思维培养的整体过程。在培养过程中，4 个核心能力既可以同时发展，也可以根据实际情况对单个核心能力进行有针对性的单独培养，体现了批判性思维培养教学模式的灵活性。批判性思维培养教学模式需要在具体的教学实践中多次循环运用才能得以完善，这种运用过程也是对研究中所构建的教学模式的检验与修正过程。

44. 梁小军：《运用“多维系统反馈法”促进学生创新思维的实证研究》，《武汉体育学院学报》2015 年第 8 期

运用专家访谈法、层次分析法等方法，以篮球教学为例，分析“多维系统反馈”法对培养学生创新能力的作用。结果发现，该方法对学生的创新意识（$p < 0.05$）和战术创新能力（$p < 0.05$）提升有显著作用，在普通高校体育教学中，要想培养学生的创造思维和创造意识，必须要打破学生思维惯式和培养扩散性思维来提高学生学习的积极性，在动作的分化和巩固阶段提高学生的主动创新能力，利用学生的小组合作学习来提高教学效率，同时创新能力的培养对学生其他能力的培养也可以起到促进作用。培养学生的创新意识是篮球教学中非常重要的要素，篮球属于同场竞技性项目，它不但需要良好的技术，同时需要学生良好的创新意识，在比赛中灵活地运用各种技、战术来达到击败对手的目的。欲达此目的，需要在篮球教学中运用创新性思维的方式和创新性的教学方法让学生养成创新思维的习惯，这是篮球教学改革的重要目标之一。高校作为人才培养的重要基地，对学生素质的提高和毕业后适应社会能力的提高有重要影响，培养学生创新能力也是高校课程改革的方向之一，在体育教学中培养学生全方位能力的一个重要手段，把学生创新能力和综合能力提高作为教师教学的一个重要的切入点是非常重要的，因此，篮球教师必须把教学方法的改革作为一个重要的思维方向。多维系统反馈学习法的程序设计是教学法设计的中心内容，要想教学方法有实质性效果必须要在教学程序设计上下功

夫，在教学方法的设计中必须要渗透创新性思维的基本理念，通过创新性的教学方式提高学生的创新思维，这是整个教学法的基本逻辑。多维系统反馈法对学生创新能力提升的关键性要素：打破学生的思维惯式——创新性思维在很大程度上决定着学生思维的积极性和动态性，教师要在教学中采用各种现代化手段和方法来提高整体教学水平，与时俱进的同时通过整合其他教学方法中有益成分来充实自己的教学方法，从而提高自己的整体教学效益；激发学生创新性思维的动力——创新思维在篮球教学中应该突破传统的教学模式充分调动学生积极思考，使学生在成功的体验中快乐地进行学习，同时通过陶冶学生的情操，在创造性的活动中体会进步和创新的乐趣，同时学生之间可以通过相互鼓励的方式推动学生创新意识的提升；充分发挥学生的主体地位——采用启发式的教学方式，教师的教要有利于学生的学，教学的程序首先要制定订好良好的教学计划，写好教案，在制定目标时要考虑教学过程中各个因素，同时发挥教师的主体作用。

45. 朱浩：《基于自组织理论的研究生创新思维生成与培养机制研究》，《研究生教育研究》2015 年第 4 期

如何培养创新能力是当前研究生教育质量提升需要解决的关键问题。具有创新思维是提高研究生创新能力的前提。创新思维是人类思维活动的高级形式，是人在科学研究中由已知探求未知，创立新理论，产生新发明、新发现，获得新思想、新观点、新方法的复杂思维活动过程，是人脑思维突破旧有的框架建立新的更高层次的有序结构的自组织过程。研究生创新思维的生成与培养是一项复杂的系统工程，是研究生教育的一个核心内容。研究生创新思维的内在发生机制和形成过程遵循复杂系统的自组织演化规律。自组织理论作为一种具有普遍意义的科学方法论研究了复杂系统从无序到有序、从简单到复杂、从低级到高级的自组织演进机制。本文试运用自组织理论的充分开放、远离平衡态、非线性、随机涨落、超循环等基本理论与观点，就研究生创新思维生成与培养的机制作初步探讨，以期为提升研究生的创新能力提供一种新的思路与方法。

（1）思维的充分开放：研究生创新思维生成与培养的前提条件。依据自组织理论的观点，研究生的思维要充分开放，保持与外界环境的广泛

交流，收集、选择各种有用与有益的知识和信息，开阔视野，扩大知识面，这是生成与培养创新思维、进行创新活动的前提。这就要求研究生在进行专业课程理论学习、课题研究、社会实践、学位论文写作等各培养环节中要时时关注国内外本学科专业知识与学科发展的最新动态，同时广泛涉猎相邻学科和其他学科的知识，吸收新思想、新方法、新成果，密切关注学科前沿动态，探索发现未知领域，使自己的知识与时俱进，不断补充更新，培养一种不断打破传统思维定式和狭隘视界，多角度、全方位、动态看问题的开放思维。

（2）思维的远离平衡态：研究生创新思维生成与培养的必要条件。培养与开发研究生的创新思维，需要鼓励和促使其思维系统远离平衡态，做到主动、自觉地建构“远离固有的常规思维平衡态”，我国研究生教育的课程体系应打破固有的专业设置，课程内容应注重多学科专业的交叉与融合，多开选修课与问题导向型跨学科课程，构建融科技与人文为一体的课程结构与学科文化，以扩展研究生的学术视野，促进研究生创新思维的生成与培养。

（3）思维的非线性相互作用：研究生创新思维生成与培养的内在动力。自组织理论指出，非线性相互作用是促使系统演化成有序耗散结构的内在动力。当系统处于远离平衡态时，系统内部诸要素之间的非线性相互作用能促使系统在整体上产生协同相干效应，从而导致新质的涌现，推动系统从无序走向有序的进化发展。从这个意义上说，研究生在学习、研究、创新的过程中，要善于从事物整体上，多角度、多侧面、多层次的观察与分析，避免用分割、孤立的方法来研究和分析问题。重视非线性思维的培养，探求事物内部与事物之间的非线性关系，寻找出解决复杂问题的最佳方式与路径。

（4）思维的随机涨落：研究生创新思维生成与培养的“触发器”。研究生在科技创新活动中，思维的随机涨落即新思路、新想法、新点子、新创意的闪现或思想火花的迸发往往是长期学习、研究、实践、思考后的偶得，它以直觉、灵感、顿悟等方式展现，持续时间短暂，可以说稍纵即逝，具有不可逆性，并且是随机、刹那间涌现的。学习、思考、实践的过程其实就是对头脑中存储的知识与理论进行激活、优化、重组、应用与反思的过程。在这个过程中应及时抓住思维中出现的“闪光点”与“火花”，形成思维涨落。

(5) 思维的超循环：研究生创新思维生成与培养的演化路径系统自组织演化的路径是从低级到高级，在不同水平与层次上的循环发展。这是一个研究生在课程学习、科学研究、论文写作、社会实践中不断发现问题、组织问题、思考问题和解决问题，独立思考、自主学习、自主研究、自主创新、否定之否定，向更高水平、更高层次的创新思维品质的循环演进过程，也是研究生从创新认知，到创新情感、创新意志，再到创新行为不断循环发展螺旋式上升的思维进化过程。按照超循环思想，高校要加强构建多层次协同整合的超循环组织（如多学科创新团队、交叉学科协同创新中心、产学研协同创新人才培养基地等），形成一种人才、学科、科研、产业等聚集、重组、网络化的超循环创新系统，为研究生创新思维的生成与培养提供有益的组织保障。

46. 陈茉：《大学生创新能力培育问题的国内外研究综述》，《黑龙江高教研究》2015 年第 1 期

当前，中国经济既高速运行也面临转型，如何在与世界他国融合中完成自我升级，其“动力体系”在于“创新”，培养大学生创新能力是高校教育肩负的重要职责。通过对国内外相关研究文献整理，总结了大学生创新能力培育研究在两个层面的转变：在研究内容上由外在环境研究增加到内在因素的分析，进而由带有普遍意义的研究细化到培养模式的构建；在研究方法上由定性理论分析逐渐转向定量实证分析。经过对国外有关大学生创新能力培育问题的文献梳理与分析发现：从研究内容角度看，即使经过国外研究者的多年研究，大学生群体创新能力培育问题也尚未得到充分的发掘与研究。已有研究集中于外部环境与学生内在潜能的交互作用之上，如 Bramwell 等人（2011）认为学校环境是创新能力培育的最重要外在因素，教师的知识水平、动机和价值观对校园创新土壤的形成起到了关键作用，Van（2010）的研究表明外部环境为校园创新活动的兴起提供了重要支持平台，在此平台上，教师的个人性格和教学法也与大学生创新能

力正相关，环境因素应被看作激发创造性思维的有效工具，另外 Jeffrey（2006）认为教师的有效引导扮演了重要角色。这些研究说明大多数研究者普遍认为个体创新能力与外部环境和内在激励密切相关。从研究方法角度看，大学生创新能力培育领域的研究方法也逐渐偏向实证研究。近年来的研究逐渐强调利用统计方法和理论模型法分析原本关系模糊的创新能力培育系统的内部运作情况，主要是利用理论法构建模型并提出假设，然后利用问卷等方法获取相关信息，进而借助数据—结构分析揭示创新能力培育系统与主要影响变量之间的关系。国内学人针对大学生这一最具创新与创业潜力的群体，进行了大量研究。关于研究内容方面较为深入的论题重点体现在以下两个方面：关于创新能力内涵的理论研究；关于大学生创新能力培育的体系构建研究。主要趋势：在研究深度上逐层拓展，即由对大学生创新能力的外在养成环境、动力机制的研究增加到对大学生内在人格特征和成就动机等潜在因素的深入分析；在研究范围上由宏观至微观，即由大学生创新能力培育研究细化到创新能力的培养模式构建；从研究方法的角度看，国内学者较少涉及实证研究，现有文献也集中于研究如何利用数学模型评价学生群体的创新能力方面。建议对大学生创新能力培育应把握的重点和方向主要有两个方面：（1）对创新能力培育理论研究与实践研究之间的互动和衔接有待加强；（2）将创新教育理念贯穿于人才培养全过程，探索大学生创新能力培育的长效机制。

二　学术著作

1. ［美］理查德·保罗、琳达·埃尔德编著：《思考的力量：批判思考成就卓越人生》，丁薇译，上海人民出版社 2015 年版

本书作者理查德·保罗（Richard W. Paul）为国际知名批判性思维专家。他在美国建立了批判性思维中心、国家批判性思维讨论会，在批判性思考方面撰写了 6 部著作和 200 多篇文章，还为美国广播公司设计了 8 期批判性思维节目。在超过 35 年的教学实践中，他获得了许多奖项。另一位著作者琳达·埃尔德（Linda Elder）是教育心理学家，也是美国批判性

思维中心的行政总监。她著作丰富，并开创性地研究了思维与情绪的关系。她与理查德·保罗共同主持了20次国际批判性思维大会。

理查德·保罗和琳达·埃尔德编著的这本《思考的力量：批判性思考成就卓越人生》的内容包括人们进行思考的世界环境、引导读者对自身的思考进行自省、分析读者所处的思维阶段、思考的组成部分、理性思考的标准和艺术、控制非理性倾向的形成、在企业和组织中的思考分析以及战略性思考等，通过分析批判性思考的概念、性质和拥有批判性思考所需的素质，为读者设计了四个阶段的思考，帮助读者一步一步认识理性思考的内涵和方式，并在生活中做出更明智的决定，同时理解到他人是如何努力企图影响你的思想的。本书也指导读者把握职业生涯和人生，乃至把握自己的各种情绪。本书在结合大量理论和图表分析的基础上，结合我们生活中经常遇到的思维困境和职场问题，为读者一一排除思维中存在的误区，在使读者了解批判性思考的内容和本质的过程中，逐渐以理性方式引导自己的思维。

批判性思考的本质非常简单。所有的人都是思考者。人所做出的所有决定都基于人类的思考。但是，大部分人的思考却瑕疵斑斑：偏见、错误、傲慢、自欺和荒诞。在认识到这一事实的基础之上，批判性思考为我们提供了一些概念，用以帮助我们进行自我分析、自我评价和自我纠正。作为批判性思考者，我们学习如何思考，并使思考的质量更上一层楼。

问题是，非批判性思考正在全世界蔓延开来且来势汹汹。而不幸的是，人类思维却是一种近乎完美的自欺工具。无论我们相信什么，无论我们如何相信，我们的非批判性思维（甚至其错误性显而易见）的真实存在都是不言而喻的。非批判性思考既真实，又具有破坏性，在中国如此，在其他国家亦如此。批判性思考的工具能够为那些吸收、利用它的国家和文化做出特别的贡献。但时至今日，尚未有一个国家或一种文化能够取其精华——当然，这是从一种宽泛的、普适的角度来考虑的。批判性思考的理念仍仅为世界上一小部分思考者所重视。

对多数人而言，他们的思考基本上是下意识的，即从未付诸言辞。例如，多数思想消极的人不会对自己说：“很大程度上，我对我个人和我的经历采取了消极的想法，我宁愿自己越来越不幸。”但问题在于，当你还没有意识到自己的思想的时候，就无法去“纠正”它。当思考还处于下意识的状态时，你就无法发现其中的任何问题。并且，假如你没有从中发现问题，那么，相应的改变也无从谈起了。事实上，由于仅有少数人意识到思考在其人生中所扮演角色的威力，因而，也只有少数人对其思考拥有绝对的控制能力。因此，多数人在很多情况下沦为自身思考的“牺牲品”，思考给他们带来更多的是受损而非获益，而他们最大的敌人就是他们自己。他们的思考带来的是无穷无尽的问题，这使他们无法发现机会，无法在能够为自身带来益处的事情上努力，恶化各种关系，一步一步地走入人生低谷。

本书能够帮你提高思考的质量，从而助你实现你的目标和雄心壮志，令你做出更明智的决定，同时理解到他人是如何努力企图影响你的思想的。本书也将助你把握你的职业生涯和人生，例如如何与人相处，乃至把握自己的各种情绪。现在，是到了该发现自己如何与人相处，乃至把握自己各种情绪的时候。现在，是到了该发现自己对人生的思考的能力及其角色的时候了。你有能力实现更有意义的职业目标，成为一个更加出色的解惑者，更明智地运用自己的能力，逐渐不被他人所左右，并获得更加充实、幸福和安全的生活。选择就摆在你面前。我们诚邀你阅读本书，并循序渐进地在日常生活中运用书中的步骤，逐步形成个人控制力及能力。

（撰稿人：杨 璇）

2. ［美］布鲁克·诺埃尔·摩尔、理查德·帕克著：《批判性思维》，朱素梅译，机械工业出版社 2015 年版

《批判性思维》是全球很受欢迎的思维训练读本，也是最受美国大学生欢迎的思维训练教科书，高票当选美国高校必读书目。本书更是美国最为畅销的大学教材，连续 10 次再版，语言通俗、生动，直观地阐述了批判性思维、正确推理和合理论证的基本问题、观点、方法和技巧。《批判性思维》（第 10 版）从批判性思维的重要性和必要性说起，就如何进行正确的思维和清晰的写作到有效论证的规则、合理的演绎和归纳推理，再到道德、法律和美学的论证进行了详细阐述，同时，书中还列举了各种以

修辞手法来掩盖虚假论证的例子，对批判性思维进行了全面的论述，帮助读者全面了解和掌握合理而正确的思维基本原则、规则、要求、技巧和训练方法。

在书中列举了一些生活中常见的谬误，如："人身攻击谬误"，通过批评其来源而反驳某立场或论证，脱口秀主持人乐于此道；"稻草人谬误"，为了反驳对方立场以夸大、错误表达等方式曲解其立场，使对手陷于不利；"源自愤怒的论证"，顾名思义，以愤怒替代理由和判断，如，政治论辩沦于对骂；威吓手段，试图通过威吓对方来证明某观点；"仓促概括"谬误，过于相信由小样本得出的结论；"群体思维谬误"，任凭对某群体的忠诚来干扰对问题的判断；再比如"一厢情愿的思维"，任凭自己的喜好来判断，拒绝探讨真相，也可称之为"逃避现实的谬误"；还有"诉诸公众的论证"，认为"大家"都相信的就一定是真的；以及"因是之故"，误认为先后相继发生的事情之间就有因果联系等。

那么，批判性思维是什么？显然，它不是盲目的行动或反应。教育者们普遍认为，批判性思维不是任凭各种诱惑的摆布，不是轻易受情感、贪欲、无关考虑、愚蠢偏见等的干扰；批判性思维的目标在于做出明智的决定、得出正确的结论。让我们进一步明确这个概念，存在着一种思维：它让我们形成意见、做出判断、做出决定、形成结论。同时，还存在着另一种思维——批判性思维：它批判前一种思维，让前述思考过程接受理性评估。可以说，批判性思维是对思维展开的思维，我们进行批判性思维是为了考量我们自己（或者他人）的思维是否符合逻辑、是否符合好的标准。

有些课程的学习，只需要做填鸭式的死记硬背，也有一些课程（在工作场所或军队）需要你做得更多：需要你进行设计或评估，需要对特定情形提出建议或诊断，需要进行解释或做出评价等，总之，需要你给出自己的结论。你们可能以下述方式展开学习活动：你先发表自己的独特见解，然后由你的指导老师或者同事、朋友、管理人对你提出批判性的评论，他们将这些评论反馈给你（希望你获得的反馈通常是积极的）。他们评估你的推理。不排除你聪颖过人以至于不需要其他人的反馈信息，不排除你智慧超群以至于思维或者推理时从不犯错，但绝大多数人都难免在推理时偶尔出错。人们往往会忽视重要的因素，会无视和我们所持的观点相抵触的思想。另外，我们的思想可能并不像自己想当然的那样清晰明白。人们通常都会从这种批判性评价中获益，哪怕这种批判性的评价是由我们自己做出的。无论我们写文章、提建议或者做决策，如果我们不是随心所欲地敷衍了事，而是对自己的论证展开反思不断完善，我们就能生产出较好的思维产品。完善我们的思考的办法进行批判性思维，也就是说，像思维的教练一样对自己的思想展开批判。本书就是指导读者如何展开批判性思维。

本书将阐释好论证的最低标准，即无论在何种语境中，值得我们关注的推理所必须满足的基本条件。同时，本书还将介绍常见的不利于构建好论证的诸多干扰因素，本书也会教你识别人们在形成结论时的常见错误。大学里的其他课程也会一定程度上提高你的思维能力，这些课程能训练你基于给定的原则、特定的视角来加以恰当地思考，学到哪些重要因素是需要考量的，以及在形成结论的过程中，哪些论证违背了本该遵守的论证规则。批判性思维的各项技能可以运用于任何你运用思考（说、想、写）的领域。

相较前些版本，第 10 版总体及章节上发生了诸多变化。

总体而言，许多章节中都补充了论证图解的实例。就各章节来看，面貌一新的第 1 章，更直接、清晰地介绍了什么是批判性思维。这章也写入了重要的新内容：认知偏差、事实与观点、为什么要进行批判性思维、批判性思维所能做的和不能做的。第 2 章则增加了两类推理中有了新的内容：道德、情感和逻辑；并非前提的表达；衡平推理和最佳解释推理。第 4 章进行了更准确、更合逻辑的调整。第 5 章通过修辞进行说服，把修辞技巧划分了几大类。第 9 章加入了全新的内容，即关于演绎论证的简明介绍。同时，还重新撰写了第 10 章，关于非演绎推理的批判性思维，其中包含了模糊概述、从一般到一般的推理、自荐样本的谬误、全体证据原则等全新的内容。另外，本章也改进了关于类比推理、基于样本的科学概括以及日常生活中的概括等内容的讨论，并添加了有关评价非演绎推理的解说。在第 11 章中，因果解释中改进了关于体检中各种条件的可能性的讨论。

（撰稿人：于诗洋）

3. ［美］尼尔·布朗、斯图尔特·基利：《学会提问》，吴礼敬译，机械工业出版社 2015 年版

尼尔·布朗（Neil Browne）是博林格林州立大学（Bowling Green State University）的杰出经济学教授，获托雷多大学法学博士学位和德州大学的博士学位。他曾经合著七本书，并在专业期刊发表一百余篇研究论文。他曾在威斯康星大学、印第安纳大学、科罗拉多大学等几十所大学担任教授，协助培养教职员批判性思维技巧。他也任职于《韩国批判性思维期刊》的编辑委员会，并曾担任“国际批判性思维大会”的主要发言人。近期他曾为美国国家安全部、俄罗斯国家秘密服务部门、IBM 亚太公司、乐高公司、新加坡 K2B 国际公司、美国商学院联盟、美国空军研究院等众多机构及公司提供批判性思维的训练及咨询服务。该书另一作者斯图尔特·基利是美国伊利诺伊大学心理学博士，现为美国博林格林州立大学心理学教授。

《学会提问》（第 10 版）在修订过程中既保持了这本书的主要特色，同时又能适当调整内容以适应我们新的思考重点和读者不断发展的新需求。例如，作者首先最想做的就是保留本书简明扼要、清楚易懂以及篇幅短小的特色。经验表明，这本书出色的完成了它的既定目标——传授批判性的进行提问的技能。40 多年传授学生批判性思维技能的经验也让我们确信，尽管学生能力有差异、术业有专攻，只要我们用简单易懂的方法传授他们批判性思维的技能，他们很快就能成功将其应用于各种实践。在学以致用的过程中，他们的信心逐步增强，在重大社会问题和个人问题方面做出理性抉择的能力也与日俱增，哪怕面对从前极少经历过的重大问题他们也一样可以应付自如。

因此，本书可以实现其一贯秉持的、而其他书籍无法实现的一系列目标。它培养学生一整套提问的技能，使其可以广泛应用于各个领域。这些技能的训练都是在轻松自然的讨论中展开的。（我们的读者对象是普通大众，而不是什么专业人士。）本书最为显著的特色之一就是它的适用范围远远超出小小一方教室，延伸到形形色色的生活实践之中。和批判性思维息息相关的种种习惯和态度可灵活运用到消费、医疗、法律及一般伦理和

个人的抉择当中。当外科医生说有必要做手术时，本书所倡导的寻找关键问题的答案这一步骤就可能变成生死攸关的大问题。此外，坚持练习这些批判性思维的问题也可以巩固我们不断增长的知识，有助于我们更好的发现世界万物运行的方式，更好的理解这些方式，教会我们怎样让世界变得更加美好。

谁会觉得《学会提问》这本书特别有用呢？因为我们的教学经验里涵盖了各种不同水平和层次的学生，我们很难想象出这本书对哪一门专业或课程派不上用场。事实上，本书前九版曾被广泛应用于法律、英语、制药学、哲学、教育学、心理学、社会学、宗教学和各种门类的社科课程，同时还被普遍应用于无数的中学课堂里。本书在以下几个领域当中的应用可以说是特别合适。普通教育学课程的老师第一堂课就可以布置学生阅读这本书。这样当学生刨根问底地想要知道他们能从这门课当中学到什么的时候，本书就能全部回答他们的问题。英语课上训练学生说明文的写作能力时也可以利用本书，不仅在写作前可用来参考客观评价不同论证的格式，同时还可以不断提醒作者写作中应当注意避免的种种问题。有些课程专门用来培养学生的批判性阅读和思考的技能，本书自然可以成为课堂上的讨论重点。

虽然《学会提问》这本书主要是从课堂教学经验中总结出来的，但它的目标在于指导每个人的阅读和聆听的习惯。它旨在培养的种种技能，任何一个带着问题去读书的人都应该拿来当成理性决断的基石。本书所反复强调的关键问题可以提高每个人的推理分析能力，不论其受过的正规教育有多少。

本书共分为 12 章。

第一章为学会提出好问题。好多影评家迫不及待地告诉我们，哪些电影不容错过，哪些电影不看为妙。可是他们的看法到底有哪些我们可以笃信不疑呢？你需要发展相关技能，树立正确态度，这样才能自行判断出哪些观点能为我所用，从而形成你自己的观点。

第二章为论题和结论是什么。如果找不准博客作者、演讲者的结论，你就会曲解别人的意图，这样做出的回应也就显得驴唇不对马嘴。主要包括“是什么”问题和“应不应该”问题；他到底在说什么啊；他想让我相信什么结论；找到结论有线索可循。

第三章为理由是什么。只有问一问别人为什么持有这样的观点，并得到一个明确的答复，才能公正地判断为什么应该同意它。主要包括他为什么相信这个观点；找到理由有提示词；理由是模具，结论据此成形。

第四章为哪些词语意思不明确。如果每个词都只有一种潜在的含义，而且大家都认同这个含义，那么迅捷有效的交流就更有可能实现。可惜的是，大多数词语都有不止一种含义。主要包括让人捉摸不透的多义词；找准关键词；检查有没有歧义；判定歧义；看看上下文，这才是它的真实含义；字典里的定义不一定适合文章里的情境；小心那些饱含感情色彩的词语，它会让你的思维短路；谁想要说服你，谁就得负责解释清楚。

第五章为什么是价值观假设和描述性假设。在所有的论证中，都有一些作者认为是理所当然的特定想法，但通常情况下他们却不会明说出来。就好像你眼看着魔术师把手帕放进了帽子里，出来的却是一只兔子，而你压根儿就不知道魔术师暗地里到底玩的什么把戏。主要包括到哪儿去找假设；找出幕后遥控的价值观假设；两种价值观冲突时宁要哪个；典型的价值观冲突；对方的背景可以作为价值观假设的一个线索；可能发生的结果是价值观假设的重要线索；如果争论的人采取相反的立场，他们会关心什么；一个例子：关于竞争与合作的争论；价值观及其相对性；找出没说出来的描述性假设；找到描述性假设的一些线索；避免浪费时间分析无意义的假设。

第六章为推理过程中有没有谬误。判断交流者的推理是不是以错误的假设为基础，是不是通过逻辑上的错误或带有欺骗性的推理来糊弄你，就要特别小心推理过程中的那些诡计花招。不用死记硬背各种谬误的名称也能找到推理中的谬误；有可能假设是明显错误的；推理理由谬误百出；警惕分散注意力的干扰；愚弄人的循环论证；推理错误小汇总；扩展你关于谬误的知识。

第七章为证据的效力如何：直觉、个人经历、典型案例、当事人证词和专家意见。如果有人对出示证据这一简单要求的反应是怒火中烧或退避三舍，往往是因为他们觉得尴尬难为情，因为他们意识到，没有证据，他们对自己的看法本来不应该那样底气十足。主要包括我为什么要相信它；事实断言可靠吗；证据从哪儿来；直觉作为证据可靠吗；个人经历作为证据可靠吗；典型案例作为证据可靠吗；当事人证词作为证据可靠吗；专家意见作为证据可靠吗；引用套引用的问题。

第八章为证据的效力如何：个人观察，研究报告和类比。从某种意义上说，所有类比都是错误的，因为它们做出了错误的假设：因为两样东西在一两个方面有相似之处，它们在其他重要方面也必然会有相似之处。主要包括个人观察作为证据可靠吗；研究报告作为证据可靠吗；研究结果能采用吗；样本能够代表整体吗；调查和问卷的回答真实吗；一个例子：对取消终身教职的批判性评价；类比作为证据可靠吗。

第九章为有没有替代的原因。人类都有这种强烈的倾向，愿意相信如果两件事紧随前后发生，那么第一件事肯定导致了第二件事。比如你可能在写出一篇极出色的论文的同时戴了某一顶帽子，所以现在你一逢到写论文就坚持非要戴同一顶帽子不可。主要包括有果必有因；可能的原因不止一个；找到更多的替代原因；唯一的原因，还是原因之一；组间差异的替代原因相关不能证明因果关系；“在这之后”不等于“因为这个”；很多事件并不只有一种解释；哪个原因更合理。

第十章为数据有没有欺骗性。当你遇到听起来让人动心的数字或者百分比，一定要当心！你可能需要其他信息来判定这些数字到底有多让人动心！主要包括不知来历的和带有偏见的数据；令人困惑的平均值；把一个结论改头换面包装成另一个结论；省略数据也是欺骗；表述方式不同效果更加动人。

第十一章为有什么重要信息被省略了。说服力不够强的推理，并不是因为说出来的不顶用，而是因为省略掉的太关键。就像马眼睛上所戴的一副眼罩，眼罩让马心无旁骛全神贯注于正前方的道路，但是眼罩同时也阻止它去关注某些特定的信息——也许是至关重要的信息。主要包括接受说服之前，先打个问号；不完整的推理在所难免；识别省略信息的线索；考虑是否有负面效果；面对信息缺失的现实。

第十二章为能得出哪些合理的结论。很少有重要的问题我们可以用简简单单的“是”或斩钉截铁的“不是”来回答。主要包括各种假设和多个结论；二分式思维方法：妨碍我们考虑多种可能性；两面还是多面；寻找多个结论；某个条件下才合理的结论；以解决问题为导向的可能结论；让思维更加灵活；不是所有的结论都生来平等；更多可能的结论，更多可能的自由选择。

（撰稿人：于诗洋）

4. ［美］劳伦斯·纽曼：《理解社会研究——批判性思维的利器》，胡军生、王伟平译，人民邮电出版社 2015 年版

劳伦斯·纽曼（W. Lawrence Neuman）美国威斯康星大学白水分校社会学教授、系主任、亚洲研究学科带头人。在威斯康星大学麦迪逊分校获得硕士和博士学位，目前已出版 7 部著作，在美国社会科学类期刊上发表过多篇学术论文，并曾担任威斯康星社会学协会主席。《理解社会研究——批判性思维的利器》是介绍社会科学中所有行为学科研究方法的入门书，由胡军生和王伟平翻译，2015 年 3 月在人民邮电出版社出版。

书中纽曼以自己学术生涯所涉及的多个学科领域为基础，以大量经典研究和最新实例为依托，阐明了社会研究的目的（探索、描述、解释、评价等）和准备工作（文献总结、制订抽样方案、选择测量方法等）。该书详细说明了社会研究中经常要用到的各种描述性方法：观察法、调查研究、行为的隐蔽测量；实验性方法：独立组设计、重复测量设计和复合设计；应用性研究：个案研究法和单被试设计、准实验设计和项目评估。详尽描述了实地研究、历史比较研究和跨文化研究的意义、方法和技巧，简单介绍了定量数据的含义和推论性统计的基础，提出了撰写研究方案和报告的简要指导原则，并强调了研究的伦理道德及批判性思维的重要性。

本书是社会学、心理学、传播学、政治学、教育学、管理学等所有行为科学专业的学生理解并开展研究的入门教科书，也是社会学研究方法的教师及社会科学领域的工作者的参考用书。更是帮助普通读者了解科学研究、培养科学精神、学会批判性思维并改善人生决策的重要工具书。

大多数人在没有做研究或查看研究结果、或者没有从研究取向的角度

来考察问题的情况下就进行决策。大多时候，这样做并无大碍，特别是在做琐细决策时，然而许多心理学研究则表明很少有人是优秀的决策者。我们经常进行错误的判断或思考而不自知。这正是研究要解决的问题。通过研究我们能减少误判、偏见和不正确的思考。研究能为我们提供有价值的信息，拓展我们对未知世界的了解，但它并非绝对正确，毫无差错。研究并不能确保每次都会有完美的结果或者发现“绝对真理”。然而，与其他决策依据相比，研究的优势非常明显。这就是为什么专业组织、受过高等教育的人以及大多数领导在做重大决策时都要依据研究的原因。数百年前，人们在做重大决策时要翻看神谕、察看杯底茶叶的分布或者观察星座的位置。今天，各行各业（医药、商务、教育、司法和公共政策等）的人却都依靠研究论文或学术发现来进行决策。

然而，要依据研究做出正确决策却并非总是如此简单。我们或许在大众媒体上听说过许多关于健康、饮食的建议，这些建议以研究为基础，却又混淆不清、自相矛盾。你可能会问，如果存在这么多分歧，研究还有什么优势可言？事实上，很多时候大众媒体使用研究或科学这些术语时，却与科学研究根本无关。不幸的是，即使某一观点严格来说并无实际的研究支持，媒体使用“研究”一词也理直气壮。我们听说的某些观点可能有研究依据，但却是选择性的或者并不全面，过度夸大甚至歪曲失真。媒体这台“噪声机器”把许多不同的观点混杂在一起，无怪乎许多人对研究充满怀疑。媒体对研究或者社会问题的歪曲容易使人产生混淆。我们或许在大众媒体上听说过某个可怕的问题，但仔细检查和稍做研究就会发现事实被严重歪曲了。

我们都听说过研究和科学，但除非你的教师才华横溢、充满激情，否则你对研究的印象可能非常糟糕，甚至还会产生“研究恐惧症”。研究似乎就意味着充满怪异气味的科学实验室或者没有足够时间来准备的高难度的数学测验。许多学校只有 10% 的学生（学习尖子、书呆子、电脑迷或者怪人）才能真正进入科学研究领域。有的学生则认为研究与己无关或者最多是看看新鲜；有的学生甚至一想到科学研究就感到畏惧不安、高不可攀。当你听说“科学研究”时，或许头脑里就会浮现科幻故事或者恐怖电影里虚构的疯狂科学家的形象。很多人认为只有大学教授、有医学或者博士学位的人和专职的科学家才能做研究。你可能在电视上看到过对某位著名研究者的访谈，或者翻看过充满难以理解的行话、统计材料和古怪公式的研究刊物。你可能认为科学研究遥不可及，与你的日常生活和工作毫不相干。然而，很多学生仅仅在学完一门做研究的课程之后，就能利用这些研究策略、洞察力和收集信息的技能来改善他们的决策。

本书的写作目的之一就是要证明实证的社会研究并非高不可攀、遥不可及，而是与我们密切相关。的确，做研究是项艰苦的工作，容不得半点马虎、疏懒、“心不在焉”和粗枝大叶。做研究需要集中精力、认真思考、严谨细致和自我约束。从这方面看，它和人类的其他活动并无二致。创作伟大的音乐或者艺术作品、烹调精美的食物、培育芬芳的花朵、开辟崭新的商务、提供优质的健康服务、成为出色的运动明星或者修理极度复杂的机械，都需要集中精力、认真思考、严谨细致和自我约束。做研究需要严谨细致，但它同时也是具有创造性、令人兴奋和充满趣味的活动。

如果研究比其他得到答案的方法都要好，例如请教朋友、依靠自命不凡的专家、猜测等，你或许会问：为什么没有更多的人学习做研究，并在生活中加以应用？答案其实很简单，就是人们对研究的无知。如果你根本不知道研究，遑论加以应用。然而，人们对研究方法和结果的排斥也可能并非缘自无知，而是因为研究结果或得到结果的方式与人们根深蒂固的观念或传统的行事方式相矛盾，或者因为研究与同侪压力（peer pressure）或人人都知道的“常识”相悖。有些人之所以背离研究，是因为它并不能一直百分之百地确保得出完美的答案。这些人误解了研究的一个重要特征：研究是探索和迈向真理的持续进行的过程。通过研究获取知识是一个旷日持久、缓慢积累的过程。虽然研究并不完美，但仍然要优于其他获取知识的方法。如果你想在现实生活中找到最佳答案，那么研究正是你所需要的。

（撰稿人：胡军生、王伟平）

5. ［美］谢里·戴斯特勒：《学会选择：批判性思维实践手册》，张存建译，重庆大学出版社 2015 年版

本书译自英文原版教材《Sherry Diestler. Becoming a Critical Thinker:

A User-friendly Manual, 6th Edition》，由重庆大学出版社和培生公司联合出版，书名改为《学会选择：批判性思维实践手册》。作为一本批判性思维课程教材，该书主要具有以下三个方面的适用性：

（1）面向学生的认知实际。《学会选择：批判性思维实践手册》的作者在前言中表示，该书旨在实现“学科交叉，促进学生在批判性思维、哲学、形式逻辑、修辞学、英语、演讲、新闻学、人类学及社会科学等学科领域的学习”，帮助学生在日常生活中做出“高质量的选择”，因而可以作为“护理课程、员工培训、企业管理等课程的指定教材或者辅助读物”。从这种培养目标定位来看，学科交叉是《批判性思维》课程的重要手段，该课程的教学目标在于促进学生做出“高质量的选择”，提升其实践智慧。采用这部教材的《批判性思维》课程满怀对生活和工作实际的观照。尤其是，作者认为教材首先适用于“护理课程”，重视批判性思维教育对于做出高质量选择的不可替代作用。

该教材注重引领学生获得相对扎实的思维技能，通篇很少提及“创新”或者“创造”这样的字眼。之所以如此，可能与教材面向非重点高校的学生有关。该书作者谢里·戴斯特勒长期任教于北加州的康特拉科斯塔学院，这是美国的一所极其普通的高校。《批判性思维》课程并不针对文科生或者理工科学生，而是试图引领全校学生以逻辑理性奠基其选择。对于康特拉科斯塔学院之类非常青藤高校而言，这种课程教学目标定位是适当的。从参与该课程学习的学生在网上给出的评价来看，课程达到了预期目的，学生普遍认为谢里的教学“总是令人感到兴趣盎然”。

《批判性思维》课程的教育理念及教学多以西方文化为语境，在我国引介或完善该课程，则需要一种跨文化的视角，着眼于我国文化传统在当代的发展境遇，设定切实可行的课程培养目标。本书译者最初之所以采用《学会选择：批判性思维实践手册》作为教材，主要是因为她明确将批判性思维视为创新思维的基础，符合我国文化传统当代发展的需要。在我国的文化传统中长期发挥作用的是一种实用理性。人们习惯于根据书本、官方、圣人之言等做出选择，形成一种以“求同思维”为主导的文化心理结构。“求同思维”是一种对逻辑理性的简单化把握，不利于我国文化传统在当代的传承与发展。新媒体信息传播使得中外文化的碰撞与交融呈现新的态势，使得有必要反思这种逻辑理性简单化的价值与局限。在此意义上，通过批判性思维教育重塑学生的理性选择意识，应当是高等教育的历史使命所在。

（2）高扬论证精神。谢里·戴斯特勒在教材的第 1 章强调，批判性思维者应当通过论证做出“深思熟虑”的选择。这是贯穿全书的一个基本思想。论证表现为根据推理得出结论，而推理有符合逻辑与否之分，但是，谢里既没有接受逻辑基础论也没有接受反逻辑基础论，她对“价值假定”和“实在假定”做出独到的诠释（第 2 章和第 3 章），对“图尔敏方法”之于发现两种假定的方法论价值高度赞赏。这些工作体现出一种对论证精神的高扬，具有破解“明晰豪森三重困境”的理论针对性，在实践之维，则有帮助学生找到相对可靠的前提，进而通过论证做出日常生活选择的指导意义。

这部教材的第 4 章至第 6 章对上述论证精神做出延伸解读。其中，第 4、5 章探讨归纳在论证及概括中的应用。一方面，该教材关注统计资料的可采性，区分统计研究及其报道中可能存在的问题，解释发现因果关系价值及常见方法；另一方面，该教材提出研究设计及研究结论的评价问题，探讨专家证词之于因果概括的可能支持。在第 6 章中，作者结合生活实际，对学生熟知的日常选择问题做出理论归置，区分关于“论据不足”和“引导他人偏离主题”的谬误，分别给之以形式概括和应对策略的揭示。

批判性思维教育的产生直接导致标准化考试，《学会选择：批判性思维实践手册》显然没有走向应试的一端，而是高扬论证对日常信念或行为选择的引领。换言之，这部教材极力彰显一种论证精神，并不直接面向指导各类“招考”测试。从笔者据此对这部教材的使用来看，她能够吸引学生主动地阅读，比之《逻辑学》，《批判性思维》课程能够得到相对更多、更广的认可。之所以如此主要原因，可能在于该教材贯彻了一种注重“启智”和“达用”的教育理念，因而能够面向学生生活和学习的实际，帮助他们认识中外文化的冲突与交融，在做出高质量选择的过程中感受和悦纳论证精神。

（3）重视语言与思维的逻辑关联。该教材的最后四章强调语言与思维的逻辑关联。第 7 章分析自然语言表述的歧义性、模糊性和自主性，介绍“含糊其辞”“模棱两可”“故弄玄虚”“推托”等违背逻辑思维要求的常见手法；第 8 章以大量实例展示广告商及媒体报道中常用的语言手法，对广告商及营销人员常用的手法做出语言逻辑的归置；第 9 章和第 10 章回到“个体如何做出高质量的选择”这一主题，其中第 9 章介绍情绪推理及其应对途径，引介一些积极聆听他人语言表述的技巧和逻辑，第 10 章则以组织演讲语言为主线，探讨如何通过论证自我审视及说服他人。这四章内容紧扣语言信息对个体认知的影响，始终贯穿着对论证精神的高扬。不得不使用语言认知世界，这是人类的宿命。对于解释个体何以做出合乎理性要求的选择而言，必须诉诸语言与思维的逻辑关联。就此而言，《批判性思维》课程与近代西方哲学的语言转向一脉相承；贯彻论证精神，就是要在语言分析层面运用逻辑技术解答认知问题。

（撰稿人：张存建）

6. ［美］乔希·林克纳：《破坏式创新：从 0 到 1 VS 从 1 到 N》，松布尔译，电子工业出版社 2015 年版

在这个日新月异的时代，创新的地位十分之高。对于个人、企业和国家来说都是这样。在本书中，乔希·林克纳为您展示了一个行之有效的路径，帮助您驾驭破坏式创新。《破坏式创新》诠释了公司衰败的原因，以及复兴的原则。林克纳揭示了重塑你的产品的方法，以及如何再造你的服务、调整你的运营、重新思考你的品牌和革新你的事业等问题。如果你对企业的改革与复兴很感兴趣的话，那么这本书不能错过。

在这本引人入胜的书中，乔希·林克纳向我们全面展现了全新的创新框架。林克纳提醒我们：面对当前新的挑战，没有任何商业进程可以在高速发展过程中先暂停下来，然后再去革新我们的工作形态。因此，领导者必须持续创新，《破坏式创新》就是一本必读书。在本书中，林克纳会告诉你如何驾驭创新的过程，这样你就可以针对每个阶段实现大幅向上发展的目的。以下是本书的提纲：

第一章“破坏或被破坏”，揭示创新的意义并阐发停滞不前所带来的危害。

第二章“拥抱创新精神”，分析了持续发展需要的要素。

第三章“颠覆自身产品”，讨论怎样更新自身产品的方法和手段。

第四章“改组你的运营”，描述改变商业模式的策略手段。

第五章“创造生动体验”，介绍如何给予客户良好的产品体验。

第六章“讲一个难忘的故事”，分析了如何保持公众形象。

第七章“改造你的文化”，论述加强企业文化的重要性，剖析了它对员工和客户的影响。

第八章“重新定义客户”，讲述了寻找新客户的方法和手段。

第九章“重塑你的事业”，综合前面几章，让企业重新焕发活力。

最后一章“铸就你的影响力”，指出要放眼未来，不能局限于当下，建立企业长久的影响。

（撰稿人：梁润成）

7. ［美］罗赞·萨玛森、马拉·埃尔马诺编著：《关键创造的艺术：罗德岛设计学院的创造性实践》，李青华译，机械工业出版社 2015 年版

在罗得岛设计学院（RISD），学生们沉浸于一种“关键创造”的文化氛围之中。这种文化使得学生们手脑并重，从而构想和创造出必需品、经验和意义。罗得岛设计学院在美国同类院校的排名中始终如一地保持在一流位置，这使得它当仁不让地成为艺术与设计教育领域的领导者。然而，若论其价值，罗得岛设计学院早就远远超越了单纯的艺术和设计领域，任何一位希望在日趋复杂的文化、结构和网络中自由穿越的人们，都能在这里找到他们想要的东西。本书作者罗赞·萨玛森曾任罗得岛设计学院教务长，一位履职 25 年的资深教育者，她在世界范围内的博物馆、会议、公司和大学演讲过。自 1978 年起，她一直经营着她的工作室，其作品曾多次出现在一些重要的国际性展览中，包括联合国史密森美洲艺术博物馆和巴黎的卢浮宫等。另一位作者马拉·埃尔马诺是罗得岛设计学院战略规划和学术倡议执行主任，早年作为一位艺术史家接受训练，她的职业生涯致力于在艺术与设计、文化与高等教育之间进行嵌合。

在《关键创造的艺术》一书中，罗得岛设计学院的成员们引导读者接近罗得岛设计学院的教育和革新实践。这些章节的探索主题，涵盖了手—脑联合的根源；“关键创造”的基础课程；扮演信息策展人角色的设计师；人类与大自然之间的关系；绘画、材料和批评的深层次目的以及邀请商界精英参与到罗得岛设计学院的教育资源中的合伙人项目。

这本书阐述了罗得岛设计学院如何依凭最初思想火花的萌发到最终成果的完成一整套的流程，来培育学生们的创造性实践。在其中，读者们将会寻找到能帮助他们创造自己的关键成功的方法和工具，从而帮助他们：

（1）通过一种迭代过程来构架关键性问题。

（2）运用躬亲实践的、具体化的方法来质询。

（3）通过更贴近事实的观察，提升观看的能力。

（4）以灵活性应对不确定性。

（5）评估并且体会作品中的意蕴。

（6）面对全球需求的反应。

对于富有创造性的革新家（无论是商人、实践中的艺术家和设计师、艺术和设计专业的学生或者教育家），《关键创造的艺术》都将以崭新而严格的方法，让您在思考的同时激发出具有创造力的灵感。读者们将在“关键创造”方面获得深刻洞见，这是一种富有活力和转换性的最基本的行为，将助我们在不同的文化、背景和环境中自由游弋。

（撰稿人：杨　璇）

8.［美］小西奥多·席克、刘易斯·沃恩：《怪诞现象学》，张志敏、武晓蓓译，武宏志校，世界图书出版公司 2014 年版

本书是美国经典批判性思维和科普跨界名著，是英文版《How to Think about the Weird Things—Critical Thinking for a New Age》第 6 版（最新版）的中译本，这本名著的要旨是从应用认识论的角度论述批判性思维的精神、观念和方法。面对网络时代流行的各种奇谈怪论和现实生活中的各种虚假现象，本书提供的甄别方法帮助人们辨别真伪，规避陷阱，对纷扰乱象和杂乱信息做出睿智的选择和判断。

全书共八章，有三大部分：逻辑基本原理，科学方法和怪异形象实例

分析。作者围绕应用认识论的三个基本问题——知识的标准、知识的来源和知识的评价方法，以怪异现象为标靶，展现了批判性思维的精神、观念和方法。该书全面介绍了能够提升解决问题技能、使判断更加敏锐的三十多个关于知识、推理和证据的原则，以占星术、魔鬼、特异功能、UFO劫持、通灵术、预言等六十多种流行的怪诞现象和主张为标靶，详细介绍并例证了科学评价各种怪异现象的步骤和方法——“SEARCH”公式。

该书采用了比逻辑学框架视角更广的应用认识论框架，因而可以将理由的来源特性的考察纳入批判性思维的视野。叙述方法与常规批判性思维教科书不同，总体上是一种归纳法：通过提出怪异事物的案例，经过剖析，然后得出24条一般准则。所用的素材更鲜活、更丰富甚至更刺激，充分利用读者的好奇性，并将好奇性引导到批判性。作者更为中立，彻底落实了“信念与证据相称或成比例”的根本精神。例如，对怪异事物的可能性不是全盘否定，只是做出审慎的判断。

该书详细介绍并例证了科学评价各种怪异现象的步骤和方法——“SEARCH”公式。SEARCH分别是英语单词State，Evidence，Alternative，Rate，Criteria，Hypothesis首字母的组合，意为陈述主张，考察该主张的证据，选择备择假说，根据妥适性标准评价每一假说。

此书在英美有广泛影响，2013年已出第7版。译著得到了国内多家媒体和网站的推介和评论，二十多家报纸和刊物对该书做了介绍。该书在媒体的推介、评论和宣传下产生了强烈的社会反响，对普及、传播批判性思维起到了重要作用。

（撰稿人：武宏志）

9. 武宏志、张志敏、武晓蓓：《批判性思维初探》，中国社会科学出版社2015年版

该书是陕西省高水平大学学科建设之特色项目“批判性思维与非形式逻辑”的又一成果，共九章，40万字，研究批判性思维（critical thinking）的一系列基本问题：批判性思维的界定，批判性思维的多视角理解和共识，批判性思维在21世纪技能和教育使命中的地位，以美国为中心的批判性思维运动，批判性思维的苏格拉底模型及其应用，批判性思维教

学法，大学通识教育中的批判性思维的论证逻辑模型，批判性思维能力和倾向测试以及对批判性思维的批判和反批判，旨在为中国批判性思维研究者和教学人员勾勒以美国为中心的全球批判性思维的研究状况，探索中国推行批判性思维理念和教学法的可能性和一般路径。

第一章“批判性思维概念辨析”，考察了 critical thinking 的语源，论证了汉译批判性思维的恰当性；区别了批判性思维与非批判性思维以及邻近概念。

第二章“批判性思维多视角定义及其共识”，勾勒了批判性思维定义发展史概貌，分析了多视角理解批判性思维的必要性，概括了多元批判性思维定义的共同核心。

第三章“批判性思维与教育使命”，从 21 世纪所要求的基本技能入手，论证了批判性思维是这些基本技能中的必要元素，论述了批判性思维在整个高等教育各方面的渗透以及它作为教育目标的合理性。

第四章“批判性思维运动”，根据大量第一手英文历史材料，揭示了批判性思维运动在美国兴起的必然性，追溯了这场运动的源头，刻画了该运动的全景，分析了批判性思维运动的价值以及中国应从中吸取的经验。

第五章“批判性思维的苏格拉底模型”，探讨了苏格拉底方法本质和特征，研究了新苏格拉底对话的发展，挖掘了苏格拉底方法所体现的一般批判性思维的本质，介绍了作为一种批判性思维模型的苏格拉底方法的广泛应用。

第六章“批判性思维教学”，论述了批判性思维教学方法的多样化，讨论了两种儿童批判性思维的教学模型，介绍了最新的批判性思维教学新构想和新技术。

第七章“通识教育中的批判性思维”，从大学通识教育的目标和结构入手，论证了批判性思维在其中的核心地位，探索了以培养批判性思维能力和倾向为目标的逻辑教学的可能性，基于对批判性思维本质与论证逻辑的内在关系，提出一种以论证逻辑为工具的批判性思维教学模式。

第八章“批判性思维评价”，论述了批判性思维培养效果评价的基本问题，介绍了目前全球流行的三个批判性思维测试系列和其他测试工具，介绍了评价工具开发的一些新探索。

第九章“批判性思维之批判”，评论了对批判性思维的各种反对意见，尤其是女性主义和后现代视角的批判，以及批判性思维内部的批评意见。

全书利用400余种英文文献，具有很高的学术价值，是中国批判性思维研究者和教学人员的基本参考书。

（撰稿人：武宏志）

10. 王长江：《中学物理思维型课堂教学研究》，科学出版社2015年版

培养具有创新素质的优秀人才是我国现阶段学校教育的重要目标。如何在中学物理课堂教学中培养学生的创新素质？这是多年来困扰作者的问题。针对以上问题，作者进行了艰苦的探索。本书是这一探索历程的总结。

本书的主要内容分为理论探究、实验研究和实施建议三部分。

本书的理论探究部分，构建了中学物理“思维型”课堂教学框架，包括两部分内容。

第一部分，以“思维型”课堂教学理论为基础，设计了“思维型”课堂教学框架。这个框架以认知冲突、自主建构、思维监控、应用迁移四条基本原理为核心，包括四个基本教学环节：以诱发思维动机为特征的教学导入、以引发思维动力为特征的教学过程、以思维监控为特征的教学反思和以灵活运用为特征的应用迁移。

第二部分，探讨在“思维型”课堂教学框架中，如何开展中学物理教学。物理教学是科学教学的重要组成部分。本书吸收了科学教育领域中概念转变、核心概念、论证教学与合作探究等最新研究成果，以及认知科学中的关于创新素质的最新研究成果。物理概念教学、规律教学、习题教学和实验教学是中学物理常见的4种教学形式。本书从知识形成心理、教学环节、教学策略等方面，就如何将“思维型”课堂教学的基本原理融入这4种形式的教学中展开讨论。

本书的实验研究部分，探索了中学物理“思维型”课堂教学框架对

学生创新素质的影响，包括两部分内容。

第一部分，对实验过程进行描述。本研究采取“准实验”设计，进行前测—后测对照组设计。在实验方案中设计了以“思维型”课堂教学框架、学校类别、学习基础类别为自变量，以知识理解、科学创造力、创造性倾向、批判性思维能力、批判性思维倾向、学习动机等为因变量的研究架构，研究对象为 3 所不同学校的学生；实验教师均自愿参加教学实验，并且都参加了培训；确定了每项具体研究的测试工具以及数据处理方法。

第二部分，探究了中学物理“思维型”课堂教学对学生创新素质的影响。研究发现：开展“思维型”课堂教学，能显著提升学生的知识理解水平、科学创造力、批判性思维能力、批判性思维倾向以及学习动机等创新素质的六个层面。其中，对于批判性思维能力和批判性思维倾向的测试说明如下：

（1）批判性思维能力的测试

①测量学指标

本研究采用丁月理编制的“科学批判思考能力测验”，共三道大题。量表重测 α 系数为 0. 856。

②测验内容

科学批判思考能力测验共有 3 个维度，分析、综合和评价。其中，分析是指学生面临科学情境，能对情境提出自己的想法，并能交代可能的原因。综合是指能对他人的数据资料，进行归纳整合，并提出合理之结论。评价是指能根据某些标准，而形成自己判断事物优劣的观点，做出自己的最终决定，并说明原因。

③评分方法

第一道大题，测试分析能力。对于问题中的测量结果，提出自己的看法得 1 分，针对造成原因进行分析，每提出一项合理解释再得 1 分。

第二道大题，测试综合能力。对于他人所提供的资料能进行资料的解读，并从其中归纳整合出结论，每提出一项结论得 1 分。

第三道大题，测试评价能力。对问题情境指出所考量的关键因素，并明确陈述出此决定的优缺点，能做出决定得 1 分，每写出一项优点或缺点再得 1 分。

（2）批判性思维倾向的测试

①测量学指标

批判性思维倾向测试采用由叶玉珠编制的“批判思考意向量表”，量表经由编制者采用“斜交转轴”与“主轴因素抽取法”，共抽取系统性与分析力、心胸开放、智慧好奇心和整体与反省 4 个因素，各因素间的相关系数为 0.31～0.60，$p<0.01$，总量表的 α 值为 0.88，4 个分量表 α 值依次为 0.83、0.58、0.70、0.63。

②测验内容

该量表包含 5 个分量表：系统性与分析力、心胸开放、智慧好奇心、整体与反省。其中，关于“好奇心”这个层面，在创造性思维倾向测试中，已经进行了测试和讨论，因此，在本研究中，不再进行测试。

系统性与分析力是指个体组织、分类与推理的倾向，能根据有系统的推论做出结论，包含是否勤于发问、是否重视逻辑，是否勤于寻求证据、是否能预期将会有潜藏困难、是否能避免被情绪性与主观性理由影响等意愿。

心胸开放是指个体能容忍分歧意见、能察觉自己所持有的偏见、愿意承认自己是错的、能尊重不同的研究、愿意去考虑各种不同的理念，具有开放的思绪且能有别人的概念来考量事情。

整体与反省是指在整体上能监控自我解决问题过程中的态度与倾向，能自我不断地校正与反省，弹性的调整因不同的须有而改变对事情所持有的理念与看法。

③评分方法

该量表为李特克式 6 点量表，从“不曾”“几乎不曾”“很少”“有时候”“常常”到“总是”，共计 20 题（关于“好奇心”这个层面涉及的 1、2、18 共三个题项不再进行统计），中学生完成量表时间约 10 分钟。“不曾”“几乎不曾”“很少”“有时候”“常常”“总是”，分别赋值为 1 分、2 分、3 分、4 分、5 分、6 分。本书的实施建议部分，对于如何在中学物理教学中，开展“思维型”课堂教学，从教学准备、教学设计、教学活动、教学方法、教学环境等方面提出了一些具有可操作性的实施建议。

（撰稿人：武宏志）

11. 袁久红主编：《创新思维》，江苏人民出版社2015年版

本书始终紧扣习近平总书记系列重要讲话精神及十八大以来党的执政治国实践，科学归纳和深度解读其中关于创新思维方法的具体阐述和创新表达，考察其在我们党治国理政思想体系中的重要意义。该书注重强调政治性、学术性与可读性的统一，广泛吸收借鉴国内该研究领域的新成果，体现了一定的前瞻性、创新性和实践特征，有助于广大干部群众深入理解和体会创新思维方法，更好地推进广大干部群众的认知认同，更好地把握顶层设计蓝图，更好地推进“四个全面”的贯彻落实。

本书共分为八章。

第一章为创新思维方法论的思想史考察。第一节为中国先贤对创新思维的探索。第二节为西方哲学对创新思维方法论的思辨。第三节为西方科学对创新思维方法论的探索。作者认为，创新思维是人类思维绽放的花朵，对于它是如何生长、盛开的，这本身又是思想家们长期致思的重大主题，并形成源远流长的思想文化传统。

第二章为马克思主义对创新思维方法论的探索。第一节为马克思、恩格斯的创新思维方法论。第二节为列宁的创新思维方法论及其创新实践。第三节为中国化马克思主义对创新思维方法论的探索。作者认为，重视思维方式与方法创新是马克思主义科学世界观与方法论的基本品格。客观世界是变化发展的，作为客观世界能动反映的人的观念、思维也必然要随着自然与社会的发展变化而更新其形式与内容；人类改造客观世界的实践活动要获得成功，也需要不断以新的思想、理论、观念予以指导。

第三章为当代中国经济建设创新思维。第一节为“创新是引领发展的第一动力”。第二节为全面深化改革必须打破种种惯性思维。第三节为以新思维适应与引领“新常态”。作者认为，经济建设在当代中国社会发展中处于基础性、决定性地位。经过30多年的改革开放与现代化建设，

我国经济总量已位居世界第二，成就辉煌。当然，问题、矛盾甚至风险也不少。如何正确判断当前我国经济形势、发展机遇、发展态势？这些问题都是人们普遍关心的问题。正是围绕这些问题，习近平以改革创新的精神展开了创新性思考，提出了一系列新理念、新命题、新判断。

第四章为当代中国政治建设创新思维。第一节为民主新路再探索。第二节为治道变革，推进国家治理体系和治理能力现代化。第三节为中国特色大国外交的新理念及其逻辑。当代中国面临的改革很大程度上取决于政治建设的完善与否。然而由于国内矛盾的复杂化与国际形势的严峻性，使中国的政治建设面临来自不同方面的压力影响。在这种情况下，政治建设既有紧迫性，又有敏感性。政治建设如果处理不好，不但没有后路可退，甚至可能陷中华民族于危难之中。如何使政治建设既能保持社会主义的性质和方向，又能适应国内外的大势潮流，较为平稳顺利地推进？新的形势需要新的思维来引领行为与策略。自党的十八大以来，习近平运用创新思维，在继承传统的基础上独辟蹊径，对中国式的民主进行了思考与探索；在坚定的政治立场上灵活而有原则地推进政治体制改革，推进国家治理体系和治理能力现代化；在合作共赢的理念下从容自信地提出了中国特色大国外交理念。

第五章为当代中国社会建设创新思维。第一节为对社会建设面临问题与挑战的科学分析。第二节为加强社会建设必须推进思维方式创新。第三节为把握社会管理创新的思维“坐标”与“红线”。在党的十八大报告中，加强社会建设与社会管理方面被提到了前所未有的高度。相较于党的十七大报告中提出的“要加快推进以改进民生为重点的社会建设”，十八大报告第一次非常鲜明地提出“构建中国特色社会主义社会管理体系”的重要战略思想，社会建设的思路更加清晰、社会管理的任务更加明确、创新管理的要求也更加迫切。党的十八大以来，以习近平为总书记的党中央坚持以民为本、以人为本的执政理念，把民生工作和社会治理工作作为社会建设的两大根本任务，高度重视，大力推进，取得了显著的成效。而成效背后凝聚着观念、思路与方法的创新，贯穿了习近平总书记治国理政的创新思维。这种创新思维又源于对我国面临的社会发展问题的科学分析与解答。

第六章为当代中国文化建设创新思维。第一节为中国梦与民族认同的创新思维。第二节为核心价值观建设与文化认同的创新思维。第三节为中国文化“走出去”的创新思维。“文化是民族的灵魂，是维系国家统一和民族团结的精神纽带，是民族生命力、创造力和凝聚力的集中体现。”习近平在治国理政的过程中，高瞻远瞩，不仅以睿智的创新思维开展中国的政治建设、经济发展与社会治理，推进国家治理体系现代化，而且也以开阔的创新思维开展中国的文化建设。这种创新思维表现在以“国家富强、民族振兴、人民幸福”的中国梦凝聚民族力量，促进民族认同，打破经济全球化、民族分裂主义以及西方自由主义对中华民族认同的挑战。

第七章为当代中国生态建设创新思维。第一节为中国高速发展的生态代价。第二节为必要的思维转换——“绿水青山就是金山银山”。第三节为推进社会主义生态文明建设的新思维。生态文明是人类经济社会发展的必然选择。生态兴则文明兴，生态衰则文明衰。生态时代呼唤生态意识和生态思维。建设生态文明是关系人民福祉、关乎民族未来的大计，是实现中国梦的重要内容。近年来，习近平系列重要讲话凸显了浓厚的生态意识和生态思维，提出“绿水青山就是金山银山”“像保护眼睛一样保护生态环境，像对待生命一样对待生态环境”等，彰显了习近平总书记生态文明建设方面的创新思维。

第八章为全面从严治党的创新思维。第一节为对党的建设面临形势与问题的新观察。第二节为从“党要管党”到“全体从严治党”的思维飞跃。第三节为“制度治党”的创新思维。全面从严治党思想是中国特色社会主义理论体系的重要组成部分，是我们党对执政党建设规律的最新探索，是在新的时代条件下管党、治党的强大理论武器和行动指南。从理论“发生学”视角来看，习近平之所以能提出全面从严治党的重大战略思想与实践举措正是基于其深厚的创新思维与创新实践。

（撰稿人：于诗洋）

12. 周苏、陈敏玲主编：《创新思维与 TRIZ 方法》，清华大学出版社 2015 年版

建设创新型国家，核心是要增强自主创新能力。要增强自主创新能

力，方法必须先行。本书从创新思维与创新方法的教育与培训出发，所涉及的知识面广，编排系统又充分考虑了教学的特点，内容涉及创新思维与创新方法的重要概念、发明问题的传统方法等主题，本书共 10 章，并带有 7 个内容丰富又实用的附录。各章都精心安排了实验与思考环节，实操性强，把创新思维与创新方法的概念、理论和技术知识融入实践中，帮助读者加深对学习的认识和理解，熟悉创新方法的实际应用。

1946 年，苏联科学家根里奇·阿奇舒勒（1926—1998）开始了“发明问题解决理论”（TRIZ）的研究工作。在以后的数十年中，这位科学家投入其毕生精力，致力于创新研究。在他的带领下，苏联的几十所学校、研究部门和企业组成专门机构。他们先后分析了世界的几十万份发明专利，总结出技术进化所遵循的普遍规律，以及解决各种技术矛盾和物理矛盾时采用的创新法则，创建了一种由解决技术问题、实现技术创新的各种方法组成的理论体系——TRIZ。2007 年，为了落实国家中长期科技规划纲要，从源头推进我国的自主创新，科学技术部决定联合有关部委组织实施创新方法的研究与推广应用工作。2008 年，国家科学技术部、发展与改革委员会、教育部、科学技术协会四部委联合颁布了《关于加强创新方法工作的若干意见》，文件中明确指出要“推进 TRIZ 等国际先进技术创新方法与中国本土需求融合……特别是推动 TRIZ 中成熟方法的培训……”实践表明，运用 TRIZ 创新，能够帮助人们突破思维定式，从不同角度分析问题，进行理性的逻辑思维，揭示问题的本质，确定问题的进一步探索方向，能根据技术进化规律，预测未来的发展趋势，最终抓住机会来彻底解决问题，并开发出富有竞争力的创新产品。

本书的内容包括了创新思维的基本方法、TRIZ 原理和工具的介绍以及运用 TRIZ 原理来解决创新问题的一些实践案例，是学习创新思维和创新方法的一本理论与实践相结合的优秀教材。

第一章为绪论，主要包括发明与创新的基础概念，TRIZ 的起源与发展、发明的五个级别，TRIZ 的核心思想，TRIZ 的未来发展。

第二章为发明问题的传统方法，主要包括试错法，头脑风暴法，形态分析法和田十二法。

第三章为创新思维与方法，主要包括思维定式，创造性思维方法，泛化思维视角，创造性思维技法，因果分析法，资源分析法。

第四章为技术系统的进化，主要包括 TRIZ 的基本概念，理想化方法的应用，技术系统计划规律的由来，S 曲线及其作用，技术系统进化法则，裁剪。

第五章为发明原理与应用，主要包括发明原理的由来。

第六章为技术矛盾与矛盾矩阵，主要包括技术矛盾，39 个通用工程参数，矛盾矩阵，利用矛盾矩阵求解技术矛盾，矛盾矩阵的发展。

第七章为物理矛盾与分离方法，主要包括物理矛盾，11 个分离原理，4 种分离方法，利用分离方法求解物理矛盾，将技术矛盾转化为物理矛盾，分离方法与发明原理的对应关系。

第八章为物—场分析与标准解，主要包括基本概念，物—场分析方法，物—场模型类型，物—场分析的一般解法，物—场模型分析的应用，标准解系统，标准解的应用原理。

第九章为科学效应与应用，主要包括科学效应的作用，TRIZ 理论中的科学效应，应用科学效应解决创新问题。

第十章为用 TRIZ 解决发明问题，主要包括发明问题解决算法 ARIZ，航空燃气涡轮发动机的技术进步，飞机机翼的进化，提高智能吸尘器的清洁效果，宝马汽车的外形设计。

（撰稿人：于诗洋）

13. 包景东：《格物致理·批判性科学思维》，科学出版社 2015 年版

教育部高等学校物理学本科指导性专业规范人才培养提出了“素质、能力和知识”三个基本要求，其中在创新能力方面，首次强调了培养学生应具备“批判性思维能力”。《格物致理·批判性科学思维》一书的写作目的，正在于使理工科学生更富于批判性地思考我们周围的这个科学世界。作者包景东为北京师范大学物理学系二级教授、博士生导师、物理学与核科学学位分会主席。曾获中国青年科技奖、宝钢优秀教师奖、北京市教学名师、北京市高等教育教学成果一等奖、中国气象学会青年科技一等奖、国家教委科技进步奖，享受国务院政府特殊津贴。书中重点探讨了批

判性思维的几个核心要素：解读、分析、评价、推理的意义；对论辩、悖论和博弈论进行了深度解读；列举了大量物理实例来阐明科学发现中质疑、逻辑和想象的作用；最后还设计了一些思维能力测试选择题目。《格物致理·批判性科学思维》适合于普通高等院校理工科各专业的素质教育用书，可选为文科物理教材，本科生学习力学、热学及统计物理的辅导材料；对大学新生入学教育有积极作用，亦不失为一般读者了解物理学背后故事的有益读本。

《格物致理·批判性科学思维》一书共八章。

第一章是批判性思维，主要包括：思维的种类；逻辑学的基本概念；客观、美学和想象力；认识批判性思维；基本技能和态度；学术范畴的批判性思维；运用批判性思维的障碍；批判性阅读、做笔记及写作。

第二章是论辩、悖论和博弈，主要包括：什么是论辩；论辩的特征和识别；认识悖论；从经典到量子悖论；博弈论。

第三章是科学家如何运用批判性思维，主要包括：科学发现始于问题；物理定律的本性；牛顿的批判性思维之路；爱因斯坦的突破性；费曼风格；霍金喜欢打赌；杨振宁“兴趣—准备—突破”三部曲；科学方法贴近教育。

第四章是批判性思维在科学事件中的作用，主要包括：自然法则胜过基本假设；模型在于解释自然而不是赋予自然；物理学中的意外实验；不存在与图像或理论无关的实在；科学的诡辩：电子双缝实验；实在问题：EPR 佯谬和贝尔不等式，量子力学给人类社会带来巨大影响；共振：粒子是如何探测出来的。

第五章是让逻辑纠正错觉，主要包括：力学和它的黄金律则；混沌破灭了拉普拉斯梦想；质量是什么；大尺度力学效应；和谐的力学世界。

第六章是“不可能性”体现正面价值，主要包括：能量转换与守恒；可逆与不可逆过程；猜测与推理并举；热力学时间之箭；无处不在的熵变。

第八章是连接微观和宏观世界的桥梁，主要包括：从“砸蛋中奖”谈起；用微观状态解释宏观现象；经典和量子的分界线；当代科学方法论；思维能力训练；需关注的问题，力学，热学与热力学，统计物理学。

（撰稿人：于诗洋）

14. 冯周卓、左高山：《批判思维与论辩》，北京大学出版社2015年版

《批判思维与论辩》一书由具有专业理论和丰富教学经验的学者集体编写而成，作为一本理论与实操相结合的教学用书，针对大学生的特点，举例富有时代气息。书中介绍了批判思维的一般知识和基本的逻辑知识，并注重以实例来启发和训练学生，提高大学生的批判思维能力。这是一本注重能力培养的通识课教材，目的是使学生通过获得批判思维能力，提高学习和工作的效率，增强对社会的适应力。当然，本书也适用于希望提高自己批判思维能力的其他人士，还可用作其他培训教材，如公务员与企业管理人员的素质培训。

人常被定义为能够思考的动物，思考无时不有。可是，怎样思考才能把问题尽快想清楚，找出解决难题的办法，这需要批判思维的技巧。批判思维是一种基本的思维方式，是通过后天学习才能养成的，批判思维是一切从事智力活动的人们所必须具备的基本能力，而且，具备批判思维能力的人们之间也容易进行有效的沟通。批判思维是一种基于理性和逻辑的思维模式，它为人们进行理性思考提供了基本的平台和方法。批判思维要求思考者在分析问题的同时，也要反思自己的思维过程。批判思维不是空洞的，与创造思维能力体现在创新成果上不同，批判思维能力更多地体现在如何使个体的思考过程更合理、思想表达更清晰。无论一个人是从事科学研究、技术研发，或是从事与文化和社会管理有关的工作，都应当具备批判思维能力。通过学习批判思维，能够使读者掌握有效的沟通技巧，提高分析和解决问题的能力，自觉地克服自我中心或者社会中心的偏见，提高思维的效率。

批判使人进步，论辩使人明辨是非。批判思维与论辩密切联系，有论辩，就有批判思维；有批判思维，论辩才精彩，才有存在的价值和地位。生活中，论辩无处不在，论辩是解决社会冲突的有效方式，是一种高度人际互倚双向互动的社会活动。当面对认知或是观点的冲突时，一个普遍的

解决方式就是论辩。论辩离不开理性思维，需要应用批判思维，在论辩过程中，既要论证，又要辩论，二者兼顾，论证是批判思维的核心要素，在大多数情况下，人们在表达自己的观点时也需要为自己的观点进行辩护，而这种辩护其实也是一系列论证的过程，因此可以说，论辩是运用理由和逻辑来支持观点的思想表达。论辩活动的开展，也能够使人的批判思维在生活中得到强化和渗透。

本书的特色在于通过分析思维的过程，来循序渐进地认识思维，从而了解思维的特点、要素、标准以及批判思维的重要性，把批判思维技能与思想表达较好地融合在一起，以基本的逻辑知识为基础，将批判思维的知识与论辩的知识结合起来。既有简明清晰的批判思维和逻辑基础知识的介绍，又有关于思维训练和论辩活动的实操技能；不仅有基于大量生动案例对论证和辩论的引人入胜的分析，还介绍了语言表达和心理活动对论辩的影响，使抽象的理论变得浅显易懂。每章内容后附有基本概念，便于读者对相关概念的随时查阅，并辅以大量内容广泛、饶有趣味的练习题，供学习者操练批判思维技能之用，引导学习者在体验和反思中熟悉批判思维技巧，从而突破单一思维模式。本书实例题材广，理论指导与实例分析紧密结合，不同于一般理论书籍的枯燥沉闷之弊端，论证性强，讲解透彻，重点突出，概念清楚，逻辑严密，简易好懂，读之轻松，引人思考。

本书内容大致由三个模块构成：关于批判思维的一般知识，如批判思维的定义、特征、标准、基本方法等；基本的逻辑知识，如演绎逻辑的三段论推理和命题推理、归纳逻辑的归纳推理和类比推理以及求因果联系方法、三大逻辑基本规律；最后是如何将批判思维应用于论辩过程中，如对论证中预设的分析，辩论的结构、方法和语言表达，以及心理活动对论辩的影响。

本书具体由以下十章组成：

第一章是了解你的思维，主要包括：思维作为活动过程，思维活动需要技能，把握思维的要素，思维的类型，批判思维的标准，批判思维的作用。

第二章是学会正确提问，主要包括：提问的重要性，问题决定思维的方向，提问前的准备，提问的类型。

第三章是掌握有效推理，主要包括：基于词项间关系进行推理的直言三段论，基于命题间逻辑联结词进行的演绎推理。

第四章是遵循逻辑规律，主要包括：认识同一律、矛盾律、排中律、充足理由律，在思维活动中如何有效地遵循逻辑基本规律。

第五章是善用归纳与类比，主要包括：归纳推理概述，完全归纳推理与枚举归纳推理，统计归纳推理，类比推理。

第六章是分析因果关系，主要包括：因果联系与因果解释，因果分析的穆勒五法，溯因推理，避免因果谬误。

第七章是洞察预设前提，主要包括：论证中的隐含假设，预设的类型，预设的作用，分析预设的方法。

第八章是辩护与反驳，主要包括：论证的逻辑结构，辩护的基本方法，反驳的基本框架，识别论证的逻辑谬误。

第九章是论辩中的语言分析，主要包括：语句表达的明晰性，语篇表达的逻辑性，论辩中的语言谬误。

第十章是论辩中的心理影响，主要包括：情感对论辩的影响，自我因素对论辩的影响，社会因素对论辩的影响。

（撰稿人：冯周卓、左高山）

15. 刘卫平：《知识创新思维学》，中国书籍出版社 2015 年版

《知识创新思维学》一书从系统思维这个独特视角深入分析了知识创新的系统思维活动全过程，它探讨了知识创新系统思维活动的心理基础，以此为基础分别探讨了知识创新的个体思维与群体思维这两种不同形式的系统思维活动的要素构成、具体形式及其相互整合关系；揭示了知识创新作为一种社会活动系统工程，是个体思维创新与群体思维创新及其知识的理论创新思维、技术创新思维、传播教育创新思维、应用创新思维等诸思维活动层面和环节的纵横交错的有机整合过程，深入探讨了知识创新系统社会思维活动演化发展过程的基本阶段、特点及其运动机制等问题，提出了许多独特而深刻的见解。

思维创新的潜思维活动绝不是一个封闭孤立系统。它实际上是一种以微观活动形式而存在的思维开放性系统，是一个以自身存在形式接受环境信息而输入到社会思维创新活动系统的通道。思维创新的诸个体主体往往通过各种形式的彼此交往而使自身的思维创新处于开放性状态之中。贝弗里奇说过，“有重要的独创性贡献的科学家，常常是兴趣广泛的人，或是研究过他们专修学科之外的科目的人”。他们会通过阅读、书信来往、会议交谈等多种方式而与外界环境保持知识信息交流。因此，潜思维创新阶段在整个社会创新思维系统过程中，是作为开放性信息接收系统而存在的。从社会宏观思维层面来看，这种以个体思维创新活动为存在形式的潜思维开放性阶段虽然是一种近传统的社会常规思维系统的思维平衡态。但它却是思维创新社会演化活动形成的重要前提和基础。

在思维创新的潜思维阶段，由于外部社会环境信息流的不断输入并达到一定阈值时，其个体的内部思维信息的组合必然会发生局部性的新质变化（即在近常规思维平衡态中出现质的差别）。正如有的学者所说的，“只有当外部环境向系统输入的物质、能量和信息达到一定阈值时，系统的自组织才能发生”。从思维创新意义上来说，它就表现为个体思维主体因受外部环境相关信息的启迪而展开的创新活动。这种个体思维的创新活动，就其本身来说应该是微观意义上的思维耗散结构，具有与宏观的传统社会常规思维平衡态所不同的思维创新性质。这种微观个体的思维创新耗散结构的形成有赖于它自身运动的非线性运动机制及其思维涨落机制。就其思维运动的非线性质来说，表现为其个体主体全方位、多视角、多层面、多变换的思考状态。而在这种开放性的非线性思维运动状态中，必然会产生思维涨落。“从系统的存在状态看，涨落是对系统稳定态的平均状态的偏差，……任何一个系统都必然存在着涨落，涨落的这种无处不在无时不在的特性是由运动的不灭性造成的，……自组织论认为涨落是系统进化到更有序状态的诱因，涨落驱动了系统中各个子系统在获取物质、能量和信息方面的非平衡过程”。不难理解，在个体思维创新活动中所出现的新的思维闪光点是代表了对宏观的传统社会常规思维平衡态的一种偏离、偏差或干扰，即它是作为微观思维的创新涨落而出现的。这是形成思维创新活动发展的一种直接而重要的机制，它为思维创新社会活动演化奠定了重要的内在动力基础。尽管从社会宏观思维层面来看，潜思维创新形态仍属于传统的社会常规思维场相系统范围，但从其潜思维创新的性质上讲，其本身属于近传统的常规思维平衡态，而不能说就是传统的社会常规思维平衡态本身。个体或少数群体的思维创新涨落，还只是属于近平衡态的微观涨落即只是属于对常规思维系统的一种微观偏离、偏差或摆脱，还不能被放大。这与远离平衡态的思维创新涨落状况是不同的。因为，在近平衡态状况中，由于涨落的微弱、没有被放大，系统最后还可能会恢复到平衡态。

本书共分九章。

第一章是绪论，主要包括系统思维是知识创新研究的重要视域，知识创新新思维研究方法原则，本书的基本结构。

第二章是知识与知识创新的范畴考察，主要包括知识范畴的历史考察，知识创新的范畴考察。

第三章是知识创新思维的心理系统，主要包括创新思维心理要素、特性与机制，创新思维心理结构功能，创新思维心理障碍克服。

第四章是知识创新的个体思维系统构成，主要包括个体思维创新系统要素构成，个体思维创新系统要素整合。

第五章是知识创新的个体系统思维活动形式，主要包括知识创新的经验思维形式，知识创新的逻辑思维形式，知识创新的形象思维形式，知识创新的灵感思维形式。

第六章是知识创新的群体思维活动系统，主要包括知识创新的群体思维系统构成，群体思维活动结构特性，群体思维活动结构功能。

第七章是知识创新思维系统的社会整合，主要包括知识创新思维的社会整合向度，知识创新思维的社会整合机制。

第八章是知识创新思维系统的演化发展，主要包括知识创新的潜思维，知识创新的趋显思维，知识创新的显思维。

第九章是知识创新思维系统的自组织性，主要包括知识创新的思维创新耗散结构，知识创新思维运动自组织性，知识创新思维系统自组织本质。

（撰稿人：于诗洋）

16. 吴寿仁：《创新思维力》，新华出版社 2015 年版

创新是进步之本。《创新思维力》一书在阐述创新思维障碍及其形成机制的基础上，解密了 80 余种创新思维方式，剖析了其原理，提出了提高创新思维能力的若干途径，并辅之以典型的案例详解了各种创新思维方式的综合运用。能够引发创造的思维就是创造性思维，引发创新的思维就是创新思维。创新是人们的一种价值判断，即与过去相比有新的进步就是创新。无价值则无所谓创新，与过去相比无进步也无所谓创新。为追求新的有进步意义的结果，这就对我们的思维提出了新的要求，追求新的有进步意义结果的思维就是创新思维，而与之相反的是再现性思维。所以说，创新思维不是一种新的思维方式，更不是一种新的思维形式，而是改变平时思考问题的角度、方式、方法等，得出超出平常的新见解。换句话说，创新思维是一种统称，是对凡是能够产生新的有进步意义的各种思维形式、思维方式的统称。

我们不需要去探究所谓的创新思维是什么，只需要在已有的基础上，运用各种思维形式、思维方式时，改变视角，或退后一步，或跨前一步，或站高一步，或往下站低一步，从多个视角看事物，便可将事物看得更周全一点；或者改变思考问题的方式方法，将问题想得再远一点，再深一点，再透一点，再细一点，再清楚一点，既要想象出事物的轮廓，又要想清楚事物的细节，既要将问题当成一个整体进行思考，也要拆分成若干个局部进行思考。在思考问题时，我们还可以做出各种假设，可否把复杂问题作简单化处理，或者可否把简单的问题想得再复杂一些；也可将多个事物组合起来，或者将一个事物拆分成多个事物；还可再拓展一些，在现有事物上增加一些，或者减少一些等。通过这样的转换或转变，我们能不能得到新的事物，寻找到现有问题新的解决办法。将简单问题复杂化思考，或对事物进行组合，或在现有事物上增加事物，实际上就是发散思维，与此相对应的，将复杂问题简单化思考，或对事物进行拆分，或在现有事物上减去部分，就是收敛思维了。

本书共十一章。

第一章是引言，主要论述了对“创新”概念的新看法，采用多角度

描述的方式来阐发创新的多层意义。

第二章分析了“思维定式”的基本概念，即思维惯有的行为模式，其中包括惯性思维、线性思维、模式思维、习惯思维等。

第三章介绍了“思维偏见”的基本概念，即主体在行为选择过程中会尤其侧重于某些价值，以至于忽略了其他方面，其内容主要包括利益偏见、经验偏见、位置偏见、文化偏见等。

第四章介绍了“思维方向”，即思维的发散性和收敛性。横向思维、逆向思维、多向思维、求异思维、立体思维、平行思维被认为是发散性思维，或等同于发散思维。收敛性思维即纵向思维、顺向思维、单向思维、求同思维、垂直思维。发散思维的特点是联想性、开放性。收敛性思维的特点是论证性、推理性和分析性。

第五章介绍了“思维的认知方式”，主要有两种：形象直觉认知和抽象推理认知。

第六章介绍“联想”“联想思维”及其方法和形式。联想既是一种发散思维，又是一种形象思维，它兼具发散思维和形象思维的某些特点，同时又有自身的特点。想象、直觉、灵感和类比都是联想思维的基本形式。

第七至第十章分讲述了创新思维方式的综合运用，包括思维转换、思维视角、思维品质和思维层次。它们是对思维方式的运用，需要使用者结合具体问题进行综合。

第十一章则介绍了提升创新思维力的基本途径，其中包括思维能力的提升路径、如何激发创造力和营造创新环境，以及开发创新思维力的基本途径。

（撰稿人：梁润成）

17. 王滨：《创新思维与人生智慧》，上海科学普及出版社2015年版

创新是当下的潮流热点，没有创新国家难以进步。在全面吸收近十年来国内外创新思维研究成果的基础上，《创新思维与人生智慧》一书提出了创新思维的全新理论体系，并力求将创新思维与人的成长、与人生智慧相结合。书中将创新不仅看成是社会发展中的动力和创新型国家的选择，还看成是一个人在社会中生存和生活的智慧。也就是说，《创新思维与人

生智慧》一书是在一个全新的角度上来阐述和普及创新思维、发明创造学、创新心理学和创新社会学等方面的最新知识。

本书共分五章。

第一章“创新——一个永恒的话题”，介绍了对智慧和创新及其关系的基本理解，并探讨了中国能否成为创新大国的问题。

第二章“创新思维的6条捷径”，阐述了创新的路径跃迁是超越逻辑，创新的内容借鉴是“道法自然”的观点，此外还介绍了反转大脑（沿着相反路径走）、发散绕行（曲径通幽）、思路纵横（戴上六副思考面具）、指向转变（内与外的互换）等创新思维方式。

第三章“4种智慧函数”，介绍了“无所谓”“加法智慧”“减法智慧”“动力学函数的启示”“博弈论模型”等人生智慧。

第四章“摆脱5种思维路径依赖”，阐述了创新需要克服定式思维，并揭示了经验路径依赖，先入为主的路径依赖，知识和权威路径依赖，概念、判断与推理的路径依赖，规则路径依赖等思维定式的不同表现形态。

第五章“创造性解决问题的5种思维回归”，则提出了回归问题原点、回归具体、回归简单、回归复杂、回归程序等几种创新性解决问题的策略方法。

（撰稿人：梁润成）

18. 陈健、钱维莹：《创新一定有秘诀》，复旦大学出版社2015年版

《创新一定有秘诀》一书结合了作者多年来从事创造教育和创新人才培养研究的实际，以及指导青少年科技创新及专利研发的实践经验和素材积累编写而成。全书包含创新理念（观念决定成败）、创新思维（思路决定出路）、创新方法（创新一定有办法）、创新原理（成功一定有秘方）、创新能力（人人是创新之人）、创新实践（实践是检验创新的唯一标准）六个方面的内容，书中提出了若干有别于传统观念的创新理念，介绍了破除常见思维定式、拓展创新思维的具体方法，重点介绍了具有较强实用性和可操作性的创新方法以及培养和提高创新能力的有效途径，结合实例介绍了当前国家科技部正在大力推广的TRIZ创新理论中的40个创新原理。本书力求选题新颖，内容丰富，深入浅出，可读性强。书中精选了一百多

个极具说服力和富有参考价值的典型案例，通过生动的案例来说明问题。创新一定有秘诀，这个秘诀就隐藏在本书的各个章节中，你一定会从中获得许多有益的启发。该书对普及创新知识、树立创新理念、倡导创新方法、引导创新实践、传播科学思想、弘扬创新精神、推进 TRIZ 等国际先进技术创新方法与我国本土需求的融合与应用具有积极意义。

全书共分六章。

第 1 章“创新理念”，介绍了何谓“创新”，表明危机中同样包含机遇以及观念决定成败的基本理念。

第 2 章“创新思维”，阐发了“思路决定出路”的道理，并揭示了冲破习惯（跳出思维框框）、超越经验（破除唯经验定式）、超越书本（破除唯书本定式）、逆势而为（破除从众定式）、罗森塔尔效应（破除权威定式）等创新思维策略。

第 3 章“创新方法”，详细介绍了焦点联想法、特性列举法、信息交合法、检核表法、还原法、发明问题的解决理论（TRIZ）等几种重要的创新方法。

第 4 章“创新原理”，分析了获得成功的要素，并说明了物理矛盾与分离原理、技术矛盾与矛盾矩阵，还给出了一些创新原理与应用实例。

第 5 章“创新能力”，主要介绍创新能力的培养方式，并详细说明了创新精神的培养，发现问题能力的培养，想象能力的培养，以及解决问题能力的培养等几个方面。

第 6 章“创新实践”，阐发了“实践是检验创新的唯一标准”，并着重从理念与产品创新、制度与管理创新、营销与服务创新以及失败发明的启示四个方面加以了分析。

（撰稿人：梁润成）

19. 池丽华：《商业创新思维》，立信会计出版社 2015 年版

人类社会的发展是不断创新的过程，但“商业创新”更注重“实效”，即解决实际问题。《商业创新思维》一书将“创新能力”解释为“实践应变能力”。商业实践需要“创新”，创新可分为三类：一是硬件创新，是指物化的创新过程，如数控机床的诞生；二是软件创新，是指固化

的创新过程，把人类活动的流程、经验、知识等固化在计算机软件、信息系统中，可以大大简化与节省人工操作的时间、资源与成本，提高效率，减少误差，提升满意度，如在手机中广泛应用的“APP”；三是活件创新，是指活化的创新过程，把人的心智构造得更有利于创造新的精神世界与物质世界。创新取决于创新思维与创新习惯的建立，所以活件创新最关键。人这一生，实际上是习惯决定性格，性格决定命运，只有心灵自由，人生才能自由，自由的心灵与自由的人生，才能创造出新的精神世界与物质世界。

从企业组织的角度分析，一个企业类似一辆运动中的板车，老板一个人拉着板车，后面有四个人分别管着板车的四个轮子，并推着板车向前。这里有四点特别重要：一是领导者的想法（思维创新）；二是四个轮子（科技创新）；三是四个推车人的协同配合（政策激励）；四是拉车的方向（市场拉动）。后来企业发展了，老板不用自己拉板车了，就可以招聘一个职业经理人来拉企业这个大板车。企业发展得更大的时候，人工板车不行了，就改用电动板车、汽车、火车甚至多种类的组合。在这个时候，老板一个人的脑袋也不够用了，需要一个智囊团队来为企业出谋划策，需要一个指挥团队贯彻落实，还需要一个评估团队做业绩考评。这时候，老板做什么？从企业内部走向企业外部，去获得更多的社会资源与发展机会，让这些团队去创新发展。可见，企业大了，老板应该是一个核心动力，他的创新力、影响力、控制力，最终都应该转化为一种创新文化，从而影响整个企业的发展。

《商业创新思维》一书共分六章，各章主要内容如下：第一章为创新概述，挖掘创新原动力，分析创新原理；第二章的主题是“思维是什么”，揭示大脑的奥秘；第三章是创新思维（上），介绍发散思维与形象思维，强调它们相辅相成，对创新极有意义；第四章是创新思维（下），探讨批判性思维与颠覆性思维，指出它们有迹可循，并非毫无规律；第五章是创新技法应用，介绍了六大创新技法；第六章是创新思维训练，介绍了训练创新思维的实用方法。《商业创新思维》一书以“链接”的形式引入了丰富多彩的创新实例，反映了行业的发展现状或最新的研究发现与成果，提出了值得关注的商业创新问题。

（撰稿人：梁润成）

20. 张凌燕：《设计思维——右脑时代必备创新思考力》，人民邮电出版社 2015 年版

《设计思维——右脑时代必备创新思考力》是一本关于设计思维理论与应用的工具书。设计思维（Design Thinking）是美国商业创新咨询公司 IDEO 提出的一种创新性解决问题的方法论。本书从设计思维的源起及在国际上的发展展开，以一个 mini 工作坊带你走进设计思维的世界，从设计思维的经典购物车案例、设计思维与创造力自信、设计思维方法论等方面展开叙述，并重点讲解其在管理上和商业上的应用。

回想人类社会的发展历程，工业革命催生了科学管理，解决的是解放劳动力、提高生产效率的问题；信息革命催生了信息化、现代化管理，解决的是系统化、智能化、数字化的问题；后信息革命（或称互联网革命）催生了社交化管理，解决的是人与人、人与物、物与物之间的关系问题。以上这三场革命都可以归为技术驱动的革命，如果说还有下一场革命，那一定是由设计驱动的革命——设计革命。在过去，我们习惯于用左脑思考，无论经济体系、城市建设还是组织管理，都倾向于依照逻辑、规则和秩序行事，把所有关注点都放在了“目标”“绩效”“业绩”上，而忽视了人本身的感受和体验。如今，随着技术的极速迭代以及体验经济时代的到来，人们的思维方式也随之发生了转变，右脑思维一次又一次被提及。这不仅仅是从理性思维到感性思维的转变，更是需要回归到人、回归到对他人情感和需求的理解，用“以人为中心”的“设计思维”来驱动创新。

谈到“设计思维”，一些人会联想到互联网思维。互联网思维是互联网时代策略话语的集合，例如，强调用户至上、体验为王等，开启的是人的意识层面；而设计思维不仅仅是告诉你说“什么都可以被设计”这么简单，它让每个人真正可以去掌握和运用的一套创新式解决问题的方法和工具，开启的是人的价值观和信念层面。这两者还有一个很大的不同：互联网思维告诉你如何在互联网时代取得成功，而设计思维关注的是为谁解决问题以及如何能够让这个世界变得更美好，除了商业价值外，还有更深

层的社会价值层面的产出。2015 年是设计思维在中国迅速发展的元年。作者写这本书最大的初衷，是希望除了工业设计和互联网领域之外，在中国有更多的人关注到设计思维，共同推动设计思维的实践，促进新型创新人才的培养，驱动新一轮的价值创造。本书适合所有在围绕创新而努力的企业家、关注设计领导力的管理者、每一个在创新思维领域探索的人以及所有渴望释放自我创造力的个体阅读。

本书分为四个部分，第一部分“看到未来”，论述设计思维的意义，为什么要有设计思维，它能给我们带来什么；第二部分“赢得未来”，着重于设计思维理念及方法论的介绍，回答了设计思维“是什么”；第三部分“谁在左右”，讨论了一些与设计思维相关的认知问题；第四部分“谁在前方”，论述了世界各国在设计思维上的发展状况，让读者看到中国与西方国家的差距，进而指明前进的方向。

（撰稿人：梁润成）

21. 温寒江、连瑞庆、江丕权：《思维的全面发展与中小学创新能力培养》，教育科学出版社 2015 年版

本书作者温寒江，曾先后担任北京三十五中、北京四中、北京八中校长和北京教育学院院长，有过 30 余年的教学生涯，又从事教育科学研究 35 年。先后主持编写了近 400 万字的《开发大脑潜能，发展形象思维创新教育丛书》，并出版《师资培训概论》《学习与思维》等 9 本专著。作者连瑞庆曾担任《教育研究》杂志主编，出版《社会发展与教育——教育的社会功能及战略目标》《课外活动与人才培养》等多部专著。作者江丕权曾任清华大学教授，清华大学教育研究所所长，清华大学人文社会科学学院学术委员会委员，开设有“大学生思维训练”“解决问题的策略和技能”课程，并围绕“教与学”“创造性思维”和“开发右脑潜能”等专题，发表多篇论文，并在学习理论、大学生创新思维培养等方面取得了重要研究成果。在《思维的全面发展与中小学创新能力培养》一书，作者结合多年来的实践探索，就“形象思维”和“创造力”研究中的一些基本范畴和命题展开了深度解析，在继承和扬弃的基础上，对既有研究成果进行了全面梳理和整合。

全书分为两大部分，第一编内容为“形象思维概论”，着重探讨形象思维的科学依据、特点、思维方法等内容，共分为七章：

第一章“右脑与形象思维”，介绍了大脑两半球功能的不对称性，讨论了形象思维的普遍性，以及发展形象思维的意义。

第二章“表象、形象思维的一般概念与特点”，介绍了表象的信息加工理论、形象思维的一般概念以及形象思维的特点。

第三章“形象思维方法”，着重探讨了分解、组合、类比、联想、想象等方法，以及形象思维方法与抽象思维方法的关系。

第四章“观察、观察力与直觉”，介绍了观察的重要性及其与思维的关系，直觉的特点和意义，并探讨了观察力和直觉的培养方式。

第五章“形象思维的表达”，主要讨论了形象思维的语言文字表达，形象思维的图像表达，形象思维的艺术（具象）表达，以及思维表达与技能的发展。

第六章“形象思维与教学过程”，提出了感知是两种思维的基础，理解是两种思维的过程，并讨论了理解过程的情绪活动以及表象、情绪与记忆的关系。

第七章“形象思维一般发展测验的初步研究”，则介绍了测验编制的提出、测验的基本构成以及初测结果与分析等内容。

该书第二编内容为“中小学生创新能力的培养”，着重探讨创新能力培养的理论基础与教学方法，共包括九章内容。

第八章“培养创新能力是时代的使命”，分析了中华民族是富有创造精神和创新能力的伟大民族，以及我们当前所面临的历史机遇和时代使命。

第九章“创造学概述”，介绍了创造力、创造与创新的关联，讨论了关于创造力、创造过程以及创造环境的相关研究。

第十章“创造性思维”，介绍了思维的基本分类，并探讨了创造性思维的基本概念。

第十一章“创新能力的构成”，分别从丰富的知识积累、创新精神、实践能力与动手能力、个性发展等方面讨论了创新能力的构成要素。

第十二章“对传统教育的评析”，主要是对传统教育、班级授课制的反思，并对我国中小学教学改革实验进行了讨论。

第十三章“借鉴与创新”，系统概述了国外创造教育的发展状况，并探讨了进一步加以借鉴、开展实践与探索的可能方式。

第十四章“建立两种思维相结合的教学新模式”，重点讨论了如何发展形象思维，优化和完善教学过程，改进教学模式，并提出了两种思维相结合的学科教学模式。

第十五章“重构教学方法体系”，介绍了常用的教学方法，并详细探讨了自学法、探索法、发散训练法、想象法和直觉法。

第十六章“课内外结合，积极开展课外活动”，主要讨论了如何通过课内外结合，来建立培养创新能力的教学机制。

（撰稿人：杨 璇）

22. 冯林：《批判与创意思考》，高等教育出版社 2015 年版

《批判与创意思考》一书旨在培养具有创意思考和批判思考能力的优秀思考者，将多种行之有效的思考方法和思考技巧以通俗易懂的方式呈现给学习者。该书从教育学、心理学、哲学等多学科领域的视角出发。重点讨论了创意思考的来源，创意思考的路径和方法，批判思考的基本理论和实际应用。让读者能够优化自己的思考方式、掌握更有效的思考方法，从而更好地理解他人的观点，更好地进行交流和沟通，更好地解决实际生活和学习中面临的具体问题。

《批判与创意思考》一书共分三个部分：第一部分“重新认识思考”；第二部分“让你的思考产生创意”；第三部分“让思考展现批判力”。全书通过认识思考、创意思考到批判性思考的教材体系建构，力图帮助读者逐步培养独立思考意识，体会优秀思考者的思考方式和思考策略，全面掌握创意思考和批判性思考技能。

第一部分主要涉及“什么是思考”“思考的历程”“阻碍思考的定式”三个方面，同时配以大量思考方式的正反面实例让读者对自己的思考有了全面的认识和反思，并理解如何发现和突破思考障碍。

第二部分主要包括“头脑风暴思考”“方向性思考”“形象思考”等

内容，并将“设问”“列举”“类比”和“组合思考”等经典创新方法引入创意思考。同时，书中还融入了“思维导图”“六顶思考帽”和“TRIZ发明问题解决理论”等最新的创意思考方法，突出了思考方式的丰富性、思考训练的实践性。

第三部分主要是面向实际问题的思考分析和阅读写作，从“批判性思考的概述”“批判性思考的基础”“批判性思考的过程”“批判性分析与思考”“批判性思考的应用”等方面，提供了批判性思考的方法和实践策略。

（撰稿人：杨 璇）

三 重要学术活动

1. 第五届全国批判性思维与创新教育研讨会[①]

2015年8月25日至26日，第五届全国批判性思维与创新教育研讨会在汕头大学举办。来自全国60多所高校110多名专家学者齐聚一堂，探讨推进批判性思维课程的建设，发挥批判性思维教育在深化教育改革、推进素质教育工作中的作用。汕头大学副校长林丹明主持开幕式，执行校长顾佩华和广东省教育厅高等教育处处长郑文先后致辞，教育部高等学校文化素质教育指导委员会秘书长刘玉教授宣读贺信。

开幕式结束后，汕头大学顾佩华教授在会上做《汕大整合思维模式：概念与实现》的主题发言，华中科技大学客座教授董毓博士做《批判性思维教育在创新机制改革中的地位》的主题发言，大连理工大学创新实验学院院长冯林教授做《创造力开发与批判性思维培养》的主题发言，清华大学国家大学生文化素质教育基地副主任曹莉教授做《批判性思维与创新教育：清华大学的理解与实践》的主题发言。

短短两天的时间内，与会代表通过大会发言、分组报告和现场观摩汕大整合思维课程小班教学示范等环节，多角度多层次地展示对批判性思维

① 转引自汕头大学官方网站，作者叶楠楠，责编曾建平。

教育的探索，并进行自我批判和反思，研讨创新人才培养的有效方法和实施路径。

近年来，国内很多高校正积极探索如何培养学生的批判性思维，汕大率先将批判性思维教育作为全校必修课，目前已形成较为完整的教学体系和教学特色——整合思维教育，培养学生学习和思维能力，促进他们在解决问题、决策、创新以及日常生活和职业活动中运用这些技能，推动本科教育改革。与会代表们对汕大的整合思维课程也给予充分肯定，广东省教育厅高教处处长郑文在开幕致辞中表示，结合当前广东省推进创新创业教育改革，汕大的经验和做法值得学习和推广。华中科技大学客座教授董毓博士认为将批判性思维作为全校本科生的必修课，只有汕大一个，批判性思维教育需要国家战略的重视和全国一盘棋的部署。中国青年政治学院谷振诣教授表示汕大能将批判性思维作为全校必修课，与校级领导的重视分不开，起用年轻的教师教学效果也很好。会议期间与会代表们观摩了汕大的整合思维小班教学环节，观摩课给代表们留下深刻的印象，并肯定这一模式使学生充分参与到课程中，有效锻炼了学生的问题分析思考、语言组织表达、团队协作等能力。

2. 西安欧亚学院第二届批判性思维视野论坛①

2015 年 5 月 23 日，由西安欧亚学院发起，联合延安大学 21 世纪新逻辑研究院共同主办的“西安欧亚学院第二届批判性思维视野论坛”顺利召开，中外八位专家在图书馆学术报告厅关于批判性思维的理论规范、提问技巧与实践应用进行了深度展示，并与各位与会师生展开了广泛而深入的探讨。

卡耐基梅隆大学海特教授与拉巴斯教授分别从教学与生活切入批判性思维在美国的应用。海特教授谈到如何有效提问以提高批判性思维，她强调设计问题的重要性，对提问进行分类，既要有为了提升沟通效果的低层次提问也要有推理分析的高阶提问，强调分析评价的意义。提问的技巧要注意是否问题太简单，是否提问太单调，是否关注提问时间，小组学习的

① 转引自西安欧亚学院官方网站。

重要性在于提问有自己的空间。海特教授还请所有现场的老师回忆自己的提问，借以反思自己需要提高的部分。

拉巴斯教授从与 13 岁儿子关于穿“人字拖”是否合宜，强调“证据”的关键，所有的观点都需寻找理由。国外的教育改革不断在深化，从以前的3R（阅读，写作，数理）到现在的3C（批判性思维，创新，交流），教育在发生深刻的变化，我们在教学中应该密切关注时代的发展，社会的变化。坚定地论据与提问的创造性将使我们的生活更美好。

延安大学 21 世纪新逻辑研究院院长武宏志教授，在中国大陆率先开展非形式逻辑的系统研究，被公认为全国非形式逻辑和批判性思维研究的重要学者。他在本次论坛强调“理性规范”在批判性思维中的意义，好定义要有“标准”，在反复论证中提升自我的“证明力”。武宏志教授阐释了判断来源真实性的标准，提供了观察与判断现象的标准，辨析了“实在论者、绝对主义者、多元论者与评估论者”的区别，给出了不同论者的水平标准，廓清了批判性思维的理论规范迷雾。

教育部人文社会科学重点研究基地中山大学逻辑与认知研究所副所长熊明辉教授，也是教育部高校文化素质教育指导委员会批判性思维与创新教育分会（筹）副主任委员。熊教授重点阐释批判性思维与创新性思维的关系，梳理了批创思维发展的逻辑脉络，指出批创思维是时代所需。责任感、创新力与实践力三者结合紧密，一个好的论证必然有好的“前提”，分析、推论、评价，解释、说明、调节，没有优秀的批判性思维就不会有卓越的创造。

新东方呼和浩特学校校长范亚飞，人称新东方黄埔军校总教头，是国内著名留学与教育规划专家。先后在牛津大学、剑桥大学、美国哥伦比亚大学、亚利桑那大学访学，对批判性思维研究颇有心得。在本届论坛，范亚飞论述批判性思维与犬儒的关系，并对教条主义、绝对主义、多元主义与评估主义进行细致的介绍与甄别，提供了人们对照自我思维阶段的检查表。

中国大陆第一位获得“国际行动学习协会 WIAL”认证的行动学习教练秦瑛老师，也是畅销书籍《改变提问，改变人生》的译者。秦瑛老师的论文题目是“提问如何引领思维”，提出“非凡的结果源于伟大的问题”。提问式思维是一套系统工具，巧妙提问可以指导自己与影响他人。秦瑛老师介绍了选择地图与 ABCD 情绪自我流程，引起与会者的强烈兴趣。

全国闻名的 Dian 团队创始人，华中科技大学启明学院副院长刘玉教授，也是教育部高校文化素质教育指导委员会批判性思维与创新教育分会（筹）秘书长，2014 年在全国率先将批判性思维课程在小学开设。从“批思为什么走进小学”“谁来教，教什么”和“小学生如何教批思”介绍了华科附小开设批判性思维的经验，指出小学生“深入思考”的可操作性，为批判性思维的实践推广提供了宝贵的借鉴。

我校通识教育学院院长助理黄鑫，作为学校批判性思维课程负责人，系统的梳理我校几年来在批判性思维教学中所做的努力，从摸索的 1.0 到学生参与教学的 3.0，我校批判性思维教学团队经历艰苦的探索与尝试。黄鑫老师分别就“磨自己”“接地气”与“共设计”三个角度探讨批判性思维教学的方法与规范，给出了具体可操作的建议。

自 2011 年以来，全国批判性思维会议分别在华中科技大学和北京大学召开，会议规模宏大，参与单位涵盖北京大学、清华大学、华中科技大学、中国人民大学、中国青年政治学院、中国政法大学、汕头大学、南京大学、延安大学、中山大学、华东师范大学、中国社会科学院等近百所高校和科研单位。会议气氛热烈，代表参会踊跃，为批判性思维的深入研究与建设起到了很大作用。我校第二届批判性思维论坛也正是为此目的而举办。本届会议希望在第一届论坛取得成果的基础上进一步扩大批判性思维在西北地区的影响力，让更多人知道和运用批判性思维，让批判性思维走入学校，真正变成人们的思维习惯。

3. 首届全国中学语文批判性思维教学现场会[①]

2015 年 11 月 14—15 日，首届全国中学语文批判性思维教学现场会暨“中学语文思考力培养联盟”成立大会在山城重庆隆重举行。本次大会由《语文学习》杂志、西南大学文学院语文研究所、学林出版社、重

① 转引自巴蜀中学网络微信平台：教育热点——首届全国中学语文批判思维教学现场会暨“中学语文思考力培养联盟”成立大会在鲁能巴蜀隆重举行。

庆市巴蜀中学、重庆市鲁能巴蜀中学、北京国教智库教育研究院、西安树人教育科学管理研究院携手举办。出席大会的嘉宾有：当代著名文本细读理论和实践专家孙绍振，北京语言大学教育测量研究所原所长、北京语言大学博士生导师谢小庆，湖北省教学研究室副主任史绍典，中国教育学会中学语文教育专业委员会常务理事王方鸣等。“聚嘉宾而慎思，襄盛举而求索”，来自全国各地的近400位老师参加了活动。

11月14日上午9点，大会开幕式在鲁能巴蜀中学二教楼L 507多功能报告厅举行，开幕式由巴蜀中学语文组严吉林老师主持。出席此次活动开幕式的嘉宾主要有：重庆鲁能巴蜀中学校长张勇，上海教育出版社副总编、《语文学习》主编何勇，全国语文教师教育研究中心常务理事、西南大学文学院语文教育研究所所长、国家公派美国堪萨斯大学访问学者、西南大学文学院特聘教授、博士荣维东，上海市语文学会副会长、学林出版社社长段学俭。

活动还邀请到了诸多关注、研究批判性思维的中学语文教育专家，分别有：著名语文教育家、中国文艺理论学会副会长、当代著名文本细读理论和实践专家、福建师范大学文学院教授、博士生导师孙绍振，北京语言大学教育测量研究所原所长、北京语言大学博士生导师谢小庆，中国教育学会中学语文教育专业委员会学术委员会副主任、教育部基础教育课程教材发展中心“语文新课程推进项目组”核心成员、湖北省教学研究室副主任、特级教师史绍典、中国教育学会中学语文教育专业委员会常务理事、重庆市教育学会中学语文专委会理事长、重庆市教育科学研究院中学语文研究室主任、研究员王方鸣，中国教育学会中语会理事、陕西省教育学会中语会秘书长、陕西省教科所所办主任王来平，陕西省教科所职业教育研究室副主任、陕西中职学校语文教研员、中国职教学会语文教学研究会副理事、陕西科技大学外聘研究生导师高居红。

开幕式上，鲁能巴蜀中学校长张勇、学林出版社主编段学俭、中国教育学会中学语文专委会学术委员副主任史绍典、重庆市教育学会中学语文专委会理事长王方鸣先后致辞。随后，谢小庆和荣维东两位专家分别对题为“批判性思维对教育创新的历史意义”和题为“‘批判性思维’与

‘语文核心素养’”的报告，结合当前形势，提出对批判性思维的真知灼见，既接地气，也有远见，发人深省，赢得参会老师一致好评。

上午的理论“充电”过后，课堂“论剑”在下午一点半拉开帷幕。课堂展示活动由重庆市名师王海洋主持。来自西南大学附属中学的语文高级教师张万国、来自重庆巴蜀中学的科研型优秀青年教师蒋嘉盛和来自上海师范大学附属中学的语文特级教师余党绪躬行实践，为参会的各位专家和教师依次献上《高中文本思辨阅读教学》《初中非连续文本思辨性阅读教学》和《中学语文批判性思维写作教学》三堂各具特色的示范课。课后，孙绍振、史绍典、姜恒权等专家从多个角度为三位教师的展示课做了精彩细致的点评，阐述对批判性思维教学的高见，沉淀经验，展望未来。业界前辈高度肯定此次大会是学术水平最高的一次会议，必将成为中国教育改革的一个创举。

11 月 15 日上午，孙绍振先生做了题为“教学内容重构的内涵式策略：批判性思维与文本解读”的主旨报告，探讨批判性思维的工具，指出批判性思维教学要具体问题具体分析，注意历史语境和文本语境等具体语境。孙先生不仅在报告中对 14 日三位老师的示范课进行更加细致深入的点评，而且旁征博引，结合《三国演义》《红楼梦》《木兰辞》《荷塘月色》等名著名篇，阐述批判性思维在文本解读和课堂教学中的运用方法。老先生精神抖擞、语言幽默，谈吐中显现出深厚的学术素养以及对中学语文教学独到精辟的见解，令闻者折服。主旨报告在老先生对批判性思维教学的殷切期许和美好展望中结束。最后，深耕批判性思维教学十余年的余党绪老师，作为“中学语文思考力培养联盟”的主要发起人，就联盟的成立做了详细的说明和具体的工作安排，大会取得圆满成功。

本次活动有来自全国 14 个省市的数百位专家、教师参与其中，也吸引了重庆卫视、华龙网、《教师报》《重庆晚报》等媒体的高度关注。聚嘉宾而慎思，襄盛举而求索。“批判性思维”是中学语文教学的题中之意，是助推教学质量上台阶的利器。在“批判性思维”对语文教育创新的正能量越来越受教育界关注的今天，此次活动具有重要的历史意义，是一次中学语文教育的盛会，必将载入中国教育改革的历史。

4. “培养学生的审辩性和创新性思维”专题培训班[①]

2015 年 7 月 13—19 日，美国密歇根州立大学与国家教育行政学院的合作项目“教学法工作坊：培养学生的审辩性和创新性思维”专题培训班在国家教育行政学院开班。此次培训班由密歇根州立大学应用教学发展中心（CAITLAH）王西桥博士具体展示。

王西桥博士将从审辩性思维理论内涵及其在教学法中的地位、审辩性阅读及其推断技巧、多元智能概论、创造性思维、审辩性思维的发展心理学基础、古典生物制约论、环境塑造论和主动发展论、知识论、社会文化理论等多个视角全面介绍审辩性思维的理论基础及其在美国课堂的具体应用。让学员在中美教学和课堂的对比中反思传统课堂和审辩式课堂的差异，强调让学员利用审辩性思维自主构建理论认知的过程和体验，通过寓教于乐的方式启发思维，在翻转课堂中体会审辩性思维与个体教学和科研的具体结合。

来自国内 31 所高校和部分中学的 86 位学员将参加为期七天的专题培训。此次工作坊将采用小组合作、分组讨论、案例教学、视频观摩、教学游戏等穿插融合的方式开展研修学习。

5. “中学生批判性思维培养与语文思辨读写教学实践研究”课题大会[②]

2015 年 12 月 10 日，中国教师发展基金会规划重点课题“中学生批判性思维培养与语文思辨读写教学实践研究”课题会议在我校行政楼 216 会议厅里召开。大会由课题组组长余党绪老师主持。到会的嘉宾有著名教育家于漪，原上海市教委副主任、上海市教育学会会长尹后庆，上海师大附中原校长、特级校长张正之，华东师大比较教育研究所所长彭正梅教授，上海教育出版社副总编、《语文学习》主编何勇，上海市语文学会副会长、学林出版社社长段学俭，西南模范中学校长国庆波，浙江省特级教师、慈溪书院校长任富强，江苏省特级教师凌宗伟、陈兴才，《当代教育

① 转引自国家教育行政学院官方网站，作者姚翔。

② 撰稿：孔超琼上海师范大学附中。

家》编辑部主任茅卫东，中国人民大学出版社总编助理费小琳，上海交大附中的陈雄，上海教育考试院助理研究员蒋远桥，浦东教发研究院教研员聂剑平、张广录，江苏常州中学欧阳林以及来自全国各地关注对批判性思维教学的校长老师近百人。

上海师大附中校长严一平、党委书记贺亚丽参加了会议。严校长发表了热情洋溢的讲话。他简要回顾了我校语文教改的历史以及批判性思维的课程开发与教学情况。他说，语文不仅是一门学科，也是学校文化的重要部分与载体。从特定角度看，语文学科代表了一所学校的个性与气质。他希望借助这个课题，开展扎实的研究和有效的实践，推动语文学科再上一层楼。

课题组组长余党绪老师介绍了课题的相关情况。他指出，人们对批判性思维的误解很多，其实，“批判性思维”是以理性和开放性为核心的理智美德和思维能力的结合，是一种追求公正思维与合理决策的思维策略与技能。批判性思维具有德育和智育的双重意义。在德育上，批判性思维涵纳了谦虚、谨慎、客观、具体、公正、反省、开放等品质；在智育上，它是一组辨别、分析、判断和发展的高阶思维。批判性思维已成中国学生素质上的重要缺陷。国内部分高校开设了批判性思维课程，但在中小学基本上还是空白。近十年来，我校语文组一直致力于思辨读写的实践，走在国内批判性思维教学的前列。“教育部高等学校文化素质教育指导委员会批判性思维和创新教育分指导委员会”一直致力于推进中小学的批判性思维教育，对我校的“思辨读写”给予了高度关注。

余党绪老师简要表达了他所理解的批判性思维的三个关键词：“多元”“理性”和“温和”。他希望通过思辨读写，培养中学生具备尊重、理解和包容的现代人格；培养学生合理、公正和创新的现代思维方式；通过文本读写和写作活动，培养学生追求事实、逻辑、情理与表达相统一的思维技能。

课题首席专家彭正梅教授介绍国际上批判性思维教学的现状及其重要意义。凌宗伟、陈雄老师介绍了他们的教学实践，蒋远桥老师介绍了批判性思维在语文测试中的意义和操作，课题组副组长何勇介绍了国内批判性思维教学的进展以及《语文学习》杂志最近几年推动批判性思维教学的动机和意义。在发言中，他赞扬了上海师大附中开展批判性思维教学的前瞻性眼光与胆识。

老校长张正之一直关注语文组的教学改革。他说，师大附中一直以人的发展为本，将“让每一人都能得到充分和谐的发展”作为办学思想。正是因为有了这样的学校文化，批判性思维的教学才能在宽松、多元的环境下开展，经过十来年的探索，终于能得到了社会的广泛认可。

著名教育家，86 岁高龄的于漪老师做了 20 多分钟的讲话。于漪老师高度评价了课题的选题价值，同时也表达了对课题组的支持与鼓励。于漪老师指出，当代语文教师缺失的素质之一就是批判性思维，本课题正是提高教师思维品质的良好途径。在于老师看来，思维就是力量。教育要转变思想，转变人的思维模式。同时她也建议，批判性思维来源于杜威，来源于西方，我们也要梳理中国人自己的思维发展史，在中国文化的背景下开展扎实有效的批判性思维教学。

尹后庆老师在讲话中指出，我们要研究如何面对司空见惯、习以为常的事物，研究如何摆脱思维的惯性和思想的桎梏，要将批判性思维的培养与学科素养的培养结合起来，既要向外部学习，又要致力于建构自我的内部世界，实现精神的升华。批判性思维的实践，要有助于改变学生的学习方式。

第二篇

教育实践篇

第一章

高等教育中的批创思维教育实践进展

和谐和民主社会的形成与运行，需要具备理性思考与判断能力的公民；现代生活的多元形式与价值冲突，要求其成员具有批判性的理智态度。在2008年接受《科学》杂志专访时，温家宝总理就明确将“培养学生的批判性思维”作为我国教育发展的重要战略目标。随着我国素质教育的推行与深化，批判性思维和创新思维能力的培养正逐渐成为当前通识教育和素质教育的重要内容。在此背景下，当前国内各大高校都普遍重视对大学生批创思维能力的培养，并注重推进和加强在这一方面的教学研究和教育实践。

通过广泛地向全国高校、科研院所和各类教育机构征稿，并得益于大家的积极反馈，我们较为全面地收集和整理了当前国内批创思维教学实践的发展状况。我们发现，在许多高等院校当中，关于批创思维的教学研究和教育实践都获得了长足的发展，并且目前仍具有良好的发展势头。无论在学术研究方面，还是课程教学方面，都积累了丰富的经验和成果。

一　清华大学

进入21世纪以来，清华大学加快了建设世界一流大学的脚步。“培养广大学生的批判性思维和创新能力”越来越多地进入人才培养工作的视野和议事日程。2004年9月，顾秉林校长在研究生开学典礼上以“批判性思维与谦和为人”为题发表了演讲，强调在清华治学与为人方面需要注意的一个问题就是“重视并正确对待批判性思维”。2013 年，清华大学第 24 次教育讨论会开幕当天，陈吉宁校长在《致清华全体师生和校友的一封信》中写道：希望通过 24 次教育讨论会，“激发学生探索未知、追求真理的内在动力，增强学生的独立性和批判精神，使学生不仅在知识、能力层面不断提高，更要在思想、精神、素质层面得到提升，并以此探索以知识传授、能力培养和价值塑造‘三位一体’的大学学习模式”。2014 年 9 月公布的《清华大学章程》明确规定，清华大学在“学术上倡导‘独立之精神，自由之思想’”。同年公布的《清华大学关于全面深化教育教学改革的若干意见》中，也明确提出“养成高尚而独立的完整人格，培育科学的批判精神和创新精神，强化实践能力和创新创业能力培养”。（清校发〔2014〕29 号）

与此同时，清华大学在建设文化素质教育核心课程和通识教育课程的过程中，先后推动开设了一系列与“批判性思维”密切相关的课程。如：“批判性思维与道德推理”（杨斌、金勇军、姜朋）、“媒体创意与思维陷阱”（张在新）、“学术英语专项技能——批判性思维”（周允程）、“批判性思维——方法和实践”（李继先）等。

杨斌教授等开设的“批判性思维与道德推理”课程，专注于培养学生用“批判性思维”审视古今中外的伦理规则，追问其背后的原则、逻辑是否正当、合理，教会学生避免简单化、粗暴地看待伦理问题，避免盲目地接受某些道德教条。该课程主要授课对象为经管学院的本科生，课程采取讲授、阅读、写作和讨论相结合的方式，对同学的认知、思维和表达方式具有较大挑战，由于该课程英文缩写为 CTMR，因此同学间流传有“你被 CTMR 了吗?”的美谈。

张在新教授开设的“媒体创意与思维陷阱”课程，着重培养学生在广告创意中的创新思维方法，如切入点变换、逆向思维、创意清单等；而思维陷阱部分着重介绍西方广告中几大逻辑错误类型。揭示广告对消费者的误导策略，培养学生的细读文本和批判分析的能力。

周允程副教授开设的“学术英语专项技能——批判性思维”课程，旨在帮助学生掌握学术英语中的批判性思维技能，培养他们学术创新能力，为日后进入学术界做好准备。课程用英文开设，强调学生对学术英语中的论证方法及其推理模式（批判性思维的本质和核心）的深入分析和透彻理解，在不断的操练过程中达到基本技能的熟练运用。

李继先副教授开设的“批判性思维——方法和实践”课程，目的在于培养学术领域中新理论的发现和创造者；政治/经济等实践领域的创新型人才；优秀的决策者；优秀的媒体记者；优秀的律师、法官、医生；民主社会的理想公民。该课程运用跨学科的相关知识（逻辑基础、科学哲学、统计学基础、语义/语用学、社会认知心理学、决策性基础）来培养学生批判地审视自己或他人的信念、言谈和写作，理性地决定该相信什么，如何决策等。

除在校内提倡培养批判精神和创新能力、推动素质教育和通识教育、开设相关课程之外，清华大学还积极参与了全国范围内的批判性思维教育推动工作。主管素质教育和通识教育的胡显章教授、曹莉教授等曾先后参与组织与批判性思维和创新教育相关的全国性会议并做大会发言。2014年7月，胡显章以“提升文化自觉、培养批判性思维”为题在第四届全国批判性思维教学研讨会上做大会发言，他指出，“以哲学的批判思维思考高等教育带有整体性的战略意义，不仅影响教育的认识论哲学基础，还影响政治论哲学基础和生命论哲学基础”，呼吁将提升文化自觉与提高批判性思维能力相结合，进一步深化素质教育。2011 年 6 月，曹莉以“批判性思维的培养与超越”为题在北京外国语大学召开的“阅读教学与思辨能力培养”高端论坛上发言。她指出，“培养阅读、写作、思辨能力是培养大学生发现问题、提出问题、说明问题、解释问题的重要基础，其中，广泛和深入的阅读以及由此所养成的批判思维意识和兼容并蓄、触类旁通的能力，是大学人文教育的主要目标。随着建设创新型国家战略目标的提出，中国的大学必将承担更多更大的育人责任”。

由于清华大学在素质教育、通识教育和批判性思维和创新教育方面所取得的突出成就和影响，2016 年第六届全国批判性思维与创新教育研讨会、2016 年全国批判性思维教师高级培训班于 8 月 19—26 日在清华大学举行（由新雅书院和文化素质教育基地承办）。本届研讨会特设青年教师论坛，论坛主题为“我们这个时代的批判性思维”。

（李继先 曹莉 清华大学）

二 北京大学

北京大学批判性思维教育缘起的背景是：北大“加强基础、淡化专业”的本科教育改革计划。2001 年 9 月，北京大学成立元培计划管理委员会，一方面推进全校范围的本科教学改革；另一方面设立“元培计划”实验班，进行新的人才培养模式的实践。而北大批判性思维教育的起因则是周北海和刘壮虎老师对逻辑教学和素质教育的看法。2003 年 12 月中旬，在绵阳召开的逻辑会议上，周北海提出一个明确的看法：“高校逻辑教学有两个基本目的：一是逻辑专门人才的培养；二是素质教育，包括思维能力的训练。要达到第一个目的，一阶逻辑是基础，同时需要通过专门的逻辑课程的学习；要达到第二个目的，批判性思维课程比较合适，可以不拘一格地去尝试这方面的教学。”①

与此同时，北大元培班需要开设逻辑类的课程，刘壮虎老师建议为元培班开设批判性思维课，而且将之定为元培班的必修课。批判性思维课就这样落实到了元培班。在绵阳会议召开前，周北海和刘壮虎老师就和我商量能否为北大开设批判性思维课，出于以下两个方面的原因，我答应试试。一个是我对逻辑教学的看法；另一个是我觉得回母校上课很光彩。

20 世纪 90 年代末，普通逻辑教学陷入困境。当时我的看法是：“传统逻辑教学的主要目标和重要职责就是逻辑思维能力的训练，它至少应对以下几方面的能力训练负责：分析和概括能力、抽象思维的理解能力、逻辑推理能力和批判性思维能力。”② 于是，开始着手对“普通逻辑”课进

---

① 参见陈慕泽、资建民《中国逻辑学会形式逻辑专业委员会 2003 年学术研讨会概述》，《哲学动态》2004 年第 4 期。

② 参见谷振诣《论文科高校的逻辑教学与思维素质培养》，《中国青年政治学院学报》2002 年第 2 期。

行改革，在2000年出版了《论证与分析：逻辑的应用》（人民出版社，2000年）。就逻辑教育而言，“培养高素质的创新人才可以分两个层次来谈，一个层次是培养高素质的、大众化的创新人才；另一个层次是培养高素质的、专业化的创新人才。”[①] 这个看法与周老师绵阳会议的看法很接近，周老师的看法后来被更明确地表述为：逻辑教学的“两极分化”。[②]

2002年前后，我更明确地认识到：无论讲授“旧瓶装新酒”的逻辑学，还是讲授“新瓶装旧酒”的逻辑学，只要将目标锁定为掌握系统的逻辑知识，即使讲得精，学得好，却不能实现一个简单的目标：在学生的学年论文和毕业论文中减少或尽量避免常见的32种逻辑错误，就如同上一学期的语文课能帮助学生减少或避免常见的错别字和病句那样。在2003年的绵阳会议上，我提倡开设批判性思维课，当时对批判性思维的看法是：“批判性思维是一门以培养学生面对做什么或者相信什么而做出合理决定为目标的思维训练课程。”[③] 我认识到：面向普通文科生的逻辑教育必须从逻辑知识的传授转变为逻辑能力训练。就普通文科生的逻辑教育而言，这个观念即使在今天仍然是超前的。现在绝大多数逻辑教师仍然在向学生灌输系统的逻辑知识，无论是粗糙的“普通逻辑”，还是精致的“逻辑导论”。抽查一下期末试卷都考什么，就能确证这一点。此外，陈波教授在多次会议上发表如下看法：批判性思维的逻辑知识含量较低，他倡导开设“悖论：思维的魔方”这样的课程来训练学生的思维。陈慕泽教授也有类似的看法，在他编写的《逻辑与批判性思维》（中国人民大学出版社，2011年）中加大了逻辑知识含量。

事实上，“批判性思维”是一种思维训练工具，当然要用到逻辑知识，但它不以传授逻辑知识为己任，而是以提供并实践一套训练方案为己

① 参见谷振诣《论文科高校的逻辑教学与思维素质培养》，《中国青年政治学院学报》2002年第2期。

② 参见周北海《逻辑教学的“两极分化”势在必行》，《工业和信息化教育》2014年第3期。

③ 参见陈慕泽、资建民《中国逻辑学会形式逻辑专业委员会2003年学术研讨会概述》，《哲学动态》2004年第4期。

任，训练学生的理性态度、批判精神、思维品质以及发现问题、探求证据、澄清概念、进行推理、重构和优化论证等思维技能。用悖论题材或逻辑科普训练中国学生的思维能力或批判性思维能力，好比练武时不先打通一般经脉，就去打通任督二脉，有点好高骛远，训练效果令人质疑。

当周北海和刘壮虎与我商量开批判性思维课时，我在中国青年政治学院对“普通逻辑”课程的改革正进行在半途中，一半仍在教授普通逻辑的推理知识，另一半在进行逻辑知识应用方面的训练，比如识别用自然语言表达的论证中的非形式谬误，追问论证中的关键词或主要概念的含义，识别、理解和评估论证中支持某个主张的理由等，这些与文科学生的论文写作息息相关。训练不求面面俱到，训练一点是一点，对注重效果的训练而言，少就是多。记得学生时常问：学逻辑有什么用？言外之意是没用。我回答说：能在你的学年论文和毕业论文中避免诸如含糊不清、绝对化、非黑即白、诉诸权威、借题发挥、稻草人、错误类比、轻率概括、假因果等 32 个常见的逻辑错误，我就给你发奖金、找工作。

长话短说，我当时没把握开设标准的批判性思维课程，对批判性思维虽有所知，却没有进行系统的研究和教学实践。但是，将知识传授转变为能力训练的宗旨早已根植在我心中，这正是批判性思维教育的核心理念。另外，我也很想回母校上课，就答应试试。将课程名称定为“逻辑与批判性思维”，没敢定为“批判性思维”，那是因为当时开不出标准的批判性思维课程来。第一次为元培班开“逻辑与批判性思维”课是 2004 年春季，当时北大哲学系已经申请到了普通高等教育“十五”国家级规划教材逻辑系列教材项目，其中包括《数理逻辑》《逻辑导论》和《批判性思维教程》三部教材的编写，决定由我和刘壮虎一起编写《批判性思维教程》。这样，我就一边给元培班上课，一边在讲稿的基础上编写《教程》。这两项工作刺激和推动了我对批判性思维的系统研究，加快了我进行批判性思维教学研究的步伐。

“逻辑与批判性思维”课程在北大开设的效果还不错，北京大学于 2004 年设立暑期学校，将我讲授的“逻辑与批判性思维”纳入暑期学校课程，并在“北京大学本科教学工作水平评估自评报告”（2007）中表扬了这门课程。[1] 由于北大医学院的学生到北大本部上课太远，要求单独开设这门课。于是，2007 年春又在北大医学院开设了一个班。这样，春季学期为元培班和医学院各开设一个限额 100 人的班，暑期学校开设一个限额 150 人的班，学时都是 54 课时，加上我在中国青年政治学院开的“逻辑与批判性思维”课，每学期开 2—3 个大班，在 2007—2009 年间，我几乎变成了一台上课的机器，这台机器自然不会运转太久。2009 年，我辞去北大的课，由刘壮虎老师接着上这门课，为此我非常敬佩刘壮虎老师，敬佩他热爱教育、敢于担当、知难而进、不计荣辱的伟大精神。

2006 年 9 月，《批判性思维教程》由北京大学出版社出版。2007 年 4 月 14 日，在北京大学哲学系举办了由北京大学逻辑、语言与认知中心主办的“批判性思维”课程研讨会，来自北京大学、清华大学、中国社会科学院、中国人民大学、中央财经大学、首都师范大学、香港中文大学等高等院校和研究机构的学者共 27 人出席了研讨会。刘壮虎、谷振诣、诸葛殷同、宋文坚、袁正校、陈慕泽、陈波、王路、徐慧璇等做了主题发言。研讨会主要讨论了两个问题：一个问题是征求大家对《教程》的意见。比如，陈波教授说：“书堪称制作精良，文字表述，例题选择，结构框架很花功夫。精挑细选之作。”[2] 诸葛殷同老师仔细阅读《教程》后，指出了书中在表述逻辑知识方面的 6 点错误。[3]

另一个问题是如何开设批判性思维课程，以及批判性思维课程与普通逻辑或逻辑导论课的关系。在这方面，除了陈旧的争论外，亮点是来自香港中文大学的博士生徐慧璇对以下四所大学 Critical Thinking 课程的比较：Gonzaga University，Chinese University of Hong Kong，King's College，Webster University。徐慧璇对四所大学批判性思维课在设计模式、训练重点、

---

① 参见《北京大学本科工作水平评估自评报告（2007）》，第 51—52 页。来源：http://www.docin.com/p-368817.html。

② 参见《逻辑与批判性思维》课程研讨会（2007）。来源：http://www.phil.pku.edu.cn/cllct/ann_content.php?msgid=75。

③ 同上。

测试和评分标准等方面给予的详尽资料展示[①]，对我日后提高此课的质量提供了很好的帮助。

2008 年 11 月 23 日，在北京师范大学京师大厦三层第 2 会议室，周北海在北京市逻辑学会主办的逻辑学前沿论坛上，做了一个主题发言：“逻辑学的专业人才培养与素质教育——北大逻辑教学改革三十年”。[②] 发言对以王宪钧、晏成书为代表的现代逻辑，与以李世繁、杜岫石（我的导师）为代表的传统逻辑之争，进行了反思，将他早在 2003 年绵阳会议提出的观点明确表述为：逻辑学教学应该“两极分化”，专业人才培养要更讲专业，素质教育要更求素质。“更讲专业”就是以科研为龙头带动以数理逻辑为基础的现代逻辑教学；“更求素质”就是围绕素质提高开设更为实用的课程，在这方面批判性思维就是最合适的素质教育课，同时也不排除多元性，如逻辑导论。他认为“两极分化”是我们逻辑教学现代化的出路。周北海的发言是对北大三十年逻辑教学实践的反思与总结，也可以看作是对在北大开设批判性思维课程的一个总结性结论。

2013 年 6 月 27 日，在北京师范大学主楼 A805，由北京市逻辑学会和北京师范大学哲学与社会学学院联合举办了“批判性思维课程建设专题研讨会”，会议由北京大学哲学系周北海教授主持，董毓、陈慕泽和我分别就《批判性思维的原理和方法》（高等教育出版社，2010 年）、《逻辑与批判性思维》和《批判性思维教程》的核心理念和内容进行了阐释。我和董毓教授都采纳恩尼斯的定义，即“批判性思维是面对相信什么或做什么的决断而进行的言之有据的反省思维”，对批判性思维核心理念的理解是一样的。我的《教程》侧重对论证的逻辑和谬误方面的分析，董老师的《原理和方法》视野更广，包括理性的德育和智育两部分，强调以求真为核心的科学方法，强调对论证的多角度、多层次的辩证分析，比如，运用图尔明模型构造论证、分析论证，在此基础上重构更好的替代论

① 参见《逻辑与批判性思维》课程研讨会（2007）。来源：http：//www. phil. pku. edu. cn/cllct/ann_ content. php？ msgid = 75。

② 周北海：《逻辑学的专业人才培养与素质教育：北大逻辑教学改革三十年》，2008 年逻辑前沿论坛发言。

证，他称之为对论证的辩证思考。

这里说的“辩证”与黑格尔的辩证法、辩证思维、辩证逻辑无关。这一点果然遭到了陈慕泽老师的误解，他说：“有一种非常重要的思维方式，我们从小就接受这种方式的训练，整体地看问题，动态地看问题，对立统一地看问题：这就是辩证思维。刚才，我注意到董老师的书里有一章：批判性思维中有辩证的部分。我们需要研究并回答，辩证思维，作为人思维素养中一个重要方面，为什么不能列入批判性思维的概念之中。这是一个重要的问题。辩证思维体现的是思辨理性，而批判性思维代表的是分析理性。思辨理性与分析理性的区别在于：讲悟性还是讲逻辑？讲什么逻辑，黑格尔的逻辑还是亚里士多德的逻辑？爱因斯坦说现代科学技术的基础之一是亚里士多德的逻辑，爱因斯坦没说康德的先验逻辑，也没说黑格尔的辩证逻辑。”[①]陈慕泽老师认为，目前对批判性思维的理解过于泛化，应当对它加以限定，比如，批判性思维应该与开放性、创造性思维进行区别。他说：“作为逻辑学专业工作者，我们对于批判性思维的考虑要窄一些。”“什么是批判性思维？我们认为不要从定义出发，而是找它的载体（GRE/GMAT）。”[②] 他说：GRE 和 GMAT 集中测试两种能力，“一种是语言理解能力，一种是逻辑分析能力。逻辑分析能力主要有三块：第一是推断能力，给你前提，看你能不能推出这个结论；第二，给你一个论证，有前提和结论，让你评价这个问题成立需要哪些假设，怎样加强，怎样削弱；第三是辨析逻辑谬误。”[③]

作为通识教育课的“逻辑与批判性思维”，陈慕泽老师强调要有“逻辑知识含量”，因而用现代逻辑的科普方式训练人的逻辑分析能力是较好的途径。他举例说：“康托的对角线证明。这个证明，对于喜欢思考的学生来说，具有很大的震撼力。我在课堂上对学生说，与证明哥德巴赫猜想不同，那需要很多先期知识。而康托的对角线证明，只要你足够聪明，也

① 陈慕泽：《从逻辑的角度看批判性思维》，《工业和信息化教育》2014 年第 3 期。

② 同上。

③ 同上。

可以证明。那么精巧，那么漂亮，不需要预设知识。这些知识点，完全可以作为非常漂亮的训练思维的素材。这些内容，可以看作是现代逻辑的某种科普，一点不陈旧。叶峰有次提出，现代逻辑的科普，也应该作为逻辑通识课的一部分内容。我做的工作，也是这个想法。”[①]周北海老师认为，陈老师的《逻辑与批判性思维》侧重逻辑知识，但是批判性思维课还重在思维能力训练，该书作为教材，这方面相关内容似有不足。

在我看来，批判性思维不是一门学科，而是一门如何培养好思考者的教导性和训练性艺术。批判性思维的目标是培养好的思考者，因而“逻辑知识含量”的高低不是评价它的标准。思维习性与思维技能的各项指标才是衡量好思考者的标准，逻辑学、科学方法论、思维心理学等，都是产生各项指标及其训练模式和方法的理论来源。我在这次研讨会上主要批判了《教程》的缺陷：

（1）《教程》对恩尼斯定义的理解和使用不准确。

（2）《教程》对思维习性的理解过窄，仅限于思维品质。思维习性或称理性美德，应当包括：热爱理性、相信理性、依靠理性等情感态度，谦逊、公正、严谨等理性态度，态度是思考者当下的倾向和意愿；独立思考、开放兼容、反思质疑等理性精神，精神是思考者持久的追求和意志；清晰、相关、一致、准确、充分等思维品质，是靠纯粹理性来完成其任务的最低认知保障。

（3）《教程》在分析、理解、评估、重构论证的技术中没有包括图尔明模型，图尔明模型是非常有用的技术。

这些主要缺陷是修订《教程》时要克服的。如何写出适合训练中国人思维的教材，还有许多其他疑难问题需要解决，比如，中国人的批判方式、说理方式是什么样的？有哪些不足？中国人的思维习性有哪些特点？这些特点是怎样形成的？怎样培养好的思维习性？如何设计、创造、编撰使用中文材料的能力型测试题？等等。

我与北大批判性思维教育最近的一次亲密接触是 2014 年 7 月在北大

---

① 陈慕泽：《从逻辑的角度看批判性思维》，《工业和信息化教育》2014 年第 3 期。

举办的第四届全国批判性思维教学研讨会（22—23 日）和师资培训班（24—29 日）。从会议和培训的筹备，到会议的召开和培训的实施，全程协助周北海和刘壮虎老师，邀请到中国工程院院士李培根做了“师问”、美国伦斯勒理工学院认知科学系教授杨英锐做了“思维、批判性与测评”、加拿大的董毓博士做了“为什么要扩展批判性思维教育的内容”等高水平的专题报告。此次会议和培训对推动我国的批判性思维教育发挥了很大的作用。

2007 年 4 月 14 日于北大哲学系举办《逻辑与批判性思维》课程研讨会图片

（谷振诣　中国青年政治学院批判性思维教学研究所）

三　中国青年政治学院

中国青年政治学院的批判性思维教育分为三个阶段。

1997—2006 年为第一个阶段，将“普通逻辑”课程改造成“批判性思维”课程的阶段。中国青年政治学院于 1997 年对“普通逻辑”课程进行改革，向“批判性思维”课程过渡，到 2000 年取得阶段性成果《论证与分析：逻辑的应用》（人民出版社，2000 年）；到 2006 年出版《批判性思维教程》（北京大学出版社，2006 年）为止，基本完成了课程改造。所谓“基本完成了课程改造”指的是完成以下四个转变：（1）教学理念的转变，从传授系统的普通逻辑知识，转变为进行系统的批判性思维训练。

(2) 教师角色的转变，从传授知识的教师，转变为训练思维技能的教练。(3) 教学方法的转变，从知识灌输式教学法，转变为以苏格拉底方法为内核的讨论式教学法。(4) 考试内容的转变，从检测掌握逻辑知识的知识型考试，转变为检测批判性阅读能力与批判性写作能力的能力型考试。

这四个转变带来的是教育模式的根本改变：从以掌握系统知识为目标、以知识灌输法为主要教学方法的应试性教育模式，转变为以训练批判性思维的习性和技能为目标、以苏格拉底方法为主要教学方法的训练式教育模式。我把以题海战术为核心的传统教育模式叫“练习式教育”，把转变后以训练习性和技能为核心的新教育模式叫“训练式教育”。反复练习或操练在于利用重复，像士兵练习走正步那样，按照一个标准的步子反复练习，直到练成习惯性或自动的动作为止。训练则不同，它虽然也包括大量单纯的练习，还包括通过批判和实例，刺激学生自己下判断，像训练士兵成为好射手那样，除了自动反应外，每次射击他必须根据地形、风力、距离等因素仔细思索着所做之事，他是凭某种技能和判断来射击的，假如他犯了一个错误，就会尽力避免重犯；假如他发现了一种更有效的射击方法，就会继续使用和不断改进。反复练习取消了智力，而训练却发展了智力。因而也可以这样说：教育模式的转变就是从教学生练习走正步的教育模式，转向训练学生成为好射手的教育模式。

之前，课程名称一直沿用“普通逻辑”，到 2006 年正式使用“批判性思维”的课程名称，全校公选课的课程序号是 073122r，为“青少年思想政治教育系”开的必修课序号是 072223b。期末考试全部采用能力型试题。近十年来，公选课每学期都开设，必修课为新生在第一学期开设，每学年选修和必修的总人数在 600—800 人之间，我院每年招收新生人数在 1000 人左右。这个阶段有代表性的论文是《论文科高校的逻辑教学与思维素质培养》”（《中国青年政治学院学报》2002 年第 2 期）和《批判性思维辨析》（《哲学研究》2003 年增刊）。

2006—2013 年为第二个阶段，即提高“批判性思维”课程质量的阶段。第一个阶段虽说是完成了改造，不意味着转变后在四个方面都能做得好。若要做得好，还有大量工作要做。首先，对讨论式教学方法要不断改进。针对训练能力的指标选择好的讨论题，这方面的部分成果反映在2013年在“爱课程”和“网易”上线的国家精品视频公开课“批判性思维”之中。其次，建设高质量的能力型测试题的题库。经过多年对测试理论和测试手段的摸索和实践，形成了由10套试题构成的题库，经过多年考试的检验，相对来说比较成熟。再次，为修订《批判性思维教程》积累素材，了解更多、更好的批判性思维理论等，争取写出更好的教材。《批判性思维教程》在2008年被评为北京市高等教育精品教材。如今，已经与北京大学出版社签订了《批判性思维教程》修订版的出版合同。

2011年5月底到华中科技大学聆听戴维·希契柯克（David Hitchcock）和董毓博士主讲的批判性思维课程，对进一步提高我院批判性思维课程的质量有很大帮助。这次进修不但学到了很多东西，我还与董毓、刘玉、朱素梅等共同发起并成立了“批判性思维与创新教育研究会”（筹），并于当年9月创办了《批判性思维与创新教育通讯》电子刊，从第7期开始任该刊的副主编，至今已出版26期。从此结束了个人埋头单干的历史，有了共同发展和提高批判性思维教育的合作、交流伙伴。总之，我院近年来批判性思维教育水平的提高，与我积极参与在全国推动批判性思维教育的各种活动息息相关。这一阶段有代表性的论文是《批判性思维与思维基本功》（《光明日报》2011年5月16日，第5版）。

2013年至今为第三阶段，为我院发展、提高批判性思维教育的阶段。从2013年起，我与董毓、刘玉、周北海、刘壮虎、熊明辉、朱素梅等，还有其他同行积极推动国内的批判性思维教育，成功举办了2014年在北京大学的批判性思维教学观摩研讨会和全国批判性思维师资培训班，以及2015年在汕头大学举办的同类活动。通过参与推广批判性思维教育的活动，提高了自身的教学和科研水平。分别于2014年和2015年，每年主编一期《工业与信息化教育》批判性思维专刊，在刘玉、董毓和童占梅主编的鼎力支持下，组稿、约稿、审稿、定稿等工作主要由我来完成。我在专刊发表的论文：《批判性思维教学：理论与实践》（《工业和信息化教育》2014年3月）和《批判方式：孟子的愤怒与苏格拉底的忧伤》（《工业和信息化教育》2015年7月），就是在参加系列批判性思维教育活动的刺激下写成的。

近年来，除了为北大开设逻辑与批判性思维课和参与“批判性思维与创新教育研究会”（筹）开展的各种活动外，还参与了许多校外开展的批判性思维教育活动。2015 年在社会上的重要会议发言和主要讲座如下：

2015 年 5 月 16 日，应“教育部高等学校文化素质教育指导委员会”的邀请，在中国高等教育学会于北京理工大学举办的“全面推进素质教育暨全国高等学校加强文化素质教育工作 20 周年”研讨会上做专题发言，题目是“推进素质教育的新方略：发展批判性思维教育”。

2015 年 7 月 2 日，应中国科学院物理所研究生会的邀请，为中科院物理所的研究生开设“批判性思维：成就卓越人生”专题讲座。

2015 年 7 月 20 日，应教育部留学服务中心的邀请，为其开办的“国际通识教育课程项目（International General Education Curriculum，IGEC Program）”，在上海外国语大学贤达经济人文学院举办的师资培训班，讲授“批判性思维的理念和方法”。

2015 年 12 月 1 日，为北京市海淀区八一学校“批判性思维教学组”的教师开设“如何将批判性思维的理念和方法与学科教学结合起来”的讲座。

2015 年 12 月 8 日，在中国青年政治学院接受内蒙古民族大学批判性思维课程教学组负责人舒心老师的专访，为他们开好批判性思维课程提供咨询和建议，就上好该课程所需要的各种资料提供帮助。

如今，中国青年政治学院的批判性思维教育不能只靠一门课程来完成，新近在我院成立了“批判性思维教学研究所”。研究所的目标是提高我院的教学水平和人才培养质量，改革传统的教育模式，近期主要的工作是：

进一步提高公选课“批判性思维”的教学水平和规模，通过引入专门教授批判性思维的教师，从教材建设、教学模式、教学方法、测试研究等多方面进行研究，将本门课建设成国内一流的课程，保证它的连续性。

通过将批判性思维的理论与方法引入到专业课的教学中，经过几年建设，争取开出 4—5 门具有批判性思维风格的专业课程，并在此基础上向全校推广。

运用批判性思维的理论和方法指导本科生的社会调查和实践，撰写学年论文和毕业论文，将实践探究与理论探究结合起来，创造高质量的学士论文。

另外，如何把批判性思维教育本土化始终是一个重要的问题，虽然批判性思维教育理论的内核是一样的，中国学生的思维习性、批判方式、说理方式与中国几千年的传统文化息息相关，怎样结合中国学生思维的实际情况，选择使用中文表达的案例和结合中国现实的讨论题，将批判性思维教育融入各学科的教学中，编写各学科适合中学和大学批判性思维教育的新型教材，以及普及批判性思维的通俗读物，都是研究所未来的重要课题。早在两年前，我就启动了与研究所相关的工作，也就是组织编写面向大众的通俗性的批判性思维丛书，目前丛书已到收尾阶段，争取在 2016 年由上海人民教育出版社出版。

国内各大学校长对批判性思维教育的重视还停在口头上，实际行动者很少。从“批判性思维”视频课的上线，到“批判性思维教学研究所”的成立，我院倪邦文、王新清、陆玉林等校领导，对发展批判性思维教育有求必应，全力支持。在推动批判性思维教育方面，我院领导与华中科技大学原校长李培根、汕头大学校长顾佩华一样，都是有远见、重行动的校长。

2008 年 10 月 18 日，时任总理的温家宝在接受美国《科学》杂志主编艾伯茨专访时说：“首先要从孩子做起，使他们从小就养成独立思考的能力，在他们进入中学、大学后，使他们能够在自由的环境下培养创造性、批判性思维。”2015 年 7 月 22 日，刘延东副总理在教育部直属高校工作咨询委员会第二十五次全体会议上的讲话中强调：“要加快推进教育教学改革，注重培养学生的批判性和创造性思维。”两位国家领导人提倡批判性思维教育的看法很有远见。

据 2015 年 8 月 21 日央视 CCTV4 华人世界栏目报道，在悉尼大学商学院一年级第二学期课程《商业的批判性思维》的期末考试中，有 300 多名学生不及格，中国学生占 80%，这些学生都是国内较好大学毕业的优等生，他们的“雅思”分数都在7分以上。从中可以看出我国教育与世界的差距。批判性思维教育是发展我国教育的希望，无论是在中国青年政治学院，还是在全国，批判性思维教育任重而道远。

（谷振诣 中国青年政治学院批判性思维教学研究所）

四 华中科技大学

华中科技大学为了探索拔尖创新人才培养机制，于2008年成立了本科生创新学院——启明学院，该学院的服务对象是全校19类本科创新实验班、19个本科生示范性创新团队和400名本科特优生，其中最具代表性的创新团队是Dian团队，该团队的“黄埔军校”便是19类创新实验班中唯一不从大一新生选拔而是从大三招生的“基于项目信息类专业教育实验班”，简称种子班。

种子班开设了不少特殊课程，包括企业课程和海外课程，从2006年就开始从美国聘请宋建建教授给大四种子班学生讲授《信号完整性》专业课，宋教授在夸赞这些工科学生数理化基础扎实的同时，也叹息学生们“不会说、不会写、不会分析”，明确指出他们缺乏“Critical Thinking”，即批判性思维，建议尽快增开此课。但直到2008年，种子班专家组组长刘玉才物色到合适的主讲教师，他就是华中科技大学老校友、旅居加拿大的董毓博士，他师从国际著名分析哲学专家、加拿大麦克马斯特大学的David Hitchcock（希契科克）教授，自己也曾在麦克马斯特大学讲授过4年的批判性思维课程，董毓博士本人也非常愿意利用年假每年回国给种子班完整授课。2008年年底，专家组向学校教务处提交了种子班2009年教学计划，32学时批判性思维新课正式列入其中，至此开启了批判性思维教育在华中科技大学扎根和推广的序幕。

从2009年至2015年，我们每年工作进展小结如下：

1. 2009：引入新课初尝试，董毓博士受欢迎

2009年6月，董毓博士首次在启明学院开讲批判性思维，因其内容

和形式的独特性，受到2006级种子班（22人）热烈欢迎，也受到种子班专家组高度好评，当年便申请教育部直属高校2010年度外国文教专家聘请计划“国际前沿课程聘请外教特色项目”，正式引进海外课程“批判性思维”，并获得一年期资助20万元，为董毓博士再度回国授课提供了经济保障。

2. 2010：启明学院小推广，教材出版扩影响

2010年6月，董毓博士再次回国给2007级种子班（19人）授课。为了培养本校师资，启明学院邀请哲学系教师随堂听课，并决定当年暑假就让本校教师给启明学院医学专业和信息类数理提高班学生增开批判性思维课程，而且把学时数增加到48学时。哲学系陈刚教授负责给2008级信息类数理提高班（56人）授课，徐敏博士负责给2008级临床医学专业中德实验班（47人）授课，从学生们结课之后提交的总结材料看，所有的学生都认为批判性思维是每人必修的好课。

这一年在启明学院的扶持下，董毓教授将在种子班的教学讲义交由高等教育出版社，于2010年10月正式出版了《批判性思维的原理和方法——走向新的认知和实践》教材，很快就引起了一些高校同行关注。

由于两年试点和小范围推广的效果十分明显，董毓博士建议，从2011年起，要扩大该课程的受益面和影响力，最好能举办全国性的学术研讨会，增加中国大专院校同行教师的交流途径。

3. 2011：全国年会始武汉，国际大师亲示范

为进一步推进“批判性思维”课程建设，提高大学生的创新思维能力，根据教育部高教司2011年工作要点中关于“推进以‘文理交融’为重点的文化素质教育课程建设”的部署，为此，教育部高等学校文化素质教育指导委员会与华中科技大学、高等教育出版社商得一致，决定在2011年5月29日举办批判性思维课程建设研讨会，5月30日至6月10日为教学观摩时间。

2011年5月29日，“批判性思维”课程建设研讨会在华中科技大学启明学院学术报告厅召开，国际知名的批判性思维专家、国际《非形式逻辑和批判性思维学会》创始人兼首任会长、加拿大麦克马斯特大学哲

学系教授戴维·希契柯克与会并做主题报告，介绍了批判性思维理念的历史发展、定义和批判性思维的教育理念，并就“专门强调批判性思维的知识、技能和态度”的教育带给学生的明显变化做了介绍。他还就如何在教学中运用批判性思维开展教学进行了介绍。全国35所高校从事相关课程教学研究工作的70余名专家、学者来武汉参会，出席开幕式的与会者近300人。教育部高等学校文化素质教育指导委员会主任委员杨叔子院士致欢迎词，开幕式上还举行了希契柯克教授任华中科技大学顾问教授、董毓老师任华中科技大学客座教授的受聘仪式，高等教育出版社也向全体代表赠送了董毓教授撰写的批判性思维教材。

会议结束后，希契柯克教授和其弟子董毓博士分别进行大班和小班示范教学，希契柯克教授给启明学院经济学实验班和管理实验班的70多名大一学生用英语完整授课32学时，董毓老师则给启明学院种子班大三学生用中文完整授课32学时，参会的许多教师都观摩了这两种示范课，每天课后两位教授还给观摩教师进行专门的辅导，令观摩者既感动又收获巨大，他们说：“就像留了一次学，让我认识了真正的批判性思维课是什么样子的。”

在这次会议期间，董毓教授、华中科技大学刘玉、余东升和陈刚教授，以及来自中国青年政治学院的谷振诣教授、中国政法大学的朱素梅和王建芳教授等一批热心人士自发成立了“批判性思维与创新教育研究会（筹）”，并决定编辑批判性思维学术会刊，定名为《批判性思维与创新教育通讯》，形式为电子双月刊，由董毓教授担任主编，各高校轮流承办，每逢单月1号通过邮件列表向读者发布。第一期由华中科技大学承办，2011年9月1日准时向参加会议的代表和有来往的同行教师200余人邮箱推送，该刊至今已坚持发行了27期，《通讯》的文章，类型丰富，质量高，信息量大，已成为教学和推广的多面助手。

4.2012：无钱无权无外援，甘当“傻瓜”做奉献

虽然2012年度我校没有获批国家外国专家局的项目资助，手里没有一分钱，但启明学院种子班批判性思维课程照样请董毓老师从加拿大回来讲授，面向全国教师的免费培训也照样做，而且华中科技大学启明学院还

继续承办了第二届全国批判性思维课程建设研讨会，这与学校和教务处领导的宽容和肯定分不开，也再次得到杨叔子院士担任主任委员的教育部高等学校文化素质教育指导委员会（秘书处设在我校）的鼎力协助。

6月9—10日，为期两天的“批判性思维”课程建设研讨会在启明学院举行，9日晚7时，来自全国8所高校的30余名代表相聚启明学院亮胜楼305室，参加2012“批判性思维”课程建设研讨会。启明学院副院长刘玉教授主持了这次交流会。

校长助理许晓东教授代表我校致欢迎词，他回顾了去年在我校召开的首届批判性思维课程建设研讨会及观摩教学的盛况和重要意义，对2012年进一步开展批判性思维课程的研讨和推广活动表示高度赞同和支持，并预祝本次会议圆满成功。

然后，九位从事批判性思维课程教学的教师代表分别登台介绍和分享了自己关于批判性思维课程建设的感想和经验。《批判性思维》教材作者、在我国首开《批判性思维》公开示范课的启明学院客座教授董毓博士介绍了他刚刚在汕头大学所做“批判性思维教学方法和教师培训”工作，听众们这才了解到，汕头大学已经在大一新生中普遍开设了“批判性思维”课程，在课程建设、教师培训方面已经积累了一定经验。接着，来自该校的郭伟文、刘西瑞两位教授详细介绍了汕头大学开设批判性思维课程的情况以及评测量表的制定，令大家高度关注；来自北京的中国政法大学朱素梅老师带来了学生自制的鲜活案例引起全场很大兴趣；在会上发言的代表还有来自南开大学、贵州大学、北京印刷学院以及我校哲学系的陈刚教授和徐敏博士。与会者踊跃提问、情绪热烈，使原定晚10点前结束的会议延迟到晚上11点钟才散场。

第二天上午，参加会议的部分高校教学骨干就如何推广《批判性思维》方法进行了深入座谈。在总结学习汕头大学先进经验的同时，对“批判性思维与创新教育研究会（筹）”的下一步工作以及批判性思维学术会刊的编辑发行工作进行了深入的讨论，形成了一系列共识，大家都乐于义务轮流承担“批判性思维与创新教育”会刊的编辑工作。值得高兴的是，编辑部设在我校的《高等教育研究》2012年11期以专栏形式采用了4篇批判性思维论文，这些论文均选自《批判性思维与创新教育通讯》。

5. 2013：办会办训有经费，分指委是里程碑

为了解决开课和办会经费难题，2012年下半年，启明学院刘玉等人直接去北京国家外专局汇报了批判性思维的工作，终于再次获批“国际前沿课程聘请外教特色项目”，而且是连续资助三年。有了这么强的经费保障，我们的推广计划如虎添翼。

2013年6月8日至9日，在华中科技大学召开了规模盛大的第三届全国批判性思维课程建设研讨会，来自外地的代表超过50人，本次会议由高等学校文化素质教育指导委员会和批判性思维与创新教育研究会（筹）主办，华中科技大学国家大学生文化素质教育基地和启明学院承办。

在大会开幕式上，我国哲学界知名学者、该校邓晓芒教授代表东道主向大会致欢迎词，中国逻辑学会周北海副会长宣读了中国逻辑学会给大会的贺信。来自美国的宋建建校友、来自加拿大的董毓校友和该校启明学院副院长刘玉教授三人联袂登台，生动讲述了批判性思维课程是如何以“中西合力”的方式引入华中科技大学，又是如何自2008年起，一年一个台阶迅速普及和发展起来，连续三届全国批判性思维课程建设研讨会都在该校举行。

这次大会特邀了数位从事批判性思维教学和研究的全国知名教授做大会报告。北京大学刘壮虎教授的“作为素质教育的批判性思维”、中山大学熊明辉教授的“批判性思维的实践与理论”、江南大学吴格明教授的“批判性思维应当是当代教育的主题”、加拿大董毓教授的“理想的批判性思维课程应该是什么样的”、中国青年政治学院谷振诣教授的“批判方式：孟子的愤怒与苏格拉底的忧伤”、北京师范大学郭佳宏副教授的“通识教育和专业教育之间的理性思维和逻辑素质训练”、中国政法大学朱素梅教授的“我对批判性思维教学的新认知和实践”、中国人民大学杨武金教授的“逻辑思维能力培养的理论与实践”，都是非常精彩的论述；唐山学院李剑锋教授、同济大学陈君华副教授、汕头大学李洪利老师则分享了

他们从事批判性思维课程教学的经验体会。

除了以上诸多精彩报告之外，本次研讨会特设了嘉宾论辩环节，邀请八位专家登台环坐，东湖论“见”，分为百家畅谈“批判性思维和逻辑的关系”和百家争鸣“批判性思维追求的到底是什么”两个议题进行讨论，专家直抒己见，听众踊跃参与，场上场下互动热烈，令主持人刘玉教授应接不暇，不得不一再推迟结束时间。

9 号上午会议结束前，中国青年政治学院谷振诣教授对大会做总结，他特别赞扬了把推行批判性思维教育当作崇高事业而无私奉献的“董毓精神”，和不怕讥讽、迎难而上、勇于超越自我的“壮虎精神”，讲者动情，听者动容。

在主持人宣布会议结束后，许多代表意犹未尽，有人提议放弃会议宴请，改为就地吃盒饭，继续进行“民间”研讨，大家踊跃响应。而专家们在外出午餐之后，也开始了另一场志愿者行动——对已经发行 11 期的《批判性思维与创新教育通讯》电子双月刊，如何扩充编委会成员，如何推行轮值主编，如何提升质量，尤其是如何走向“正规”进行了热烈讨论，建议挂靠高等学校文化素质教育指导委员会，成立批判性思维分指导委员会，大家一致同意。当晚，专家们特意向高等学校文化素质教育指导委员会主任委员杨叔子院士当面汇报了有关想法，杨院士明确表态支持，并赞扬了大家义务推行此举的“傻瓜精神”，说世界其实是由“傻瓜”创造的。

会议结束后不久，我校刘玉教授和中山大学熊明辉教授应邀赴贵阳参加文化素质教指委年会，向全体委员汇报了批判性思维推广工作，并申请成立批判性思维分指导委员会。2013 年 8 月，教育部高等学校文化素质教育指导委员会正式批准成立批判性思维与创新教育分会（筹），专家们一致推选董毓教授为主任委员，秘书处设在我校，刘玉老师担任秘书长。

董毓教授返回加拿大之后，邀请美国教授恩尼斯（世界公认权威，被称为美国批判性思维运动之父）担任分会海外顾问，恩尼斯欣然应允，董毓和熊明辉等委员随之又邀请了该领域其他三位世界级权威：加拿大的戴维教授，美国的约翰教授和澳洲的戈尔德教授。如此强大的顾问阵容，在教育部所有教指委中都极为罕见。这意味着我们这个分会已经获得与世界一流专家对话的资格。

批判性思维分指委的成立是一个很重要的里程碑事件，其意义是树起了一杆大旗，把分散在全国各地独自探索批判性思维教育的“散兵游勇”集合在旗下，形成教学和研究的集体，也从此有了一个良好的平台。

研讨会后随即又举办了为期两周的批判性思维的公开课，供与会的其他高校教师观摩，成为面向全国的又一次培训。同时，在公开课基础上，华中科技大学教师培训中心还对本校 30 多位教师开设“批判性思维教学方法”的培训。这样，其他学校的老师和华科大的老师同时进行培训，白天参加了对学生的公开课观摩，学习批判性思维，晚上又参加关于批判性思维教学方法的集中学习（6 月 4 日起，七个单元：五个晚上研习，一天课程设计作业，最后一晚的设计汇报）。这种模式后来也成为每年全国教师培训的固定模式。

这一年，我校哲学系出台重大举措，将哲学系本科专业课“逻辑学”（30 人）和文科平台课程“逻辑学”（500 人）都更换为“批判性思维”，授课均为哲学系的骨干教师，有张瑛、徐敏、陈刚、万小龙等人。哲学系陈刚教授不仅继续给启明学院电信系提高班和卓越工程师班讲授“批判性思维”，还给我校公管学院 12 级三个班 81 人开设“批判性思维”新课。

也是在这一年，我校外国语学院周文慧老师增开了一门全校公选课“批判性思维与写作”，有 80 人选修，该课程一直持续至今。

6. 2014：批思专刊首发行，批思推广进小学

2014 年 5 月和 7 月，启明学院两次邀请加拿大董毓教授来校继续进行批判性思维的教学与推广工作，并承担了他在华期间所有差旅和食宿开支。

董毓教授 5 月来校的工作有：

（1）对 2013 年已经受训的教师进行回访性辅导；

（2）对我校教师发展中心即在 7 月举办的批判性思维教师培训进行教案设计，并作为主讲教师与助教小组见面，商议教学大纲和辅导内容；

（3）出席 5 月 12—13 日在我校举办的第六届全国高等学校文化素质教育工作研讨会，并在大会做专题发言介绍批判性思维教育，受到 248 名参会代表的高度肯定，一位清华教授说，"这趟来汉参会最大收获就是听了董毓教授的专题报告，令人耳目一新，这才是真正的文化素质教育"。

董毓教授 7—8 月来校的工作有：

（1）7 月 15—16 日，应邀为我校教师发展中心组织的批判性思维教学方法骨干教师培训班进行培训，担任唯一的主讲教师。

（2）出席 7 月 22—23 日在北京大学举办的第四届全国批判性思维教学研讨会，并以"为什么要扩展批判性思维教育内容"为主题，在大会向 200 余名听众做专题报告。

（3）7 月 24—29 日，在北大元培学院为全国 41 名从事批判性思维教学的骨干教师进行为期 6 天的完整培训，担任首席总教练。

（4）8 月 5 日，给我校批判性思维项目组老师补开逻辑学课程。

（5）8 月 8—9 日，两次组织我校批判性思维项目组老师开会，商议如何将教师培训的教练组"本土化"。

刘玉老师作为批判性思维分指委秘书长，这一年也做了不少工作：

（1）冬季抱病赴京参加了北大会议的筹备工作，夏季全程协办北大会议和教师培训。

（2）向《华中科技大学学报（社科版）》主编推荐批判性思维专题论文，促使该刊 2014 年第 3 期以"笔谈"形式采用了 4 篇批判性思维论文。

（3）与《工业和信息化教育》主编通力合作，协助该刊 2014 年 4 月以正刊形式出版了批判性思维专辑（一），全部 14 篇论文都选自《批判性思维与创新教育通讯》，刘玉承担了大量后勤工作。这是批判性思维的论文在中国首次以正刊专辑形式出版，该期杂志还被赠送给北大会议全体代表和培训教师。

（4）刘玉老师主动向华中科技大学附属小学推介批判性思维课程，

得到附小校领导的积极响应。2014 年 9 月，华科附小在五年级首开“批判性思维”选修课，刘玉老师将启明学院 11 级种子班何流同学、湖北大学陶文佳博士和附小综合课教研组老师们组成联合教学组，每周集体备课 2—3 次，试开 12 周的批判性思维课程，非常成功，不仅受到学生和家长们的热烈欢迎，也大大增强了“本土”老师们的自信心。

（5）2014 年秋季，华中科技大学网络与继续教育学院为数千名学生开设了批判性思维课程，教学视频是董毓老师在 2012 年录制的（后期配字幕又用了半年），但平时批改作业和网上答疑的巨大工作量，则是刘玉老师组织启明学院 11 级种子班同学承担的。

7. 2015：华科附小连开课，本校师资渐长成

这一年华中科技大学的相关工作有：

（1）8 月上旬，董毓教授为我校启明学院 12 级和 13 级种子班同学完整授课。

（2）8 月中旬，董毓教授应邀给华为公司武汉研究所全体中层干部介绍批判性思维，这是他第一次走进中国企业进行推广。

（3）9 月初，董毓教授为华中科技大学附小全体教师介绍批判性思维，这是他第一次走进中国的小学进行推广。

（4）8 月 25 日至 26 日，第五届全国批判性思维与创新教育研讨会在汕头大学举办。来自全国 60 多所高校的 110 多名专家学者参加了会议；会前还为全国 30 多名教师举办了为期 6 天的培训，华中科技大学的董毓和刘玉两位教授都深度参与了会议和培训的筹备工作。董毓教授和谷振诣教授再次担任教师培训主教练。

（5）在刘玉教授和董毓、谷振诣等批判性思维分指委常委们的努力下，将《批判性思维与创新教育通讯》新文章再次结集出版，由《工业和信息化教育》在 2015 年 7 月正式出版了批判性思维专辑（二），赠送汕头会议全体代表和参训教师，再次提升影响力。

（6）华科附小在 2015 年春季为四年级学生开设批判性思维选修课，任课教师增加了附小的语文老师，有意削弱了校外教师的人数和工作量，旨在帮助附小完善本校师资队伍。2015 年秋季，华科附小在四年级和五

年级同时开设批判性思维选修课，而且两个班级的教学全部由附小教师担纲，形成了完全独立的师资队伍，令人惊喜。2015 年 5 月 5 日，《中国教师报》头版头条以《批判性思维课程：异类还是方向》为题报道了华科附小引入批判性思维的探索。

（7）华中科技大学外国语学院都建颖副教授等一群志愿者，在我校教师发展中心申请教改立项，推广批判性思维教学，她选择以图尔明模型作为教学法进行讲授，受到教师们的欢迎和好评。这也标志着华中科大本土师资正在逐渐成长起来。

（8）2015 年秋季，华中科技大学网络与继续教育学院再次为数千名学生开设批判性思维网络课程，教学视频是董毓老师的教学录像，但平时批改作业和网上答疑的巨大工作量，则是刘玉老师组织启明学院 12 级种子班同学承担的。

（9）哲学系陈刚教授获得华中科技大学 2015 年"批判性思维"责任教授课程资助。

（10）哲学系张瑛副教授的本科专业课"批判性思维"被评为 2014—2015 学年第二学期华中科技大学最满意课堂。

（11）2015 年，董毓教授参与一本批判性思维专著的写作并出版。具体信息为：Yu Dong，"Critical Thinking Education with Chinese Characteristics"，in *The Palgrave Handbook of Critical Thinking in Higher Education*，edited by Martin Davies，Ronald Barnett，Palgrave，2015。

总之，2009—2015 这 6 年来，我校 8 个文科院系（哲学系、中文系、公管学院、新闻学院、法学院、社会学系、管理学院、经济学院）以及部分理工医院系（比如电信专业和同济医学院部分专业）都已经开设了批判性思维课程，效果非常显著。还有的院系（比如船海专业）也对这门课程表现出强烈的兴趣，邀请相关老师对学生进行短期培训。我校批判性思维教育已经让近 3000 名本科生直接受益。

（刘玉　华中科技大学）

五 汕头大学[①]

“汕头大学整合思维”课程是汕头大学《以整合思维为特色的先进本科教育模式综合改革》项目的主要一环。课程自 2011 年 9 月开设至今已经接近四年半，正迈向第九个学期的尾声。在这期间，整合思维教学团队积累了较为丰富的教学经验，正好借此机会对我们的工作做一个阶段性的总结，以便进行自我反思，希望对未来的发展有所助益；同时亦盼望向更广大高等教育工作者介绍我们在中国富有开创性的思维教育工作。

（一）汕头大学整合思维课程简介

“汕大整合思维”课程，是面向全校一年级本科生开设的必修课程，每年修读的学生大概有 1500 人。课程旨在为一年级学生的思维能力发展提供一个坚实的基础，为他们未来的学习、工作和生活做好铺垫，使他们能更好地应对未来纷繁复杂的各种挑战。

所谓“整合思维”，这个概念现存在不同的用法，而于本课程是指我们的教学内容整合了三大类思维模式：“创造性思维”“批判性思维”和“系统性思维”。创造性思维部分旨在启发学生的创造力，使其能更有创意地解决所面临的困难；批判性思维部分旨在提升学生独立思考和明辨是非的能力，建立合理的信念和做出明智的抉择；系统性思维部分旨在培养学生更全面思考和把握复杂问题的能力，其中包括从整体视野考察问题和以简驭繁的能力。我们认为这三方面思维的整合是一个较全面的思维训练体系。而在教学内容的时间分配上，目前的安排为：创造性思维 6 周，批判性思维 10 周，其中将融入系统性思维的理念。

由于互动教学的形式对于思维技能的训练尤为重要，因此，课程的授课形式为大班课讲授与小班课讨论相结合，总课时为 48 学时，每周 3 学

---

① 本文的编写主要参考了“汕大整合思维”课程教学大纲，以及团队工作报告，是团队工作成果的总结，团队同事也提供了帮助，在这里向整合思维团队所有同事致谢。

时，历时16周。每周3学时中1学时是大班课，2学时是小班讨论课。大班课每班学生人数250人左右，小班课为18人左右，每学期开设40个小班课。大班课讲授基本概念、原理和核心课题，旨在引起学生的兴趣，让学生对内容有初步的认识和思考；小班课由助教组织，以学生参与活动为主，内容围绕大班课所学展开，活动和习作形式多样，旨在使学生通过实践得到思维能力的提升。

由于篇幅所限，本文在这里主要介绍批判性思维的教学。在整合思维课程体系中，批判性思维部分主要讲授如何清晰和理性地思考，这将有助于学生清晰准确地表达，逻辑严谨地推理，有效地思辨和合理地论证。该部分将讲授实用的思维概念工具，让学生能系统地、符合规范地进行批判性思考，其中包括批判性思维各个模块的实践技能的训练、理性心智习惯的培养以及初步掌握学术论文写作的能力。

教学采用多方面的材料，除了批判性思维教材外，还包括补充的阅读材料、时事热点、经典案例、日常生活事例、讲座视频等。由于授课对象是全体大一新生，每个大班、小班均包括来自不同专业背景的学生，因此我们在课堂上所选取的材料和案例也会尽量多元化，以引起学生兴趣、启发学生思考。另外，这些教学的材料和案例也会不断更新，理由是我们相信有活力而能够感染学生的教学是源自教师的教学热情，而不断死板地重复同样的材料则会磨灭热情；况且，教学团队亦享受学习新事物的过程。

在团队建设和师资方面，大班课是由拥有思维教学相关知识和经验的教授或讲师任教，而小班课是由助教带领。其中大班课老师为：

郭伟文：整合思维项目组主任，香港城市大学哲学博士，主要研究方向：思维教育、科学哲学等；

王雨函：华南师范大学、弗莱堡大学联合培养博士，研究方向：认知心理学、认知神经科学、创造力研究等；

孙金峰：香港大学哲学博士，研究方向：伦理学、政治哲学、批判性思维等。

而助教团队的招聘规划中要求体现教师是来自“不同的学科与专业背景”，人文、社科与理工科兼具。不同的学科和专业背景激发了团队教师在不同维度上对教学内容的探讨和思维碰撞，丰富讨论的内容。譬如在整合思维团队例会上，每周会有助教分享过去一周的教学情况以及未来一周的教学准备。而在批判性思维论文素材的挑选中，助教们也会根据各自专业背景，选取不同的论文素材以供学生分析和写作。

助教团队的成员组成则希望年轻化，这样能保持团队的活力，为小班课堂提供一个平等的、互动性强的研讨氛围，同时助教团队也能为项目的发展提出更多的想法与建议。

（二）课程实施状况

整合思维课程教学是通过大班讲授和小班讨论两种形式相结合进行的。批判性思维大班课部分（10 周）由郭伟文副教授、孙金峰博士讲授，创造性思维（6 周）由王雨函博士讲授。大班课以系统的理论介绍和知识讲解为主，同时提出思考问题，布置小班课阅读材料与课程任务，主要目的是使学生从整体上对批判性思维有所了解，同时在此基础上介绍一些具体的思维方法和思维技能，以便在随后的小班课中由助教引导学生实践练习，应用这些方法和技能。

小班课，亦称“导修课”，主要由助教主持，同时郭伟文老师每周也会走进两个小班课堂，与助教合教，与同学们交流，以更好地了解小班课的情况，并给出针对性的建议；小班课内容与大班课同步，围绕大班课内容及布置的任务深入展开。在小班课上，学生是教学活动的主体，其教学方法包括：小组简报（presentation，围绕每周指定的课题进行汇报）、课堂研讨、小组讨论、分组辩论、助教引导下的案例分析、朋辈互评等。

小班课力求以学生为中心，让学生体验到与传统课堂不一样的学习经历。为了营造更加自由、平等、开放的讨论氛围，小班课助教在每学期的第一节课都会组织破冰游戏（icebreaking），让学生互相认识，以便在未来的小班课堂上大家都能互相叫出名字，更加真诚地讨论与沟通。师生、同学之间的互动贯穿在小班课堂之中，例如，每节课都设有学生简报环节，在这一环节，学生走上讲台，根据对大班课内容的理解和对教材的阅读，针对当周章节的内容与其他同学进行分享与讲解，以促进其独立地思考学习和清晰表达的演讲能力；分组辩论也是小班课教学活动的一种，学生针对一个话题从正反两方论证，在不同小组之间展开辩论。在小班课上常常可以看到，助教与学生们围坐一起，师生以平等的方式进行对话与讨论，鼓励学生积极参与，在对话中训练学生的思辨能力。

在小班课堂上，除了深入延续大班课讲到的知识内容外，还会通过拓展的案例分析引导学生讨论。由于学生来自于不同的专业，这些案例在选取时尽量以多样化为原则，充分尊重学生的兴趣和差异性；在引导讨论时，以学生为中心，以期通过实践强化批判性思维的运用，激发学生独立思考与理性判断，启迪公民教育。整个课堂设计的目的是让学生亲历主动学习，在课堂活动实践中培养批判性思维意识，发展学生表达自己观点，以及与他人沟通的能力。

在小班课教学中，也鼓励助教发挥个人主动性，根据各自小班情况设计课堂活动；同时对小班课的基本环节也做出了基本规范性的要求，下表是某学期小班课教学流程导引（注：教学安排会根据每个学期的具体情况进行调整）。

表一　　**小班课内容安排表**

	第 1 周	第 2 周	第 3 周	第 4 周	第 5 周	第 6 周	第 7 周
研讨课题	课程介绍与破冰活动	什么是创造力？创造力的作用；什么样的人具有创造力？	创造力的类型；创造力的提升	影响（创造性的）问题解决的因素；隐晦特性假设	如何克服既定观念；如何摆脱臆测	重新陈述问题；提升构思流畅度	自选内容
任务/习作/活动				集体创造力提升方法：头脑风暴	同理心练习、分类练习	类推思考、强制联系	
需呈交之作业						汇报小组主题任务	

	第 8 周	第 9 周	第 10 周	第 11 周
研讨课题	批判性思维及其作用与理性基础	批判性阅读、基本论证分析	批判性思维论文写作指引	语理分析：语害三分架构
阅读材料	董毓： 第一章 第二章（2.1）（必读） 思方网（http://philosophy.hku.hk/think/chi/） ［H01］思考方法入门、［H02］改进思考方法的关键（参考阅读）	董毓：第三章（章首至 3.2.4 末）（必读） 思方网：［H15］论证分析（参考阅读）	董毓：第十章（必读）	《李天命的思考艺术》：〈思考与心魔〉（必读） 董毓：第 4 章（4.1.1—4.1.7、4.2）（推荐阅读）； 思方网：［H05］意义分析、［H08］语害批判（推荐阅读） 武宏志：第三章第四节语言谬误（pp. 84—9）（推荐阅读）
任务/习作/活动	介绍第一次任务：我最欣赏的批判性思维者	汇报第一次任务：我最欣赏的批判性思维者	介绍论文大纲写作	论文大纲课堂评审 介绍论文初稿写作
需呈交之习作	创造性思维学习心得报告			批判性思维论文大纲

	第 12 周	第 13 周	第 14 周	第 15 周	第 16 周
研讨课题	证据评估	推理的类型（一）演绎与归纳推理	推理的类型（二）类比与因果推理	谬误剖析：四不架构	你有多理性？现代心理学及经济学所揭示的理性障碍
阅读材料	董毓： 第五章	董毓：第六章（6.1、6.2、6.3、6.4）	董毓：第六章（6.5）、董毓：第 7 章（7.1）	贝刚毅《思方导航》第 5 章《谬误剖析》、董毓第六章 6.1、6.2、李天命《哲道行者》第 2 部《谬误剖析—导论》	艾瑞里：《怪诞行为学》：引言、第 3 章、第 13 章
任务/习作/活动	跟进论文初稿写作情况	论文初稿课堂评审	介绍第二次任务：谬误剖析案例	汇报第二次任务：谬误剖析案例	
需呈交之习作	批判性思维论文初稿（各组自行决定于第 12 周或第 13 周呈交）				批判性思维学习心得报告

关于课程的评分，我们把“过程关注”作为思维教学的评价原则，贯穿于整个教学过程之中，对学生进行形式多样的考核与评价。以下是批判性思维部分评分细则：

- 个人课堂研讨参与：　　25%
- 小组课题简报/任务：　　15%
- 批判性思维学习心得报告：　　10%
- 批判性思维论文：　　50%

其中批判性思维论文写作是最重要的考核方式，我们希望通过有引导性的论文写作，训练学生运用理性与逻辑的思维方式，进行分析和表达的能力，例如如何找到强有力的论据探讨问题、如何清晰有效地和他人沟通、表达出自己的观点等。

论文写作的类型大致分为三类：一种是分析他人观点的论证（称之为“拆解型”）；另一种是表达组织自己的观点和论证（称之为“建构型”）；当然学生也可以选择先分析他人论证，然后在这个基础上建构自己的论证（称之为“综合型”）。

由于论文写作是训练学生批判性思维能力的一种重要方式，我们在课堂教学和课后指导学生写作方面都给予了较高的重视。整个写作过程分三个步骤：大纲，初稿与终稿，共历时七周，学生须在限定的时间内依次提交。教师会对每一位学生提交的论文大纲和初稿进行批改与反馈，以及面对面指导，以帮助学生更好地界定问题、厘清概念、梳理脉络，这样学生可以参考反馈后的建议进行下一步论文的写作。正如学生所说：“我在批判性思维论文写作的过程中得到了小班导师针对性的指导，在论文的构思和改进阶段都及时得到了导师的建议和帮助。”

此外，在小班课上，助教老师也会组织同学们进行论文的同辈互评与讨论，由于班上的十几位同学均来自不同的背景和专业，看待同一问题的角度自然也会有所不同，同学们会根据自己的阅读感受向对方提出建议，比如语言表达是否清晰准确、论据是否相关可靠、逻辑推理是否充足完善等，学生会根据这些建议进行反思修订，或是提出自己的反驳与回应，从而帮助学生更加深入、严谨地思考论文话题。

每学期末，教师会对学生论文终稿进行评分，并开展优秀论文的评选工作：奖项分为“杰出奖”和“优秀奖”，其中杰出奖5名（奖品为kindle电子书阅读器），优秀奖35名（奖品为推荐图书两本），分别予以表彰奖励。优秀论文的评奖一方面可以激发学生们更加认真地对待论文的写作，另一方面可以对下一学期修读课程的学生起到良好的示范作用。

最后，学生在期末时还须提交一篇批判性思维的学习心得报告。由于思维训练特别强调思考过程中的元认知（meta-cognition）与反思性，我们希望学生在学完批判性思维之后，可以通过这篇学习心得，分享和总结自己在思维上的收获与改变，或是提出对本门课程的建议。

附：小班课照片

图1 小班课中师生正在讨论案例

图2 学生正在做简报

图3 头脑风暴

图4 课堂辩论赛

图5 课堂讨论

图6 课程合影

（三）课外活动延展

“汕大整合思维”课程致力于启发学生对思维学习的兴趣和认识，培养学生乐于创新和独立思考的精神。除了课堂上的学习和讨论，我们也希望把这种理念延展到课堂之外，例如尝试开展“思享者”系列讲座、论文研讨会、课程推介会等活动，以促使批判性思维融入学生的学习和生活之中。

基于课程理念的延伸，自2014—2015年春季学期开始，整合思维项目组特别举办“思享者”系列活动，邀请善于思考、乐于分享的年轻嘉宾（年龄不超过40周岁）来到汕大，通过开办讲座、研讨会的形式，与汕大师生进行交流与互动。我们希望通过活泼而高素质的思想交流，帮助更多师生发现思维带来的乐趣和价值，并享受其中。

“思享者”系列第一期讲座名为：“揭开公共舆论的面具：说理何以可能”，2015年6月5日由汕大中文系优秀校友、知名新闻评论员彭晓芸女士开讲。彭女士曾任职南方报业、时代周报、凤凰网、中央电视台等多家媒体，对公共舆论有深入了解和反思，现为中山大学哲学系在读博士生。她以批判性思维的视角，结合实际事例，反思公共舆论中常见的谬误，并指出背后的思维误区之所在，既而探讨如何养成更为理性的论证及说理方式。

“思享者”系列第二期为辩论赛，于2015年6月20日晚上举办。我们希望通过举办与思维训练相关的高质量辩论赛，让学生们能够更好地了解、学习批判性的思维，同时将这种思辨的风气，从课堂延伸到课外。活动当晚吸引了超过300名的现场观众，许多观众举手提问和发言，气氛非常热烈。我们也考虑在未来可能举办工作坊等丰富的形式，让学生能够有更多途径去了解、锻炼自身的思维。

图7　“思享者”活动之辩论赛

“思享者”系列第三期讲座于2015年11月15日举办，哈佛大学法学院富布莱特学者、凤凰卫视“环宇大战略”观察员、复旦大学法学院助理教授熊浩应邀开讲“阅读心术”，与同学们分享批判学习心得，现场互动热烈。

图8　“思享者”活动讲座现场

为了让大一新生更好地了解整合思维课程，整合思维团队携手汕大国际研究中心，在每一学年新生正式上课前，举办一次面向全体新生的课程推介会（orientation）。推介会的主要内容分为两部分，前半部分主要是介绍整合思维项目、国际研究中心、整合思维课程内容，后半部分是助教老师针对批判性思维中的某个话题，与现场学生进行互动讨论。

图 9　orientation 推介会现场

图 10　orientation 提问环节

为了给汕大学子搭建良好的思辨沟通平台，为后续学期的同学提供论文写作的示范与参考，帮助同学们更好地将批判性思维运用于论文写作，自 2014 年春季学期开始，整合思维团队开始尝试筹备批判性思维论文颁奖暨研讨会。在研讨会上，获杰出奖的同学会分享写作的经验，也有其他获奖同学在指导老师的引导下，就一些富有争议性的话题和现场师生互动讨论。当然，如何在大一新生中实现高质量的研讨，我们也一直在反思和研究，仍有许多有待改进的地方。

图 11　批判性思维颁奖暨研讨会现场

随着移动互联网的发展，微博与微信也走进人们的生活，年轻人将更多的课外阅读时间用在了社交媒体上。在这样的背景之下，我们也建立了微信公众号（汕头大学整合思维，STUThinking)，用于传播整合思维的课程理念；希望在如今资讯繁多的时代里，为同学们拓展思维提供优质的阅读材料。微信公众号主要用于发布整合思维课程活动信息，让学生及时了解并鼓励学生参与；推荐一些与批判性思维相关的资料，例如推荐书籍、电影、演讲等；发布一些原创或是转载的文章，让学生在课余时间也能够进行阅读学习。

微信公众平台开通以来，吸引了大批学生关注。微信平台促进了教学团队和学生的联系，提供了另一个互动的渠道。微信公众平台正在不断改进和完善之中，未来还会增加发布优秀学生论文、展示学生作品等栏目，使公众号能更好地吸引学生兴趣，为学生所用。

此外，我们也创建了“汕大整合思维”的网站（think. stu. edu. cn），除了用来展示整合思维项目的概况、新闻动态之外，更主要用来展示往届学生的优秀论文、心得总结、简报 PPT 以及小班课的照片视频等，以供下一届学生参考。

（四）学生反馈与收获

整合思维是一门以实践性为特点的课程，在学习过程中，学生要了解相关理论、原理，但更重要的是学会在实际的工作和生活中运用这种有效思维的方法。汕头大学整合思维课程开设四年半时间，约 6000 多名学生参加了这门课程学习，课程的教学效果逐渐显现出来。

以下一些学生的感想具有一定的代表性：

> 整合思维已经让我无意识中学会了剖析问题，冷静思考——虽然最后得出的结果是对或是错自己也不敢肯定，但至少我开始了思考生活，从某些方面来说总是有好处的。
>
> 在整合思维课堂上面，作为学生的我有足够的空间可以谈论自己的看法，能够跟老师产生交流和互动，而且可以就一个问题展开深入的讨论，这是以往的课堂所不能带来的体验。
>
> 从批判性思维课程中学到的思考方式和论证方法可以帮助我以后更好地应对专业学习和个人生活中出现的问题。
>
> 学习的目的是为了运用，在学习了整合思维课程以后，我发觉到自己的思维更加严谨、活跃了。
>
> 批判性思维课程的学习，使我面对外界信息时，会用更理性的态度对待，用更审慎的方法小心求证。

良好的课堂效果赢得了学生的喜爱。一些学生留言：

小班课导师上课之前经过了充分准备，提供的案例及其解析有助于我对批判性思维使用范围的理解和对使用方法的学习。

小班课导师尊重每组同学的创意成果，中肯地给予鼓励和建设性的评价。

这是个机会，以后很难这样有人指导思维课程了。

回看这些课程，我认为这不仅是整合思维能力的培养，更是责任感、交流沟通能力、组织能力和胆量的提高。课程结束并不意味着整合思维旅程的结束。哈哈，世界很大，我们需要不断去探索，询问，思考。

我觉得这门课给我的最大感受就是自由。在课堂上，我们有老师的讲解，有大家自由的讨论，也会通过视频来解读我们所学习的内容，帮助我们更好地理解。不仅如此，我觉得大家的思维也是自由活跃的，在课堂上，大家有任何的疑问就会随时提出，有好的想法也会与大家一同分享。

大班课与小班课结合授课方式的良好效果，可以从学生的反馈中看到：

大班课讲授的内容经过了老师的精心挑选，可以引起我对课题的兴趣，帮助我在小班课上参与讨论。

小班课导师用平等的态度与我们对话，总是提醒我们理性和多角度思考问题的重要性。

小班课上由同学做简报，伴随着自由讨论的形式，可以使我从中受益。

批判性思维提倡反思和避免主观性，学会倾听他人意见是一种态度和习惯。经过学习，学生在这个方面有了明显变化。一些学生的体会可以反映这一点。以下是学生的一些看法：

我觉得整合思维课程是一个发现周边的人的优点并取其所需，收为己用的一个很好的平台。

我在整合思维课程上收获了更多自信和更多的谦虚。课堂的作用从教育到引导再到鼓励讨论，我和其他许多同学一样，也参与并且见证了课堂的这些变化。在这期间，不同的甚至对立的声音不断发出，赞同的声音也勇敢地发出，有争论，有讨论，也有人疲于发表观点，但是无论发言与否、支持与否，讨论中总会有些观点打开了别人想不到的路径，或多或少给人以惊奇或启发，而正是在这种灵活而无法预测的交流中，我常常对自己和他人抱有期待和尊敬，我思考和表达的兴趣与能力被激发，谦虚与自信也就逐渐增加。

当然，由于每学期修读整合思维课程的人数众多，这些反馈并不能代表全部，但一定程度上能了解到学生的感想与收获，同时亦是对我们工作的肯定和鼓舞。

（五）教学研讨与学术交流

汕大整合思维团队十分重视团队教学和研究的发展，以及教师能力的提升和拓展。为此，团队组织每周例会、每学期共修、团队沙龙和交流、对内培训和对外交流、互助学习、教材编写等，为教师提供机会和平台进行研讨，拓宽视野，以及加强对内对外的交流互动。

自汕大整合思维团队建立以来，除特殊情况外，团队坚持每周两小时的会议研讨，所有成员都必须参加。团队的每周例会和一般的行政会议有所区别，除了处理行政事务外，每周例会更是一个小型的研讨会。每周例会有效地促进了团队成员之间的交流，加强了团队针对实际情况调整和变革的效率，也加深了团队成员对教学内容、教学方式及教学实施情况的理解和把握，从而从整体上促进了思维教学的深入。

每周例会前，整合思维项目负责人郭伟文副教授拟定会议议程，通知每位团队成员，团队成员可为相关议题提前思考、预备，因此会议效率会比较高。若有补充议程，团队成员也可在当天会议中临时提出。

每周例会的议题丰富，但基本包括：过去一周教学检讨；未来一周教学的准备；教学重点内容的研讨、教学分享；教学事务，如活动的筹备、组织与开展；行政事务。

此外，整合思维团队会不定期地组织团队沙龙和交流讨论会。此举的好处之一是充分利用助教团队来自不同专业背景的优势，彼此促进，拓宽视野，增进交流；二是使得团队成员在彼此的讨论中加深对思维教学的理解和把握，在不同的视角中找到新的突破点。沙龙采用自愿参加的方式，鼓励参加的成员就教学手法、教学话题、特别案例等进行自由但有针对性和重点的讨论。

结对互助也是助教团队新老成员彼此学习的安排之一。结对互助是指团队中的一位老同事成为一位新同事的“指导者”（mentor），负责帮助其适应团队工作，一起讨论教学的相关事宜。新同事则需要旁听其指导者一组的小班教学，观摩学习，直至其能完全独立教学为止。有助教成员反馈表示，这种结对互助学习的安排使得其能更好更快地了解小班教学的模式、特点和常见的教学技巧，同时也有机会提前了解学生的反应和表现，有利于更有目的性地改进自己的课堂设计。

整合思维团队的培训计划旨在提升团队的教育理念，提高团队的教学科研能力，提高团队素质；加强和其他相关教学科研单位的互动与交流。教学团队自成立以来，已顺利进行多次的内部培训和对外交流。

2012 年 5 月 21 日至 31 日，董毓博士应汕头大学的邀请，为学校部分教师开设了批判性思维研习会。整合思维的全体助教也参与了该研习会。董毓博士与汕头大学整合思维团队的教师和助教们进行了座谈。座谈会上，他认真倾听了关于汕大整合思维课程的设计理念、实施现状和发展规划的介绍，并与教学组的教师和助教们细致地交流了教学经验。

2012 年 6 月 9 日至 10 日，郭伟文副教授和刘西瑞教授应邀参加在武汉华中科技大学启明学院举行的“批判性思维”课程建设研讨会，就批判性思维课程建设以及推广和来自全国各地的与会代表进行了深入的交流。

2012 年 7 月，汕大整合思维团队承办了《批判性思维与创新教育通讯》第七期的编写工作，向外界推广了批判性思维教育及汕头大学的整合思维教学。

2012 年 8 月，郭伟文副教授和刘西瑞教授参与美国批判性思维协会主办的交流培训，和美国批判性思维教学的先锋团队进行了交流和学习。

2013 年 6 月，团队多位助教老师参加华中科技大学的批判性思维研习会，并与其他高校的相关教学人员进行交流，研习会为期 15 天。通过会议，助教老师加深对批判性思维教育的理解，了解批判性思维在中国大陆的发展情况。同月，团队助教老师参加华中科技大学举办的第三届批判性思维课程建设研习会。

2013 年 9 月 1 日至 3 日，团队举行了新一期的整合思维小组导修教学培训会，对新入职的助教进行培训。培训中讨论了如何开始小班课、创造性思维导修教学的问题和技巧、批判性思维导修教学的问题和技巧、如何引导写作批判性论文等议题，促进了新老成员间的互动和交流。

2014 年 7 月底至 8 月初，郭伟文副教授带领团队成员参加了北京大学主办的第四届全国批判性思维与创新教育研讨会。郭伟文副教授在会上做了题为《“美”在思维学习中的作用》的主题报告，并参与了随后举行的批判性思维教学研习班的部分教学工作。而团队成员也在研习班上分享了小班课的授课经验和来自全国各地的相关教学人员进行了多方面的探讨。

2015 年 8 月 19 日至 24 日，2015 年全国大学教师批判性思维高级研习班在汕头大学举办，主讲人为董毓博士和谷振诣教授。整合思维三名助教老师参加了此次研习班，并与来自全国各地其他高校和机构的相关教学人员交流和学习。

同月 25—26 日，汕头大学举办了为期两天的第五届全国批判性思维与创新教育研讨会。会议中，团队两位助教老师分别进行了汕头大学批判性思维示范课的教学演示，向与会专家学者展示了汕头大学整合思维小班课教学的方式和内容。示范课受到与会教师的好评。听课教师反馈：汕头大学小班教学模式，使学生充分参与到课程中，并通过课程有效锻炼了同学们的分析思考、语言组织表达、团队协作等能力。

（六）未来展望

以上从不同的角度概述了《汕大整合思维》项目的状况，以及已经取得的一些成果；当然，其中仍然存在一些有待改进，或是进一步发展的空间。对于未来的发展方向，我们有以下的一些规划：

（1）教研并行：我们的工作现阶段主要集中在教学方面，不过我们认为教学与研究并行互动是一个更健康更理想的发展方向，所以在未来我们会更积极拓展研究工作，务求使教学与研究工作得到一个良好的互动与平衡，使得教学可以参考研究的科学成果，研究可以探讨教学的实践情况，例如，对学生思维能力测评的研究——有效的测评方法可以测量学生在学习过程中的思维能力的改变，从而得知思维教学的效果。

（2）开设进阶课程：在读完本课程后，有不少学生向我们表达希望继续进修深读思维课程的意愿。因此，我们计划在未来可以考虑开设一些小班思维教学的进阶课程，让有兴趣的学生可以进行更为深入的学习。

（3）编写教材：我们希望未来能利用汕头大学整合思维课程多年来教学实践积累的经验，根据我们已有的内容架构，并借鉴国内外批判性思维书籍，编写更适合我们教学与讨论的教材。其中核心概念和基本原理，希望力求清晰易懂又不失学术性；相应的案例讲解则尽量选取具有代表性、解释力、多样化的例子，尽量从现实生活的议题中选取。教材的特色将定位于从读者角度出发来进行编写，拉近与学生、读者的距离，进行平等和开放式的探讨，以提高读者分析现实问题的思维能力为主旨。

以上是我们对于《汕大整合思维》项目的梳理与总结，以及基于实际情况提出的未来展望。路漫漫其修远兮，我们将继续努力，改进不足，亦非常期望能够与广大的教育工作者进行探讨与交流。

（李庆远　郭伟文　黄淑芬　汕头大学）

六 西安欧亚学院

（一）课程教学改革

西安欧亚学院致力于培养具有开阔视野、独立思考、积极心智的学生。而批判性思维课程无疑是实现这一教学目标的有效方式。自2008年开始实施批判性思维课程教学，其发展和历史沿革可分为五个阶段：

（1）2008—2010年的理念输入阶段

批判性思维教学之所以在欧亚如此受到重视，与西安欧亚学院校长胡建波教授的大力提倡与推广密不可分。在此期间，胡建波校长多次通过对新员工培训、校企合作班、专业特色班授课的方式传授批判性思维理念。

（2）2010—2012年的课程设计阶段

2010年，西安欧亚学院的文化传媒学院率先为本院学生讲授批判性思维课程。2011年9月，西安欧亚学院通识教育学院进行通识课程改革。在胡建波校长、陈阳副院长的指导之下组建课程建设团队，课程建设之初，便打破分院和学科的界限，与文化传媒学院的高昱老师、教师发展中心的文雅老师、通识教育学院大学英语部的张田老师组成“跨界”课程开发组，并计划2012年9月完成本课程的开发，以院级选修课的方式与2012级新生见面。

同时，我们与同济大学的陈君华副教授通过邮件联系，咨询他的授课体系及理论来源。陈老师推荐美国“批判性思维国家高层理事会”主席理查德保罗先生的《思考的力量》（上海人民出版社）及《学会批判性思维》（中国轻工业出版社）两本书作为我们的重要参考依据。

2011年9月至2012年3月，课程团队对各方采集的课程资料进行研读和学习，设计出初步的课程大纲。2012年4月，武汉工程大学副教授张志，同济大学副教授陈君华分别来欧亚进行讲学交流，并与课程团队就初步的课程大纲进行讨论和改良。

2012年4—7月，就胡建波校长、张志副教授、陈君华副教授三位专家提出的意见进行整改。2012 年 8 月，同济大学陈君华教授来欧亚为通识教育学院思政教研室及人文与艺术课程中心的近 20 名教师进行批判性思维授课培训。课程培训为期 10 天。

（3）2012—2013 年课程上线与广大师生见面，并引进新媒体教学技术

2012 年 9 月课程上线与 12 级新生见面。该课程总计 16 课时，1 学分。同时，授课团队根据实际教学情况对课程的内容及设计进行整改。2013 年 6 月，时任批判性思维课程负责人黄鑫老师参加全国第三届批判性思维课程研讨会。同时，参加了加拿大麦克马斯特大学董毓博士的批判性思维课程教师培训。董毓老师的授课内容以美国著名学者罗伯特·恩尼斯的体系为主。同时，在全国第三届批判性思维课程研讨会期间，我们也提议批判性思维与创新教育研究会（筹）的委员考虑将未来的全国性会议安排在西安欧亚学院举行。

2013 年 8 月，陈君华副教授来到欧亚学院为老师进行为期 10 天的第二期批判性思维培训。同年 9 月，我们与张志副教授合作，通过微信公众平台“秋夜青语”将新媒体技术引入批判性思维课程当中，并发表了文章《新媒体技术在批判性思维课程中的运用》。

（4）2013—2014 年，参与全国批判性思维课程教学推广

2014 年 3 月，我校课程团队主编了《批判性思维与创新教育通讯》第 17 期。同时，我们也扩大批判性思维课程团队的师资队伍。

2014 年 4 月，我们与超星学术网合作，拍摄了 7 集批判性思维 MOOC 课程。2014 年 5 月，西安欧亚学院首届批判性思维视野论坛顺利召开。加拿大麦克马斯特大学毕业的董毓教授、华中科技大学“点团队”创始人刘玉教授、北京青年政治学院谷振诣教授、西安交通大学文治书院张爱萍老师、武汉工程大学张志副教授来我校进行讲学交流。与此同时，我们基于微信公众平台“秋夜青语”推送的连载独立思考教程由九州出版社出版，教程名为《学会独立思考（学习篇）》，首印 10000 册售罄。本教程计划出版三册。

2014 年 7 月，欧亚学院批判性思维课程团队一行 5 人参加了在北京

大学召开的全国第四届批判性思维大会。

（5）2014 年至今，不断完善课程设计并扩大影响力

2014 年 10 月，我们申报的《在线教育与传统课堂教学相融合的教学模式研究——以批判性思维课程为例》项目，获批为陕西省教育科学“十二五”规划课题。2015 年 5 月，我们顺利召开了西安欧亚学院第二届批判性思维视野论坛。卡内基梅隆大学海特教授、拉巴斯教授，延安大学武宏志教授，中山大学熊明辉教授，华中科技大学刘玉教授，新东方呼和浩特市校长范亚飞先生，《改变提问，改变人生》译者秦瑛女士应邀交流讲学[①]。2015 年 5 月 24 日，课程团队邀请中山大学熊明辉教授、西安交通大学张爱萍主任参加西安交通旅游广播（FM104.3）的《人在职场》节目，向公众推广批判性思维与创新性思维。

2015 年 6 月，时任课程负责人黄鑫老师与武汉工程大学张志副教授合作出版《轻松学会批判性思维》。此书自 6 月发行，现已加印两次，突破 20000 册销量。同年 7 月，时任课程负责人黄鑫老师赴国家教育行政学院参加美国密歇根州立大学王西桥老师的审辩性与创造性思维培训，为期 7 天，并回学校对授课团队进行分享。2015 年 8 月，新晋批判性思维课程负责人李连海老师参加汕头大学召开的全国第五届批判性思维大会。

（二）学术交流

自课程团队建设以来，我们便希望将欧亚学院做成全国批判性思维教育交流平台。一方面，我们为本校学生提供高质量的批判性思维课程。另一方面，能够为批判性思维教学研究的学者专家们提供交流合作的平台，我们的批判性思维视野论坛就是基于这个目的开始持续举办的。

我们希望通过自己的教学实践，开发出符合中国学生的批判性思维课程。如果说西安欧亚学院的批判性思维授课有什么特点，我们的总结就是

---

① 相关内容参考链接：http：//mp. weixin. qq. com/s？ _ _ biz = MzA5OTY1MTgyMw = = &mid = 206515176&idx = 1&sn = aa3384c7154e38e9ebec21e27b3c209d&scene = 1&from = singlemessage&isappinstalled = 0#rd。

“接地气”。我们搜集学生身边的事例作为课程教授的素材。这一特色听起来并不新颖，但了解批判性思维教学的老师都会知道，当前的批判性思维教程大都是从西方翻译过来的“舶来品”，教程中的案例大都与我们学生的生活相差甚远，这就使得他们在理解上面总感到不到位。那用什么样的案例，才是符合批判性思维课程的教学？我们与武汉工程大学的张志副教授共同在微信公众平台“秋夜青语”为全国近10万名大学生进行免费答疑，而他们的提问，就是最好的素材。根据这些最鲜活的材料，我们持续撰写并推送“学会独立思考”系列文章，并集结出版，书名为《学会独立思考（学习篇)》。同时，《轻松学会独立思考》一书为这个系列的第二本。

西安欧亚学院批判性思维课程从开发到实践，无论是新媒体技术的应用，批判性思维视野论坛的召开还是相关畅销书的出版，都让更多的人知道了欧亚学院，也感受到了欧亚学院的新锐与活力。另外，很多学生在大一上完我们的课，在大三、大四会专门发微信找我们，说当初老师的课程说得真对，之前可能没什么感觉，但现在碰到很多事情都需要用到批判性思维。他们能够真的有所体会，我们很开心。

最后，本课程的研发及实践，离不开武汉工程大学张志副教授、同济大学陈君华副教授、加拿大麦克马斯特大学毕业的董毓教授、华中科技大学“点团队”创始人刘玉教授、北京青年政治学院谷振诣教授、西安交通大学文治书院张爱萍老师、延安大学武宏志教授、中山大学熊明辉教授、北京语言大学谢小庆教授的大力指导和支持。在此特别感谢各位专家教授对我们的悉心帮助。

（黄鑫　西安欧亚学院）

七　中山大学

中山大学由孙中山先生创办，有着一百多年办学传统，目前已发展成一所国内一流、国际知名的现代综合性大学，成为中国南方科学研究、文化学术与人才培养的重镇。一直以来，中山大学坚持“综合性、创新性和开放性”的办学特色，始终注重培养学生的理性思考能力和批判性思维素养。近年来，依托该校在哲学和逻辑学学科方向上的发展优势，中山大学的批判性思维教育和研究都得到了切实的推进和蓬勃的发展。

（一）科研机构和学术团队支持

中山大学哲学系是国家文科基础学科人才培养和科学研究基地，其“逻辑学”学科入选“国家级重点学科”。中山大学“逻辑与认知研究所”是目前教育部人文社会科学重点研究基地中唯一的一所逻辑学研究基地。目前，其科研团队无论在成员组成还是学术水平上，都处于国内甚至亚洲领先地位。现有专职研究人员 29 人，其中教授 13 人，副教授 8 人，讲师 6 人，副研究员 2 人；长江学者 1 人，入选教育部跨世纪人才培养计划 1 人，广东省特聘教授 2 人，入选新世纪人才培养计划 4 人。近五年来在国内外发表学术论文 212 篇，出版专著、译著、编著等各类学术著作共 20 部，获省部级以上科研成果奖 10 项。

自 2000 年以来，中山大学逻辑与认知研究所就进行了与批判性思维相关的学术研究，并特别注重从逻辑学，尤其是非形式逻辑和当代论证理论的角度，来开展批判性思维的理论与教学研究。该所下设“非形式逻辑研究室”，由梁庆寅教授和熊明辉教授担任团队学术带头人，致力于接轨国际学术前沿，推进国内非形式逻辑与批判性思维研究。目前，已经与加拿大温莎大学推理、论证与修辞学研究中心（CRRAR）和荷兰阿姆斯特丹大学言语交际、理论与修辞学系等国际非形式逻辑与批判性思维顶尖科研机构建立了密切的学术合作关系。从 2004 年开始，Ralph H. Johnson，J. A. Blair，Frans van Eemeren，Douglas Walton，Christopher Tindale，Hans Hansen 等国际知名批判性思维和非形式逻辑研究学者都曾先后到访中山大学逻辑与认知研究所，进行专题讲学和学术交流。2011 年时，熊明辉教授还应邀前往温莎大学推理、论证与修辞学研究中心担任了为期半年的访问学者，开展了相关的合作研究。

（二）批判性思维教学进展

依托其逻辑学学科建设和学术团队上的发展优势，中山大学的批判性思维教育特别注重培养学生的基本逻辑思维素养和理性思考能力，同时，也兼顾促进学生理性反思意识与批判性思考能力的形成和发展。近年来，在课程教材革新、精品课程建设方面，都取得了不错的成绩。

在培养学生逻辑思维能力的教学实践过程中，中山大学逻辑学团队始终重视立足逻辑学学科的前沿理论发展，来更新和改革本科逻辑思维课程的教学体系，并结合最新研究成果，来开发和编写逻辑学课程教材。20世纪90年代时，由梁庆寅教授主编的《传统与现代逻辑概论》（中山大学出版社，1998年），就被誉为是当时"逻辑教学现代化的一个重要成果"，该书特别着眼于当代大学生的素质教育来精心编排教学内容体系，既强调以现代逻辑为主要内容，又注重了逻辑方法的传授，并很好地体现了归纳逻辑的最新成果[①]。2011年时，结合当代非形式逻辑与论证理论的最新发展状况，熊明辉教授又对逻辑学教学内容进行了改革，形成了新的《逻辑学导论》教材（复旦大学出版社，2011年）。该书的一个创新性特色即是，"把传统形式逻辑与现代形式逻辑、传统归纳逻辑和现代归纳逻辑有机地整合在一起，并且较好地整合了当代非形式逻辑研究的成熟成果"。[②] 目前，该教材在诸多高校得到了广泛使用，不仅出版了台湾繁体字版，而且还被译为传统蒙文版和蒙古国的西里尔蒙文版出版。

在课程教学方面，中山大学哲学系、法学院等院系一直以来都开设有与逻辑学相关的专业选修课程，以促进学生思维能力发展。自2008年开始，熊明辉教授开始将他的"逻辑学概论"课程推广至面向全校学生。这一课程入选了中山大学首批12门全校性核心通识课程，连续开设了两年，取得了很好的效果。随后，经过进一步对课程内容体系和教学方式的

---

① 参见张建军、郁慕镛《"逻辑教学现代化的重要成果——〈传统与现代逻辑概论〉评介》，《中山大学学报》（社会科学版）1999年第1期。

② 熊明辉：《逻辑学导论》，复旦大学出版社2011年版，第2页。

改革发展，该课程成功获得了中山大学校级精品课程立项（2011 年），以及广东省级精品资源共享课程立项（2014 年）。此外，从 2011 年起，谢耘副教授也开始面向全校开设“逻辑与批判性思维”通识课程，该课程也入选了中山大学核心通识课程建设项目，共计开设了 3 学年，教学效果和学生反馈较好。随后，这一课程先后应邀在中山大学博雅教育项目、管理学院、岭南学院开设，并被立项为中山大学博雅教育计划精品课程建设项目。

（三）批判性思维的学术科研发展

从历史发展来看，关于批判性思维的学术研究与非形式逻辑研究有着密不可分的理论关联。近年来，中山大学的非形式逻辑科研团队则一直在国内处于领先地位，产出了诸多高质量学术成果。与此同时，团队成员也特别注重开展批判性思维的学术研究，尤其是批判性思维与逻辑学的交叉研究。从本世纪初开始，熊明辉教授就注意到了非形式逻辑与批判性思维的学术亲缘关系，进而开展了与批判性思维相关的科研工作。他较早向国内学界系统介绍非形式逻辑的最新理论发展，并进而讨论了非形式逻辑与批判性思维的关系（《非形式逻辑的对象及其发展趋势》，《中山大学学报》2006 年第 2 期）。同时，他也充分探讨了批判性思维与逻辑学的理论关联，并澄清了批判性思维的逻辑基础（《试论批判性思维与逻辑的关系》，《现代哲学》2006 年第 2 期）。在此基础上，他还进一步探讨了批判性思维与法律逻辑的理论关联，并强调将两者有机地结合起来（《法律逻辑与批判性思维》，《重庆工学院学报》，2006 年第 7 期）。此外，他还向国内学界引介了“语用论辩术”论证理论，并尝试以之作为一种批判性思维的理论形态或研究视角（《语用论辩术——一种批判性思维视角》，《湖南科技大学学报》2006 年第 1 期）。2014 年时，熊明辉教授又发表了《批创思维的理论与实践》（《华中科技大学学报》2014 年第 4 期）一文，其中既回顾了国内学者针对批判性思维和创新思维的研究现状，也详细探讨了批判性思维与创新思维之间的理论关系，同时还评介了相关领域的国际前沿研究动态。此外，近年来谢耘副教授也尝试从论证理论的角度来拓展批判性思维研究，他的研究规划于2013年获得了国家社科基金青年项目立项，目前相关科研工作仍在进行当中。

总体而言，近年来中山大学学术团队在批判性思维方面的学术研究，充分注重拓展逻辑学与批判性思维交叉研究方向，已经取得了诸多扎实的学术成果，也在国内外学界形成了一定的影响。2014年，熊明辉教授当选为教育部高等学校文化素质教育指导委员会批判性思维和创新教育分指导委员会（筹）副主任委员，谢耘副教授也入选该委员会第一批委员。2013年，熊明辉教授还被聘为 *Argumentation* 杂志的编委会成员。该杂志是当前国际上非形式逻辑、论证理论和批判性思维研究领域的顶尖杂志，熊明辉教授是其首位华人编委委员和唯一欧美以外地区编委会成员。

（谢耘　中山大学逻辑与认知研究所）

八　复旦大学

（一）课程教学

2009年秋季学期，陈伟在复旦大学首次开设“逻辑与批判性思维”课程，属于全校性通识教育核心课程，之后每学年开设一次。经过6年的课程建设，目前已经完成视频拍摄，并将于下学期试行混合式教学；同时，根据复旦大学通识教育核心课程新一轮建设的总体方案和具体要求，该课程将演化为新课“批判性思维与论证问题”。

（二）学术成果

2015年，陈伟在《工业和信息化教育》（2015年第7期）上发表了《“批判性思维”究竟是一门什么课程?》的学术论文，提出“批判性思维”是一门全新的课程，它是把逻辑学的教学从语法学和语义学转向语用学。而且，批判性思维课程不是数学逻辑，数学逻辑有自己的特定主题和方法，它处理的是数学基础问题或者数学哲学的问题，它不关注日常生活中的论证的合理性问题；数学逻辑使用的是人工语言和形式化方法，不是自然语言和论题学方法。批判性思维课程也不是逻辑学导论，逻辑学导论更关注逻辑学的语义学研究；在逻辑学导论课程中运用批判性思维来教学和讲授批判性思维课程本身是两回事，不能混淆。因此，对“批判性思维”究竟是一门什么课程的探究，有助于推进元逻辑学的讨论，有助于丰富和发展逻辑学。根据批判性思维课程的宗旨和学科特征，文章认为批判性思维课程是一门以论证理论为中心，融合认识论、认知科学和修辞学等学科的基本原理和方法，旨在培养分析习性和创新精神的课程。

（三）学术交流

2013 年 12 月，复旦大学哲学学院邀请了加拿大温莎大学推理、论辩与修辞学研究中心（CRRAR）研究员 Hans V. Hansen 前来进行学术访问，他做了题为“非形式逻辑真的是逻辑吗?”的学术讲座，探讨了非形式逻辑的理论发展和其学科定位问题。2014 年 10 月，该中心主任 Christopher W. Tindale 教授也到访复旦大学，做了主题为“修辞学与非形式逻辑”的系列学术讲座（五次），全面介绍了修辞学论证研究的基本概貌，及其与当前非形式逻辑研究的理论关联。2015 年 6 月，德国汉堡大学哲学系 Harald Wohlrapp 教授受邀访问复旦大学，做了题为“超越主体性：论辩理论的一种哲学进路”的学术讲座，介绍并阐发了当前论证研究中的哲学理论进路。

2015 年 6 月和 12 月，陈伟先后应邀在上海外国语大学和复旦科技园进修学院“惠州市省级骨干教师培养对象培训班”上做了题为“批判性思维的三重进路”的学术讲座。该讲座介绍了“批判性思维”一词的起源，并对于“批判性思维究竟是什么”的问题给出了三种较有代表性的定义策略，并以之为基础，将批判性思维视作一种评估、比较、分析、批判和综合信息的能力，认为该种思维的核心是主动评估观念的愿望，在某种意义上，是跳出自我，反思自我思维的能力。与此相应，学习批判性思维，需要熟悉批判性思维过程的四条原则，即：发现和质问隐含的假设、检查事实准确性和逻辑一致性、说明背景和具体情况的重要性、想象和开创替代性选择。培养批判性思维，对于独立思考、独立判断、自由质疑及创新精神之养成都至关重要。该讲座还结合丰富有趣的事例，展示了逻辑学、修辞学和论辩学三种分别旨在达成理解、说服和促成一致的不同途径。同时，也对影响批判性思维形成，影响个体做出独立判断的种种障碍做出了分析，包括新闻、影视、广告、文学、两分法惯式、斯德哥尔摩综合征、教育模式、自我中心、思维发展模式、信仰、个体体验等方面。

（陈伟　复旦大学哲学学院）

九　北京师范大学

（一）基本理念

批判性思维与创新思维的训练在国外发达国家已经系统地进行了一段时间，但中国目前在基础教育中还没有专门开设此类课程。在大学里，导论性质的逻辑学课程虽然涉及一部分思维训练的内容，但逻辑课还有其他方面能力训练的要求，本身并不能很全面地对学生进行批判性思维能力的培养。一堂好的逻辑课和一堂好的批判思维课的评价标准可能有所不同。许多时候，逻辑课尤其是专业的逻辑课仍然秉承着传递知识的态度，对学生有没有培养起来一种主动的批判性思维能力和习惯可能有所欠缺。毋庸置疑，我们认为批判性思维能力的培养至关重要。这其中有两方面考量。功利地看，有批判性思维的人更倾向于能够创新。而创新又是我们的国策之一，所以我们有理由期待创新人才能够推动生产力的迅猛发展。而从价值观层面看，批判性思维本身是一个成年人应该具备的一种成熟。在一个健全的社会里，只有小孩子才会或者唯唯诺诺，或者任性妄为。一个成年人之所以算是一个成年人，正是因为他能够有理由地反驳，有反思地认同，有批判地继承。这种能力无非就是一种批判性思维能力。

我们对批判性思维的功利作用的认识并没有什么困难，即使是最朴素的市民都基本上认同批判性思维的这种效果，但是就价值层面的认同就差得多。问题是，批判性思维也许并不能直接贡献在生产力上。甚至于，它可能还会负面影响生产力的发展。起码从短期层面看，这是完全有可能的。批判性思考使得人们可能不容易很快达成一致意见，花在说服论证上的时间和精力可能大大阻碍具体目标的达成。即使在纯粹科研层面，我们也很难量化衡量批判性思维能力和科研产出是不是有直接的正相关关系。在具体技术领域，甚至于在基础科研领域，比如基础生物学，产出和时间以及资本的投入关系更加直接。但这并不是关键，我们认为，关键是批判性思维教育是有内在价值的。因为这种能力是人之为成人的一个必备能力。理性赋予人尊严，尽量充分地使用自己的理性本身就是人类尊严的一种内在需要。一种文化和教育试图剥夺人们尽量充分地使用自己的理性和意图，就可能意味着试图剥夺为人的尊严，而这是不可接受的。基于这样的考虑，我们非常重视对北京师范大学学生批判性思维的培养。下面就简单介绍一下北京师范大学在这方面的历史传承和工作近况。

（二）批判性思维在北师大

北京师范大学作为中国教育科研的排头兵院校，一直以来有着培养学生批判性思维的传统。由于历史上批判性思维教材的核心内容通常涉及逻辑，而逻辑学通常又被看作是哲学的一个分支，北师大哲学院就成了批判性思维教育的自然承担者，其中逻辑与认知科学研究所（逻辑所）和科技哲学研究所（科哲所）则承担了具体工作。当然，北师大教育学部、外语学院和文学院等单位也可能开设过相关的课程或者进行过相关的能力训练，只是囿于工作的圈子，我们还不太了解其他单位具体工作的开展情况，这里仅介绍哲学院所开展的相关工作。

哲学院逻辑所的前身最早可以追溯到1956年北师大政教系哲学教研室中的逻辑教学小组，有马特、朱启贤等五位先生。1958年9月逻辑教研室正式建立，马特任教研室主任。吴家国等教授陆续进入教研室。20世纪50年代末到60年代初，逻辑教研室的老师承担北师大文科各系的逻辑教学任务，具体工作以普及逻辑学的通识教育为主，已有了批判性思维教育部分内容和能力培养的理念，这为后来北师大的逻辑学和批判性思维教育奠定了基础。20世纪八九十年代是北师大逻辑学学科的全盛时期。

吴家国教授致力于普通逻辑的教学研究和教材建设，受教育部委托组织编写的教材《普通逻辑》出了5版，发行量超过200万册，而《普通逻辑》中的部分内容，比如概念和谬误理论等，正是批判性思维的核心内容。虽然这期间北师大哲学系没有正式开设以“批判性思维”为题的课程，但逻辑学教研室的许多老师在实际从事着培养学生的批判性思维能力的工作。除了吴家国教授，杨百顺、汪馥郁、林熹、董志铁、熊立文等教授都从事过涉及批思核心内容和能力的教育工作。2005年，熊立文教授牵头成立了哲学院逻辑与认知科学研究所，她把“批判性思维”加入到全校本科生公选课系列中。

于是，2007年秋季开始我们正式在北师大开设“批判性思维”本科生公选课程，连续开设4年，由郭佳宏主讲；总体而言，选课人数超出预期，教学效果不错。由于某些特殊的原因，2011年中断。2016年春季开始，我们将在全校研究生中开设公选课，由科哲所李建会、王小伟负责。李建会教授对批判性思维相关课程的建设起着关键的指导和推进作用。王小伟在荷兰乌得勒支大学取得哲学博士学位，他现在正在成为北师大批判性思维领域的中坚力量。同样在2016年春季，在新版的本科教学大纲中，基于原先的“批判性思维”，我们开设了“推理与论辩”这门公选课，2016春季学期的课程将由王小伟和郭佳宏合上。根据相关的选课信息反馈，课程很受欢迎，100人的名额几天就满员。另外，郭佳宏、琚凤魁、陈磊等2007年开始也在励耘、法学、历史、教育、哲学等学院本科生和体育硕士中开设导论性质的“逻辑学”课程，每年学生的总人数平均在400以上。

除了课程以外，我们还开设了一个以错文化为主题的公众号，由王小伟负责。这个公众号强调错的两种基本价值。一是认识论价值：即真理的求取本身是一个试错过程。二是文化论价值：即一个人要勇于面对犯错，进而一个社会要对错误保持开放和宽容。目前这个公众号图文阅读最高破万，并因此得以开通原创功能，在广大学生中赢得了较好的知名度。另外，王小伟和郭佳宏两位老师还积极参加了《批判性思维与创新教育通讯》电子期刊的编辑工作，尤其是王小伟执行主编了第23期（2015年5

月)，为批思教育工作做了一部分努力。

值得一提的相关工作和活动还有：2013 年 6 月，北京市逻辑学会和北师大合作承办了一次“批判性思维研讨会”，华中科技大学客座教授加拿大籍学者董毓、中国人民大学教授陈慕泽、北京大学教授周北海等著名专家充分展示了他们有关批思研究和实践的理念，他们之间也展开了精彩的对话与论辩；我们也积极参加了一些在其他地方举行的涉及批思的活动，比如 2013 年 6 月，郭佳宏赴武汉华中科技大学参加第二届全国批判性思维教学研讨会，2013 年 8 月和 2014 年 7 月，郭佳宏分别赴通辽和北京大学参加第三届和第四届的主题研讨会；郭佳宏和高东平合作，在《重庆理工大学学报》社科版 2013 年第 9 期发表文章《在通识教育和专业教育之间的逻辑素质训练》。

(三) 进一步的思考

但是不得不说，目前我们感到批判性思维教育工作还处在草创阶段。有几个方面的问题需要进一步思考。一是批判性思维教育的学科依靠问题。目前我们习惯于将批判性思维教育依靠在逻辑学这个哲学二级学科，这主要是考虑到逻辑学内在的一些推理和论证特征，当然也有一些别的历史原因。但问题是，批判性思维教育应具备一些自身的特征。它从根本上不同于专业逻辑学教育的特点在于它是一门人格或思维习惯养成课。因此，它不仅是求知过程，更可能涉及某种习惯甚至德性的塑造过程。逻辑所里的很多老师是从事相当专业的具体逻辑的研究，有时候并不能够抽取时间来教这门本来就不那么逻辑的课。出于以上两个原因，我们也需要反思这个学科的依托问题。

考虑到批判性思维教育本身具备跨学科的性质，其他学科的老师也完全可能有兴趣加入。以北师大目前的情况来看，科哲所是一个比较理想的选择，而且正如前面提到的，他们实际上已经积极参与并扮演着非常重要的角色。批判性思维本身是理性思维基本图式，当其适用对象为超越者时，它就是形而上学，当其对象为现象时，它无非就是自然科学。形而上学本身由于不能获得确切的知识因此容易堕入空想。而科学思维，作为一种批判性思维在具体领域的使用极具有代表性。科学哲学本身就对科学方法论有很强的反思特征，这也是我们联合科学哲学的老师一起来做批判性思维教育的一个重要理由。另外，我们也在试图同心理学院和教育学部合作。整合优质资源，寻找出一种比较适合实际情况的批判性思维教育方式。我们也非常希望了解国内同行的做法，以期获得一些有益的经验和信息。

二是目前我们看到批判性思维教育虽然有一个非正式的圈子。但是这个圈子整体上还是比较松散。虽然也组织了一定的会议，但是这些会议在很大程度上依赖于从事某个具体专业人士的参与，专职从事批判性思维教育的人员几乎没有，专门针对批判性思维教育的会不多，这不能不说是非常遗憾的事。批判性思维教育要能在社会上产生影响，首先要在圈子里赢得共识，产生凝聚力。这本身就是一个学术圈内部对批判性思维教育概念、观念形成和内化的过程。北京高校云集，具备形成大圈子的客观条件，但是目前仍然没有形成一定的氛围。这是由诸多原因导致的。除了批判性思维教育在学科认识层面还尚处草创，许多资源不到位等客观原因，还没有一个十分投入的专职“带头人”恐怕是另外一个值得一提的原因。很多比较有名的教授虽然明确表示对此感兴趣，但是他们通常需要从事其他具体的专业研究和教学等工作。我们往往不得不依托青年教师的个人兴趣，可利用的资源也确实相当少。

第三个问题涉及核心团队建设的问题。我们认为应该尽早地确立一个有相当约束力稳定的委员会来负责日常事务和会议组织，这一点在全国范围内已经做得很不错。但在北师大，我们的团队还是比较薄弱和松散，需要考虑如何在全校范围内联合不同专业组建有约束力和稳定的核心团队。这样可以方便明确权责，就能很好地互动起来。

考虑到我们队伍的专业方向并不在批判性思维的理论方面，下面我们着重介绍一下关于“批判性思维教育课程”在我们的教学思路中的一般策略。

上面介绍了北师大从 2007 年正式开设“批判性思维”课。现在课名略有调整，重心略有不同，“推理与论辩”的大纲设计中也比较重视逻辑学方面的作用，尤其是推理方面的训练。但是我们注意到一个问题，就是部分文科学生反映课程涉及的推理部分相对比较枯燥，他们可能更多期待具体论辩这样的互动。我们哲学院的辩论队是全校驰名的，在全校学生中间已经很有群众基础。所以大家来选这门课，很有可能是希望从中学得论辩术。这种期待本身无可厚非。综合考虑各方面，我们这个队伍有个一致的看法。首先，批判性思维教育这门课肯定不能讲成符号推理的过程，这不是一个公选课的健康思路。但是这门课又不能是学生所理解的那种论辩术。一来论辩术无论是狡辩还是理性的，都是门技术，根本性质上同杀鸡宰牛可能差不多。另外，学生们一提到论辩术就想到了鬼谷子、苏秦、张仪，甚至苏格拉底、芝诺等。他们往往把论辩仅仅陷于巧智，这样的观念有碍于明理。批判性思维教育课不是门技术课，它的根本目的并不是让学生学会如何进行批判性的思维，而是养成批判性的习惯，进而塑成审慎明理的人格。所以技术性的介绍仅可当个引子，最终还是要传达一种基本的理性气质。我们身边不缺乏批判思维技术的高人，但他们不一定都有整体的理性气质。另外，虽然课上我们也多少会介绍一些鬼谷子的捭阖之术，芝诺的诡辩术，但我们最终介绍的将是其内在论辩基本形式。这个形式，不管是诡辩还是理性论辩都一样；但就一些技巧而言，我们要批判。我们计划讲解罗伯特的议事规则，并介绍了庭辩的一些基本程序，以助于学生们了解理性论辩的框架是什么。更进一步地，我们将解释这些程序背后所依托的那种价值取向。

作为一门人格养成课，批判性思维教育课的重点就不仅在于显知识的传达。课程的安排设计更加侧重知识的内化。从认识到习惯和德性的养成过程是我们非常重视的。这种侧重自然就要求课程需要将知识生活化。也就是要把知识通过课堂互动的方式演习出来，进而内化成一种个人性格习惯和群体的生活气氛。在课程的互动过程中，我们思考以下几个方面的问题。

一是教师权威的使用问题。简单的授业解惑是容易的，但传道就困难了。授业解惑需要建立权威，越权威效果越好，因为有学术权威的老师学生们愿意倾听。但是，传道的关键是要破了这个权威。传道的首要德性是谦卑，因为这是个化育而不单单是个教育的过程。因此，在这个教师的权威问题上，批判性思维教育课造成了一种张力。在这个张力中找到一个平衡所在是有难度的。我们时刻要警惕自己是不是在有些问题上说得太多，而在有些问题上又说得太少。对权威的使用抱有最根本的自觉是极其重要的。在这个自觉的基础上，如何具体给自己在课堂上的表现进行安排又是另外一个值得琢磨的问题。

二是理性和说服性和程序意义问题。这个问题常常被学生们忽视，学生们一种对批判性思维的理解是它必然能导向真理，这显然过于乐观了。如果人人都这么想，批判性思维不仅不会获得认同，甚至会导致分裂。我们清楚地知道批判性思维不一定会导向真理，甚至本身会让人更加疑惑，进而制造裂痕。批判性思维更加侧重程序方面的意义，即，我们的思考是不是遵守一般必要的一些基本步骤，以至于它在程序上合法从而可称之为是理性的。批判性思维就是理性思维，它们从本质上有着一样的内在要求。所以我们一直在琢磨如何把这个程序价值观传递给学生。谈什么不是关键，输赢也不是关键，关键是怎么谈。

三是我们还琢磨如何能够把课程内容在课外做点儿延伸。我们很清楚，十几周的课下来，好的学生可能在课上能有点儿收获，但是课后回到日常生活，很快又忘掉了，这是生活对理性的异化，很多时候我们无能为力。所以如何能把这个课的精神不断地延展到学生们的日常生活里就非常重要。我们考虑做个读书小组，也做了个公众号。里面用学生们喜闻乐道的语言来聊点事儿，以此来保持一定的亲切感。同时不定期地组织一些小规模的辩论活动，来给学生们演练的机会。另外，在学生写作论文申请项目的时候，我们常常鼓励他们使用批判性思维的知识，很多学生发现这个对于提高论文水平确实也有实际的效果。这样一来，他们就会无须督促地不断深化对批判性思维的理解。

（王小伟　郭佳宏　北京师范大学哲学学院）

十 南开大学

近年来，南开大学也充分重视学生的批判性思维与创新思维能力培养，在课程教学改革和学术科研方面，都取得了丰硕的成果。

（一）课程教学

从21世纪初，南开大学逻辑教研室就开始进行逻辑学课程的教学改革。2003年时，张晓芒教授就开始主讲全校公选课“创新思维方法概论”。2005年，在教研室的支持和帮助下，张晓芒教授主讲的基础课程“逻辑学与批判性思维概论”被评选为南开大学校级精品课程，2007年又被评选为南开大学校级示范精品课程。2012年，他主讲的公选课程“逻辑学与批判性思维概论”又被评选为南开大学素质教育核心课程。

此外，南开大学逻辑教研室的田立刚、李继东教授也面向全校主讲公选课逻辑学，其课程内容也加入了相关的批判性思维内容和法律论证理论、古代传统论证方法。而且，由南开大学逻辑教研室完成的逻辑学“探究—实验”教学模式项目，还在2013年获得南开大学“教学成果”一等奖。

（二）学术成果

南开大学哲学院逻辑学专业早在20世纪80年代就开始关注有关欧美批判性思维运动的信息，阮松、张维真、赵继伦等学者曾经撰写了一系列相关文章。随后，南开大学逻辑教研室的研究人员继续推进了批判性思维研究，并相继完成了多项科研和教学成果。2004年，南开大学逻辑教研室合著出版了《批判性思维》一书（山西人民出版社，2004年）。此外，张晓芒著有《正确思维的基本要领》（中央编译出版社，2008年），该书的四个主体内容为：逻辑思维的基本要领，辩证思维的基本要领，批判性思维的基本要领，创新思维的基本要领；同时，他还出版了《创新思维方法概论》（中央编译出版社，2008年），该书于2010年获天津市第二届教育科学研究优秀成果三等奖。

结合教学工作，张晓芒还先后发表了一系列与逻辑教学和批判性思维培养相关的论文，其中包括《批判性思维及其精神》（《重庆工学院学报》2007 年第 6 期），《批判性思维嵌入式教学与逻辑学课程小论文的写作》（《重庆理工大学学报》（社科版）2013 年第 2 期），《良性的互动——试论创新思维与素质教育的关系》（《当代教育》（香港）2003 年第 7 期），《创新思维与创新教育的科学理论载体》（《前进》2003 年第 7 期），《创新思维的逻辑学基础》（《南开学报》2006 年第 6 期），《创新教育中应强调的伦理问题》（《理论与现代化》2007 年第 3 期），《法律论证中的逻辑理性》（《政法论丛》2010 年第 5 期），《逻辑的求善功能》（《光明日报》2011 年 8 月 3 日理论学术版，《新华文摘》2011 年第 23 期转载），《逻辑的求善功能》（《南开学报》2011 年第 4 期），《从中西文化特质的视域看论证有效性问题》（《山西大学学报》2015 年第 3 期），以及《逻辑应该是什么——从工具性看逻辑的研究与应用》（《福建论坛》2015 年第 10 期）。

（三）科研项目

近几年来，张晓芒教授先后主持立项了 3 项与创新思维和批判性思维培养相关的省部级、校级科研项目，其中包括教育部社科项目《当代青少年综合思维方法研究》，天津市社科项目《创新思维的心理机制与素质训练》，以及南开大学教材建设项目《创新思维方法概论》。

（张晓芒 南开大学哲学学院）

十一 宁波大学

信息大爆炸时代对人的思考能力和认知能力都提出了更为严峻的挑战，如何辨别真假、判断优劣、做出选择，从日常生活到专业发展、人生规划，这是每个年轻人必须面对的考验；同时，人的生存和发展状态也将极大地取决于是否善于思考、做出合理选择。善于思考是一件可能也可以通过后天的适当训练和培养获得的能力和技巧，批判性思维课程自20世纪70年代首先在北美继而于世界范围内进入大学课堂的，目前已经广泛成为许多国家大学教育的必要目标和指标。然而，我国目前在批判性思维能力培养问题上还基本处于探索阶段。因此，当前我国高校非常有必要通过通识教育课程的形式，向学生提供相应的教育和训练。宁波大学通过开设“批判性思维与逻辑训练”课程，将逻辑基础知识的学习和批判性思维的训练有机结合，面向全校文理工商医等各学科的低年级学生开展通识课程教育教学，帮助学生适应大学学习，为专业教育教学提供批判性思维的引导。课程被列为校级通识选修核心课程，任课教师为李学兰教授，课程教学团队成员包括李包庚、何跃军、林上洪、冉思伟等人。

（一）课程设计的思路与重点：与思想同行、做更好的自己

教学目标是课程设计的灵魂，既是发挥对教学的引领作用，更是最终教学效果的评判标准。“批判性思维与逻辑训练”课程的教学目标包括总目标及其三个具体的分项目标：知识目标、能力目标和素质目标。其中，课程总目标为：批判性思维最基本的目的是通过探究活动，以一种辩证的、构造的、动态的、深入的方式，达到对一个观念或行动的合理判断。批判性思维教学的目的，除了理智美德的培育，还在于提供一套判断的体系和程序。经过完整的批判性思维课程学习，学生应该能够有意识地、完整地、明晰地运用这全套方法来做合理判断。思考的清晰性、相关性、一致性要求一名批判性思考者能够：

（1）提出重要的问题，并清晰而准确地进行描述；

（2）收集并评估相关信息，并有效地加以解释；

（3）得出推理完好的结论和解决方案，并对照相关标准进行检验；

（4）根据需要，在思考、认知和评估的可替代系统中，对其假设、内涵和实际结果进行开放式思考；

（5）与他人进行有效沟通，解决复杂问题。

该课程的知识目标是：围绕批判性思维的核心问题——论证展开知识

学习，要求掌握论证的综合性系统及其流动性过程，理解分析和评价论证的10个理智标准。

掌握：要求学生掌握论证的综合性系统包括：论证的主题、论点和背景；论证的目的；论证的立场、论证的事实根据；论证的语言和概念、论证的假定、论证的解释和推理；论证的含义和后果等。要求学生掌握的论证的八大步骤为：理解主题论点；分析论证结构；澄清观念意义；审查理由质量；评价推理关系；挖掘隐含假设；考察替代论证；综合组织论证等。

理解：要求学生理解分析和评价论证所需要的10项标准包括：清晰性；准确性；精确性；相关性；重要性；充足性；深度；广度；逻辑；公正性等。

该课程的能力目标是：通过开设通识选修核心课程的形式，帮助学生养成具有清晰性、相关性和一致性的良好思维品质，培养学生面对相信什么或者做什么而做出合理决定的思维方法和技能。批判性思维包括的技能有：理解和分析各种问题、收集必要和多面的信息、辨别虚假和迷惑的数据、评估现有系统的缺陷和局限、进行充实的推理、挖掘有问题的隐含假设、构造新的解释或替代方案、追寻最佳的选择、做出全面和平衡的决策等。要求学生应该达到以下六方面的能力要求：

（1）理解理性批判精神的实质；

（2）掌握具体分析思考和论证的结构、证据、推理和结论的原则和方法；

（3）有意识地评价信息和观念的性质和可接受性；

（4）判断推理的相关性和充足性；

（5）能够揭示和评价隐含假设，有深入挖掘观念和思想的深层基础假设的意识；

（6）有辩证和全面思考的意识和能力，努力寻求新的思路、设计和论证，以通过综合得到最佳的信念和决策。

该课程的素质目标是：批判性思维将引导学生树立深思熟虑的思考态度，尤其是理智的怀疑和反思态度，其核心精神在于：求真，即追求客观；公正，即独立和中立，从他人立场的理解；开放，即强调多样化，突出探索活动；反思，即进行自省和元思考。同时，培养学生未来社会公民的理性精神和交流沟通、民主协商的意识、态度和方法。具体包括：

（1）人文情怀。批判性思维的根本特征是大胆质疑、谨慎断言，并以求真、公正、反思和开放作为其精神核心，把开创和发展的精神和严格、实干的作风结合起来。批判性思维将帮助学生摆脱盲从，培养独立思考的精神和态度，这将构成现代公民责任感的基础。

（2）科学素养。通过寻求客观的理由，而不是情感，来解决知识问题；兼备批判和建设，挑错而不是辩护，才能发展知识；积极自省，勇于反思和抛弃自己的思考错误是理性的表现；运用辩证方法，通过批判性的讨论来追求真理的发展；保持开放，得到论证的知识是具体的、相对的、暂时的。批判性思维所蕴含的理性精神，是培养科学素养的根基。

（3）批判思维。批判性思维强调从实践和具体分析中产生知识和能力，反对空洞、单调、抽象的思想和讨论方式，要求一丝不苟地认真和细致地分析，强调真来之于全面性和整体性，要求必须从多方面多角度来分析、思考、检验一个问题、论述、思想、推理、决定、方案等。批判性思维不仅促进创造性，而且自身包含创造性的要求，并着重训练学生的自学、理解和发展的能力。批判性思维是以理性为基础、以开放为目标的反思、分析、推理、解释、评估、判断、创造、综合的思维过程。

（4）沟通表达。强调通过集体的批判性讨论、审议方法来完善思想和论证，辩证思维以及清晰的表达、说服、理论将成为提升学生沟通表达能力的最佳道路。

（5）广博视野。秉持开放的思想，要求用创造新的思路，选择和论证的方式来比较、判定现有的知识和方案，将有助于培养学生的广博视野和开放心胸。

“批判性思维与逻辑训练”课程的教学内容的设计以哲学、逻辑和科学方法论为学科基础，是一门培养和训练思维能力的应用性学科。课程内容涉及批判性思维的精神、论证的分析、理由的真实性、推理形式、隐含假设、辩证思维等十个单元，共十五讲内容。详见下表：

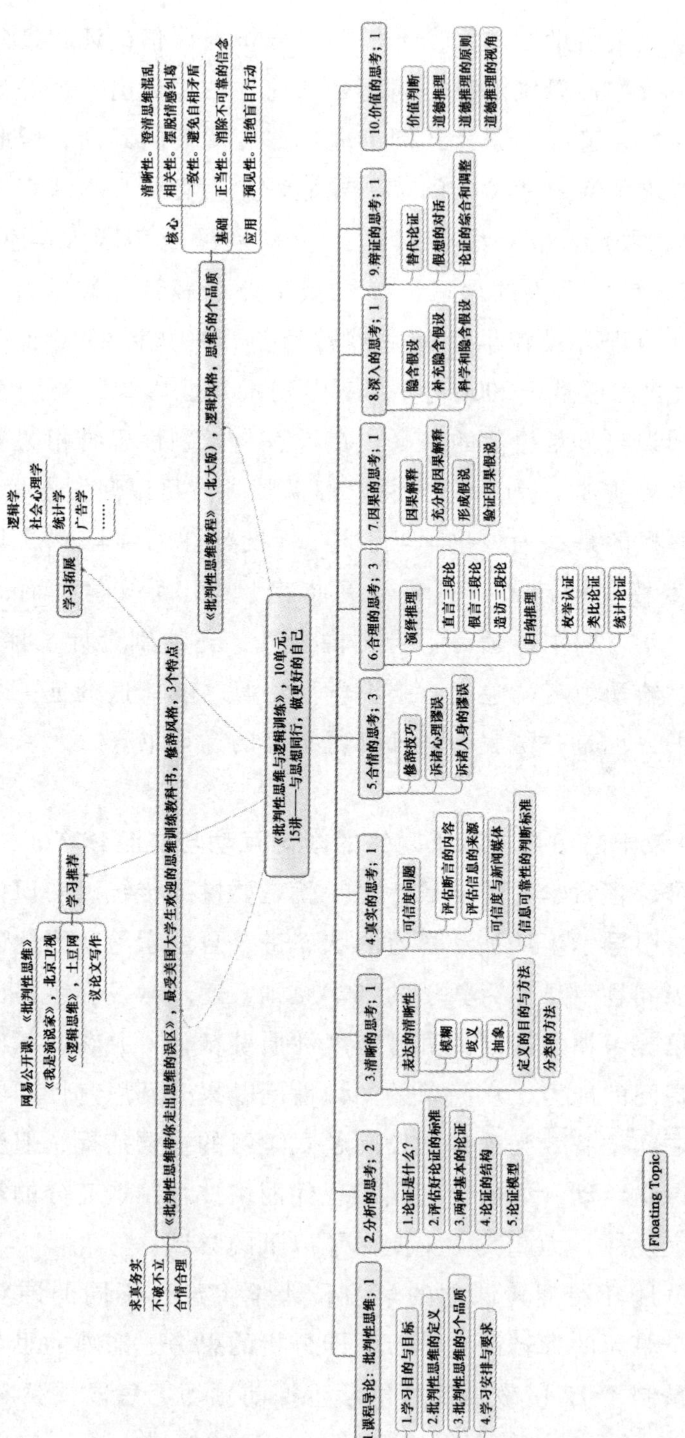

《批判性思维与逻辑训练》课程内容设计

课程教学重点是借助图尔明论证模型，分析与评估论证。批判性思维的起点是论证；批判性思维的核心问题是如何评估并做出一个好论证。

目前大学生中普遍存在碎片式阅读取代深度阅读的倾向，因此，课程中辅之以考核要求和兴趣激发的阅读引导显得尤为必要。本课程选取了中外两本教材，以便于学生对照性阅读：一本是深受美国大学生欢迎的《批判性思维带你走出思维的误区》（机械工业出版社，2012 年）；另一本是我国批判性课程开设较早且有主讲教师公开视频课的《批判性思维教程》（北京大学出版社，2006 年）。考虑到批判性思维的实践性，特别需要强化理论知识与日常生活的关联，在推荐与批判性思维相关书籍的同时，还推荐《罗辑思维》和《奇葩说》等视频类节目以激发学生兴趣。

尤其值得一提的是，为强化学习引导，《批判性思维与逻辑训练》课程还专门为学生特别设计了《课程学习指南》，明确教学大纲、教学安排、课程考核、学习要求、学习平台等内容外，还特别设计了课程寄语、成功学生素描、给学习者的建议、脑图学习法等内容。这既是一个指导课程学习的说明书，也是一份表明教师真诚态度的邀请书。

（二）课堂教学的组织：基于网络的学习互动与交流分享

批判性思维课程教学的重要目标之一就是要挑战传统以知识传授为主的讲授式教学，引导学生从被动学习的状态进入自主学习。因此课堂组织的首要原则是以问题引导作为教学的基本原则，逐步激发学生提出问题的积极性，进而培养习惯性提问的真诚态度和质疑精神，并在此基础上引导学生逐步提高提问的能力，从简单的知识性问题提升到思辨性问题。而师生之间、生生之间的有效互动是激发问题式学习的重要前提，但受制于有限的学时数和课堂活动，如何合理利用现代网络技术制造充分的教学互动是本课程的重大挑战，为此我们主要做了以下的尝试：

一是，部分地开展翻转课堂的学习，让学生经历不同的课堂教学模式。设计了 3 个单元的翻转课堂学习，即分析的思考、清晰的思考、真实的思考，提前录制了 12 段教学视频供学生课前预习，每段视频时间 15—20 分钟，重点讲解论证的基本形式、评估论证的标准、论证的结构、图尔明论证模型、定义和分类的方法、表达的清晰性问题、信息可靠性及其评判标准等有关论证的一些基本知识和理论。课堂时间则围绕相应单元学习主题组织了 3 次课堂讨论和 4 次网上作业，引导学生做进一步的思考。

二是，帮助学生组织团队学习，加强学生之间的互动。由于选读通识课程的学生全部来自各专业的一年级新生，既缺乏对于大学学习的充分适应，也缺乏相近的专业认知背景，完全不同于专业课程的教学。因此，一方面通过设置团队成绩引导团队学习，课堂讨论先在团队中进行，再派代表参加班级交流，并充分尊重少数不同意见的表达；同时借助 QQ 群和班级微信，增进课下同学的交流机会。

三是，组织课程教学团队，增强教师对课程设计的认可度。基于通识核心课程建设的需要，本课程组织了 5 位教师和 2 位研究生同学共同参与教学活动。除对于课程大纲和教材选用的教学研讨外，作为课程建设负责人全程参与了其他课程教学，与团队教师充分交流，并提供参与全国课程交流研讨的机会。

四是，通过组织辩论赛“年轻人相爱容易相处难 or 相处容易相爱难”“专业选择应该首先考虑个人兴趣 or 就业前景?”让学生在实际参与或观察辩论的过程中认知真实的论证活动及日常语言的多样性、修辞的影响力和辩论中的谬误，辩论活动结束时由其他同学进行论证的评估和团队成绩的评判。

五是，重视学生课程学习体验和学习反馈。安排了期初和期末批判性思维倾向的测试，借助课程评教实时评价和微信互动、课后小组访谈等多种形式充分了解学生学习体验，并组织期末课程教学情况问卷调研。

（三）教学反思：给我一双慧眼吧

从最初的教学设计，到实际的课堂活动组织，在选课同学的积极参与和课程团队教师的大力投入下，最终有 25 人选读（受制于选课人数和年级的限制，实际选课人数少于期初预选），21 人通过课程考核，及格同学平均成绩 82 分，其中 2 位体育学院新生基本未参与课程学习，2 位同学因课程冲突未参加期末考试。总体上学生对批判性思维所蕴含的理性质疑精神有了认同和认知，以下选取了几位同学的期末课程总结：

> 批判性思维是一种重新认知的过程，它不仅让我们用评判、理性的思维方式来判定与自己拥有不同看法的人的观点，更重要的是让我们更加理性地看待自己的观点，学会提问和质疑，对专业权威，对别人，对自己。
>
> 我认为批判性思维是一种带有理性光辉的思维模式。当面对各种情况时，批判性思维要求我们敢于质疑，并学会质疑。拥有质疑精神是批判性思维的本质要求。且这种质疑是讲求逻辑性的，以逻辑去支撑我们的观点。这点就体现在对论证的使用。批判性思维使我们学会用有效可靠的论证去证明我们的观点，强化我们的质疑，图尔明模型就是一种常用且严密的论证模型。
>
> 在没学习批判性思维之前，我爱刷微博，因为它的信息新鲜、丰富，但很少去辨别信息的真假。但我学习了批判性思维，对网络信息的抵抗力也增强了。无论是好玩手机猝死，还是地铁乞讨者挨打，或者邓超出轨等消息，有些就一笑了之，有一些还是会去查阅资料或者去更官方的媒体网站搜索，去考证信息的来源，信息的科学性，甚至翻阅该文博主的历史记录，来证明他的信息是代表个人观点，还是社会公众态度。批判性思维让我活得更真实，思考得更真实。
>
> 批判性思维，让我们不再坐等他人思维或知识的单纯灌输，而是促使我们利用自己的探究、理解与思考将那些思维或知识转化为自己的东西，消化吸收。人若缺少了批判性思维，是不会形成“自我”的，在此之前，不管上哪门课，我都是干等着老师的讲解，不去提问，也不去深究问题背后的另一面。但在接受了“去批判”的思维方式后，在课上我开始对老师的主观认识产生疑问，并问自己老师的想法是不是完全正确，并和他人交流自己对这件事的看法。

从课程最终的问卷调查情况来看，课程教学效果也得到了大多数同学的认可，对于教师和课程满意度的肯定性回应分别是100%和96%，其中

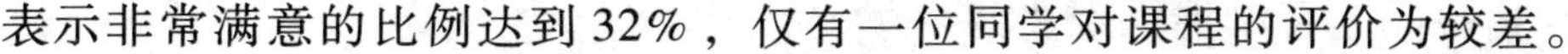
表示非常满意的比例达到32%，仅有一位同学对课程的评价为较差。

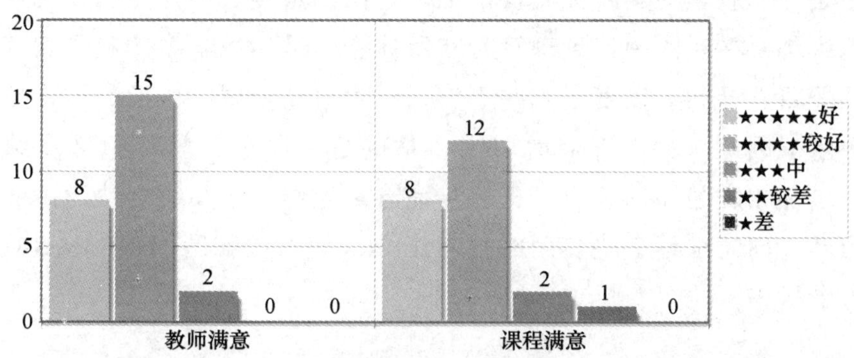

本课程作为通识核心课程得到了学校高度重视，教学督导先后两次参与课程观摩，分别听取了课程负责人和另一位青年教师的授课，也给予了积极的反馈："作为通识课程，批判性思维与逻辑训练有一定的典型性和代表性，对学生进入大学后的思维转变和提升具有积极的意义。两位老师教学的主要亮点在于：第一，对课程的通识性有较为深入的理解，教学的内容和方式能够为目的服务；第二，基本概念交代清晰，有一定的理论内涵，能够激发学生的思维；第三，注重对学生思维的训练，采用了各种有效方式，起到了较好的效果。"

同时，由于参与选修课程的都是一年级新生，尽管对他们进行思维训练很有必要，但在现时的高考体制下，他们的思维基础较为薄弱，因此这门课对他们来说还有一定难度。结合教学过程所得到的学生和督导的建设性意见，在今后的教学中主要有以下几点改进：

一是教学团队的建设有待加强。尽管有了统一的课程大纲和初步的教学交流研讨，但四位主讲教师在授课中各自都有自己的内容和方法，彼此之间的协调和统一有一定难度，学生也反映在课程体系的把握上缺少整体性和连贯性。

二是课程内容的选择上有待调整。10单元15讲内容的设计虽然考虑到了通识课程的融通性和拓展性，但就学生实际学习情况看，仍应重点围绕论证及其评估展开，增加分析的思考和合情的思考二单元中有关论证和逻辑的相关内容，相应减少合情思考、辩证的思考和价值的思考等拓展性内容，相关内容可以纳入课堂练习中。

三是课程教学的实践性有待加强。这门的重点之一是训练，无论逻辑还是思维都要在实践中得到理解和有所体会，虽然教学中体现了训练，但训练的题目选择和重复度还有些不够，学生对结合现实生活的讨论也有较高的吁求。因此，除内容上增加“评估的建构”外，教学中可以结合社会热点增加相应的评估练习，进一步完善辩论赛，增加结构性面试研讨等课堂活动。同时推荐一些实用的思考工具，如思维脑图 MINDMANAGER，六顶思考帽等。

（四）对批判性思维教学的再思考：不忘初心

美国对于批判性思维及其对于人才培养的重要意义经过从 20 世纪 70 年代以来近五十年的实践，已获得广泛的共识。批判性思维教学法的两条基本路线及其两类批判性思维课程的设置，即基于学科的课程和独立的课程，在实际教学活动中也呈现出多元化的样态。[①] 中国批判性思维教育，从 20 世纪 90 年代末的逻辑课程改革开始起步，2003 年起北京大学、中国青年政治学院等一些高校就单独开设课程，但近十年以来我国批判性思维教育发展仍然缓慢，截至 2013 年，全国 2100 多所大专院校中，只有 2% 左右的学校开设了在名字中有“批判性思维”的课程，其中多数是在哲学系或者尖子班级，并非给全校学生的公选课。[②] 近年来，受到西方批判性思维研究的影响，大学生批判性思维的培养在国内教育界开始引起关注，一些大学开始尝试通过单独开设思维课程来培养大学生的批判性思维，将之纳入通识课程、通识核心课程或者素质课程体系之中，课程大多由原来的逻辑教师承担，并在新生的第一学年开设。与国外相比，批判性思维在我国还未引起政府和教育界的足够重视，目前只有少数大学开设了批判性思维课程，且都侧重于逻辑推理方面。批判性思维能力的训练还未

① 武宏志：《批判性思维：一种通识教育中的逻辑教学》，《延安大学学报》（社会科学版）2013 年第 1 期。

② 董毓：《我们应该教什么样的批判性思维课程》，《工业和信息化教育》2014 年 3 月刊。

达到课程化、制度化，也缺乏系统性和体系性。[①]

因此，在通识类课程教学中如何把握批判性思维的教学目标，如何处理批判性思维与逻辑的关系，如何选择教学内容，如何选择适当的通识课程教材，如何设计课堂教学活动，就成为贯穿教学过程始终，并值得不断进行教学反思的重要问题。《德尔菲报告》提出了有关批判性思维的两个维度，即批判性思维的能力和倾向，能够质疑、追问为什么以及勇敢且公正地去寻求美国可能问题的最佳答案，这种态度正是批判性思维的核心。培养独立思考的态度和技能，对于互联网时代的教育而言其意义巨大，对于长期在应试教育下成长的中国大学生而言其意义和教学难度同样巨大。经过一学期的教学实践活动，有以下几点认识：

第一，以培养现代公民为目标，降低论证逻辑的理论性，增强论证说理的实践性。纵观我国高教体系的发展，沿袭苏联模式，侧重教育的社会性，人才培养过程中突出专业教育，尤其在应用型高职教育中；以全人教育为目标的通识教育并未得到充分的重视，普通高等教育中专业教育与通识教育的融合仍是困扰高等教育质量的重要难题。其实无论大学培养的哪一类专业人才，进入社会首先都获得了一个现代社会公民的身份，而目前大学的思想道德教育偏重于意识形态和道德说教，对培养公民意识和理性精神缺乏实效性。批判性思维具有一种解放力量，有助于于把社会个体从盲目的爱国心和民族优越感等无知和狭隘的私利中解放出来，批判性讨论和理性对话才是构建民主社会的健康细胞，并借助公民知情权、参与权和重大决策听证程序等建立起现代社会的法治基础。因此，论证说理将成为现代公民的一项基本素质，以此为目标的批判性思维教育必须围绕论证说理展开。

从美国批判性思维教育的发展来看，一方面非形式逻辑的发展为批判性思维教育提供了坚实的学科知识基础；另一方面，由于批判性思维概念的丰富性和复杂性，即使最为宽泛的定义，也可能没有把握“批判地思

① 李加义：《我国批判性思维研究综述》，《唐山师范学院学报》2014 年第 6 期。

考”的全部意义。语境将决定批判性思维最相关的“定义”要旨。[①] 立足于中国教育的实际，以论证逻辑为核心的有关论证的分析、评估及其标准和方法，应当成为我国批判性思维通识课程的理论基础。同时，偏重哲学和逻辑的学科理论应当作为工具，成为学生在网络情境中说理活动的工具，围绕社会热点展开的情境教学可以成为学生的分析与说理的教学实践。就通识教育的目标而言，把批判性思维仅仅理解为规范的、程序的、技能的或过程的概念是无法完成实际说理任务，思维的情感和行为的向度也是说理的重要组成部分。在解释批判性思维的3个主要视角中，教育的实用视角较之哲学视角和心理学认知视角更为契合教育目的，这一点在实际的教学环境和学生的学习反馈中也得到了印证，对于发展应用批判性思维能力的自然倾向来说，相关语境中的知识、态度和心智习性是批判性思维教学中最为关键的方面，与其忽略或悬置它，莫若和学生一起面对，反而可能更为充分地激发学生理性对待自己的前见、偏见和情绪。

批判性思维不应被作为一门特殊的学科，而是一门教导性和技艺性的学问，其目标是培养好的思考者，好思考者应该具有理智的美德和批判性思维技能。笔者认为，学科与学问的差别在于后者更关注于人文社科领域有关我们自身的问题，正如梁漱溟先生所言，“学问是解决问题的，而且真的学问是解决自己的问题”。如果追溯批判性思维的思想源头，苏格拉底不仅提供了诘问法，更以其道德自觉树立了理性精神的榜样，其所言“未经省察的人生不值得过”启示我们，理性不应该首先沉思宇宙和自然的运转，而应该沉思我们的道德概念，从而让自己过更好的、更幸福的生活，知道真正的自我。不同于亚里士多德所发展出来的宏大而严谨的逻辑学理论体系，苏格拉底的“诘问式”包含了三种简洁而有效的逻辑方法：①他指出人们对道德名称的定义的一些反例；②他依据人们的道德信念做出逻辑推论；③他借着逻辑推论指明人们有着不一致的道德信念。用这种方法省察自己或诘问他人，并不以接受高深的专业知识训练为条件，只要

① 武宏志：《批判性思维：多视角定义及其共识》，《延安大学学报》（社会科学版）2012 年第 1 期。

能够自问一些关于自己的看法和信念的问题，借着对自己的回答意味着什么的考察，学会考量自己看法的好坏就行了。这种方法不仅能用于对哲学和道德观念的探究，而且能用于对日常生活领域中的各种观念和信念的探究，它对于雅典青年的意义将给今天网络时代生活的年轻人带来同样的价值，即通过省察，让自己有能力追求更好的、更幸福的生活，这一点对于大学新生的教育意义非同一般。①

第二，以论证评估培养质疑精神，提升发现问题的能力。我国学生长期浸淫于应试教育之中，进入大学的一年级学生往往都面临如何适应大学较为独立的学习和生活模式的问题。在课堂中激发学生的问题意识，引导学生合理地质疑现有知识和社会制度的正当性，往往也是教学中最大的挑战。培养独立思考的习惯，提升发现问题的能力，是培养创新人才对于提升大学教育质量的根本任务。熟视无睹和理所当然是学习最大的敌人，前者表明学生天性中好奇心的磨灭，后者则是惰性使然。批判性思维教育通过追问，“这是真的吗？”“还有其他的可能吗？”重新唤醒学生的好奇心，激发学习热情。此外，批判性思维教育中进一步追问证据来源、分析因果关系、评估论证相关性和逻辑一致性，探究隐含前提等，可以有效帮助学生进一步提升发现问题的能力；从创新能力培养的角度而言，发现问题较之解决问题更有价值。

第三，拓展多视角的思考维度，有效利用图尔明论证模型和六顶思考帽。批判性思维既有评估的、分析的、逻辑的收敛性思维方面，也有寻找反例、构建隐含前提、发现假说的发散性思维方面；前者在人们对逻辑思考的认识中往往得到更多的关注，后者涉及批判性思维的深层次，需要在教学中更多地予以强调和重复。在教学中借助模式化思维的引导可以拓展和强化学生的思考维度。例如图尔明论证模型以及英国学者爱德华·德·博诺提出的水平思维及其形象化的六顶思考帽。② 图尔明模型可以有效地引导学生从主张、根据、保证、支持、反例、限定 6 个方面充分分析和评

---

① 谷振诣：《批判性思维教学：理论与实践》，《工业和信息化教育》2014 年 3 月刊。

② 爱德华·德·博诺：《六顶思考帽》，山西人民出版社山西出版集团 2008 年 3 月版。

估论证。而六顶思考帽则更为形象地表征了思考的三个不同层次和6个不同角度，即白色代表客观中立，红色代表主观感受和评价，黑色代表谨慎的风险评估，黄色代表积极的价值评估，绿色代表开放创新，蓝色代表组织控制，其初衷一是简化思考，让思考者在某一时刻只做一件事；二是让思考者可以自由地转换思考方式。在课堂练习的过程中，可以让学生充分地予以练习，其教学模式就好像学游泳时教练在岸上的分解动作练习。

第四，提供实用的思考工具：思维导图。思维导图也是一个创造、管理和交流思想的通用标准，通过可视化的绘图软件有着直观、友好的用户界面和丰富的特殊功能，既有助于学生有序地组织思维和语言表达，还有助于团队学习的工作效率和小组成员之间的协作性。它作为一个组织资源和管理项目的方法，可从脑图的核心分支派生出各种关联的想法和信息，通过单一视图组织想法和信息，迅速找到相关性并得出结论。直观呈现思考的各方面，整体把握思考框架，具体明晰细节，直接以视觉化形式组织和呈现思考，有效沟通交流，熟练掌握思维导图工具对学生今后的学习和未来的工作都会有很好的助益。

在实际教学过程中一直伴随着对于批判性思维思考带来的困惑，也时常关注学者们对于批判性思维概念、内涵、性质的探讨，或许人们的不同争议正展现了批判性思维的丰富性。理论是灰色的，生命之树常青，对于刚刚开始的中国批判性思维教育而言，正在不同的文化土壤中生长和孕育着。身处信息时代，发达的咨询和畅通的人际交流通道，既给人们提供了丰富的信息和数据来源，也提供了交流不同价值观念的平台。但信息数据的有效利用，不同价值观念之间和谐共处，多样化生活方式的选择，都要求以理性的分析、判断和价值包容为前提。教育即成长，帮助学生有效应对未来的生活，提供充分的人性发展机会，始终是教育之根本，也是批判性思维通识教育的出发点和归宿。

（李学兰　宁波大学教务处）

十二　江苏大学

近年来，江苏大学外国语学院、文化话语研究中心（Center for Cultural Discourse Studies，CCDS）特别注重在其外语教学和学术科研中推进批判性思维教育，取得很丰富的实践成效。

（一）《商务英语阅读Ⅱ》课程教学改革

（1）课程教学改革简介

江苏大学外国语学院的《商务英语阅读Ⅱ》是本科英语专业选修课程，面向英语专业大三学生开设，开设时间为大三第1学期（总第5学期）。该课程2015年度选用教材为《商务英语阅读教程2》（学生用书）（叶兴国主编，上海外语教育出版社2010年9月出版）；教材内容分为16个单元，每单元由五部分、四篇文章构成。近年来，闫林琼博士开展了《商务英语阅读Ⅱ》课程的教学改革，在该课程中着重探索引入批判性阅读教学模式。

在该课程教学改革实施之前，其教学方式沿袭的是传统的阅读教学模式，即课前预习（第一部分两篇文章）、课上讲解（重点讲解第一部分中的第一篇文章、第二部分快速阅读以及第三部分语法）、课后练习（第四部分补充阅读以及第五部分自测阅读）；阅读教学方法也无非是快速扫描（Skimming & Scanning）以获得主要信息、细致解惑以解释重难点词句、做阅读练习题（大多数是客观选择题）以检验阅读效果等。然而，闫林琼基于近十年来的阅读教学经历，发现传统的阅读教学模式或许有助于学生快速获取相关信息，但是对于阅读材料的深入理解、所获取信息之间的逻辑关联以及对于真正意义上提高学生的阅读理解能力而言，都效果甚微。

批判性思维活动始于20世纪30年代，兴起于80年代，学界对于批判性思维在自主构建、价值取向、信息评判等方面的重要性与必要性已经取得共识，并不断从哲学、教育学、心理学等不同视角探讨批判性思维的内涵以及批判性思维能力的培养途径。批判性阅读被认为是培养批判性思维能力的重要途径之一（Albeckay 2014；Haromi 2014；Tabačková 2015）。所谓批判性阅读，是指“对文本的高层次理解，它包括释义和评价的技能，可以使读者分辨重要和非重要信息，把事实与观点区分开，并且确定作者的目的和语气。同时，要通过推理推导出言外之意，填补信息上的空白部分，得出符合逻辑的结论”（Pirozzi 2003：325）。

因此，批判性阅读方式可以通过培养学生区分事实与观点、进行逻辑推导以及对文本进行有理有据地评价等方式，最终达到提高学生的逻辑推理能力以及对文本的深层次理解能力。基于这一构想，闫林琼在外国语学院文化话语研究中心，在中心主任吴鹏博士的带领下，同中心同事和研究生们一起对批判性思维相关理论（以语用论辩学理论为主）进行了为期近一年（2014 年 7 月—2015 年 5 月）的学习。之后，文化话语研究中心于 2015 年 5 月 15 日举办了一次院级教学沙龙（活动规模约为 50 人），主题为“着眼于批判性思维能力培养的高校英语教研模式探索”，闫林琼在本次教学沙龙中的汇报题目为“批判性商务英语阅读模式探索”，其中将批判性阅读活动简化为三大步骤——识别论证、分析与重构论证以及评价论证，并以 China Daily 上的一篇评论文章为例，演示说明了各个步骤的具体实施过程与操作方法。

至此，批判性阅读模式实现了理论整合和小范围的实践检验，同时也为接下来的阅读课程教学改革做好了准备。本次课程教学改革持续了一个学期（一学年中只有一个学期开设该课程），并通过问卷的方式对本次课程教学改革的情况进行了调查总结，具体如下所述。

（2）课程教学改革的实施过程

课程教学改革的实施对象是《商务英语阅读Ⅱ》课程教学改革面向的是英语专业大三学生（选课学生为 79 人），其中，绝大多数学生已经通过了英语专业四级考试，具备了英语词汇、语法相关的基础知识以及基本的语言应用能力，包括基本的阅读能力，从而特别适合进行较高层次的阅读训练，即批判性阅读训练。课程教学改革的具体实施过程为：闫林琼在开学第一周就批判性思维的内涵、培养批判性思维的重要性以及批判性阅读模式的理论基础与操作方法等方面对学生进行了两个学时的详细讲解，并要求学生打印相应课件以便随时参考。从第二周开始，要求学生每周提交一篇阅读材料原文以及针对该材料的论辩结构分析与评价，作为课外批判性阅读作业，然后每周从所提交的作业中挑选出一份进行课堂集体讲解，并对被抽中作业的学生进行课下个别辅导，经过完善后最终将该作业作为范本上传到班级 QQ 群文件，供全班同学观摩学习。

《商务英语阅读Ⅱ》课程教学改革的主要内容体现在以下四大方面：

①阅读教学理念方面的改革——传统的阅读教学一直强调的是阅读“理解”能力的提高，即主要理清作者在文章中“说了些什么”，而批判性阅读教学模式除了弄清楚作者所说的内容之外，还要对说的方式——即“怎么说的”以及说的结果进行合理性评价，即评判作者“这样说合理吗？”

②课堂教学方法方面的改革——在阅读课堂教学中，不再像以往一样，仅根据阅读理解文章所配套的多项选择题，找到对应题目的答案，而是首先带领学生根据识别词来识别评论性文章或者文章中的评论部分，然后判断所评论的主题以及作者针对该主题所持有的立场，接着逐个分析作者针对其所持立场提出了哪些论证，以及这些论证之间的关系如何，最后根据作者的论证结构图，结合逻辑的、交际的以及日常生活常识，对作者的论证过程与论证结果进行评价。这一做法，避免了以客观的阅读理解题目为导向的传统阅读教学过程中“见木不见林”的弊端，使得学生能够逐渐学会掌握文章全局，不断培养学生的逻辑推理能力，达到深入理解阅读材料的目的；

③课后阅读练习方面的改革——以往课后阅读通常只是要求学生标注出文中重难点词句、撰写阅读小结等，这些都比较适用于英语专业基础阶段的学习，也即大一、大二学生的课后阅读训练，但是本次课程教学改革面向的是已经具备基本的英语基础知识和能力的高年级学生（英语专业大三学生），因此，对于学生的课后阅读练习，也根据批判性阅读模式，要求学生在通读自己所选阅读材料的基础上，按照识别立场、分析和重构论证以及评价论证这三大步骤，首先画出阅读材料中的论证结构图，然后

对其中的论证进行合理性评价；

④期末测试题型方面的改革——鉴于本学期在课堂阅读教学方法和课后阅读练习方面的改革，本学期末《商务英语阅读Ⅱ》的期末测试题型中增加了"Critical Reading（批判性阅读）"这一环节，其中分为两部分，一部分是要求学生根据本学期所学的教材上的文章，回答跟所学文章主题相关的一些批判性问题，另一部分是要求学生根据所测试的文章，画出其中的论证结构图，并回答相关的批判性讨论问题。由于在实行课程教学改革的第一周就告知学生，会在期末考试中进行批判性阅读测试，而后面所进行的问卷调查也表明，这种以考促学的方式，的确有助于本次课程教学改革的顺利实施。

（3）课程教学改革成效

为了检查本次课程教学改革的成效，闫林琼对所从教的本科英语专业大三学生进行了为期十周的批判性阅读训练后，在综合考察前人相关研究（Hyytinen *et al.* 2015；Stapleton 2011；Nuttall 1982；吕映 2013；徐锦芬，李红，李斑斑 2010；黄国芬 2009；洪岗 1994）以及自身思考的基础上，设计出 13 道封闭性选择题（以利克特 5 点法进行设计：1 = "完全同意"；2 = "同意"；3 = "基本同意"；4 = "不同意"；5 = "说不清楚"）和 5 道开放性问题，从对批判性思维（CT）这一概念的了解程度、批判性阅读训练的必要性以及基于语用论辩学的批判性阅读模式在阅读实践中的可操作性这三大方面，对参与批判性阅读训练的学生进行了问卷调查。

本次调查发放问卷 62 份，回收 62 份；其中，根据答卷的一致性和有效性，筛选出有效问卷 60 份。调查结果显示：

①77% 的学生表示其在批判性阅读训练之前，不太清楚"批判性思维（CT）"这个词的具体含义，而经过批判性阅读训练之后，88% 的学生表示基本理解了 CT 的含义，并且认为批判性（阅读）思维就是不盲目认同原文作者的立场观点，而是要运用逻辑推理，辩证地看待阅读材料，并对其进行分析与评判；

②90% 的学生认为有必要进行批判性阅读训练，因为其有助于区分事实和观点、深入理解阅读材料、培养逻辑推理能力，同时还有助于写作等；

③85%的学生认为，与原来的阅读方式相比，批判性阅读模式更“简单粗暴”，格式明晰化了，框架一目了然，分析文章条理更加清晰，并且更注重对文章观点及论据合理性的分析，阅读更加深入、有效率等；

④另外，闫林琼对“范文提供者”（即被抽查到作业并且进行了个别辅导后将作业作为范文进行提交的学生，本次调查中有6名学生属于此类）的问卷数据也进行了专门统计，发现100%的“范文提供者”肯定了批判性阅读训练的必要性，并且同意“批判性阅读模式提出的阅读步骤很具体，稍加指导与训练，就可以自己操作了”这一观点。

以上问卷调查结果表明，基于语用论辩学的这一批判性阅读模式，对于提高学生的逻辑推理能力和阅读理解能力以及培养学生的批判性思维，都是有一定帮助的；并且，在实际的阅读教学过程中，如果对学生进行批判性阅读训练的同时，能够在训练初期加以个别辅导或者提供有效的训练反馈，该模式还是比较容易被掌握的。

基于此次课程教学改革的阶段性成果，闫林琼以批判性阅读新模式为题，撰写了一篇教学改革类论文，目前，该论文已经进入修改稿审读阶段。

（4）课程教学改革存在问题

本次《商务英语阅读Ⅱ》课程教学改革虽然取得了一些成效，但是在实施过程中，发现所存在的主要问题在于：

①大班授课，不利于实现同学生进行及时地、有针对性地交流与辅导。从以上的问卷调查也不难发现，作为批判性阅读训练中的“范文提交者”，也就是接受过直接辅导的学生，其批判性训练效果更为显著；

②传统的阅读考试模式，会抑制学生投身批判性阅读训练的积极性。在本次问卷调查中，有不少同学反映，虽然批判性阅读训练有助于提高其逻辑推理能力和阅读理解能力，但是现行的大型考试中并没有专门对批判性阅读能力提出要求，因此认为这种训练只适合于平时练习。

（5）课程教学改革展望

结合本次《商务英语阅读Ⅱ》课程教学改革所取得的成效以及在实施过程中所存在的问题，我们对该课程教学改革作如下展望：

①针对英语专业高年级学生的《商务英语阅读Ⅱ》课程，继续推行批判性阅读模式，从而切实提高学生的阅读理解能力和批判性思维能力；

②《商务英语阅读Ⅱ》课程教学，尽量实行小班授课，从而有助于提高批判性阅读训练的成效；

③虽然目前国内的大型英语水平测试中尚未将批判性阅读题型列入考试题型，但是，针对该课程的课程测试，却可以继续坚持将批判性阅读作为课程测试不可或缺的考点，从而以考促学，达到实现批判性阅读预期效果的目的。

（二）批判性思维研究机构和学术沙龙

江苏大学外国语学院文化话语研究中心（Center for Cultural Discourse Studies，CCDS）成立于2011年3月，是一个集科研创新、研究生培养和社会服务于一体的综合性研究中心。中心成立的目的是整合校内外优质学术资源、联合国内外优势力量，打造一支话语研究团队，用所学所研服务社会，同时培养、锤炼一批科研教学双领先的青年教师队伍。近五年来，中心的科研工作主要集中于“论辩话语研究”和“着眼于批判性思维能力培养的英语教研模式研究”两个方面。在论辩话语研究方面，中心现已形成“商务论辩话语研究组”“政治论辩话语研究组”“新闻论辩话语研究组”和“学术论辩话语研究组”四个稳定的研究小组，共有研究人员18名（含硕士研究生6名）。近年来，中心先后承接国家社科基金青年项目、教育部人文社科青年项目、国家语委“十二五”科研规划项目、江苏省社科基金项目等国家级或省级科研项目15项，在SSCI和CSSCI索引期刊发表论文三十余篇。中心已与荷兰阿姆斯特丹大学言语交际、论辩理论与修辞学系、荷兰莱顿大学语言研究中心（LUCL）、浙江大学当代中国话语研究中心、浙江大学语言与认知研究中心、杭州师范大学文化与话语研究中心等国内外多个著名话语研究与教学机构建立了良好的科研合作关系。目前，中心名誉主任是施旭教授，中心主任是吴鹏博士。

2015年5月15日，文化话语研究中心举办了一次名为“着眼于批判性思维能力培养的高校英语教研模式探索”的教学沙龙，该沙龙由中心主任吴鹏发起，共有 100 人左右参加，其中主要参与人员有闫林琼、范林芳、徐慧霞、季丽珺、吴媛媛、潘秀杰、卢木林、马瑛（均为江苏大学从事英语专业或非英语专业的本科英语教学人员）。

本次教学沙龙的主要内容包括以下几部分：

（1）介绍选题缘起：活动发起人吴鹏博士首先结合自身自 2009 年至 2014 年博士攻读以及出国访学期间的见闻与思考，介绍了本次教学沙龙主题的确定过程。

（2）梳理批判性思维的概念内涵：目前不同学科领域（如哲学、教育学与心理学等）的专家学者以及美国国际批判性思维研究中心都曾对批判性思维这一概念进行过定义。吴鹏博士对前人的相关研究进行综述之后，吸收了前人有关批判性思维的认知与情感内核，同时结合语用论辩学理论（Pragma-Dialectics）下的批判性讨论理想模型（the ideal model of critical discussion），提出了语用论辩视角下批判性思维技巧的内核，其中包含识别论证（他人/自己是否在论证某种立场）、分析论证（分析论辩性话语中的意见分歧、立场、出发点、论辩结构、论证图式与结论）、评价论证［上述要素的设定是否符合理性讨论准则（van Eemeren et al.，2002，2004）］以及表述论证（理性论证对他人立场的质疑及理性论证自己的立场），接着以中国社科院副院长、人口与劳动经济研究所所长蔡昉的“工资不能过快增长”论和利群香烟广告“让心灵去旅行”两则语料为例，演示说明了语用论辩视角下的批判性讨论过程；此外，吴鹏博士还简要说明了国内学界对“批判”二字所存在的一些偏见以及由此衍生出来的“思辨能力”这一概念，并且指出外语界所提出的“思辨能力”给相关研究带来的困扰。

（3）介绍本校英语教学团队有关高校英语批判性思维能力培养的教研模式探索的主要内容、重点、教研模式以及理论研究与教学实践现状。在吴鹏博士的倡导与带领下，江苏大学外国语学院教学团队有关批判性思维能力培养的研究与实践内容如下：①批判性思维相关理论的梳理与升华（2013 年 8 月—2014 年 7 月），②现有英语课程与教学模式摸底（2013 年 12 月—2014 年 7 月），③批判性英语教学模式设计与实践（2014 年 8 月—

至今)；研究与实践的重点有：①学生三种能力的对接：自主学习能力、英语综合应用能力和批判性思维能力，②教师三种能力的提升：本人批判性思维能力、培养和启发学生批判性思维的能力以及批判性英语教学研究能力。结合研究内容与重点，团队提出了一种可行的教研模式，如图 1 所示。在实践方面，团队成员开展了一批“试验田”项目，在英语专业课程教学中尝试批判性思维的教学路径，包括基础英语（吴鹏）、商务英语阅读（闫林琼）、阅读与思辨（马瑛）、传媒英语（吴鹏），以及在大学英语课程中运用批判性教学方法，包括大学英语读写（范林芳、卢木林）、大学英语口语（潘秀杰、季丽珺）、大学英语视听（吴媛媛、徐慧霞）；此外，团队还联合浙江工商大学的杨娜博士一起从事商务基础英语与商务高级英语课程的批判性思维教学试验。

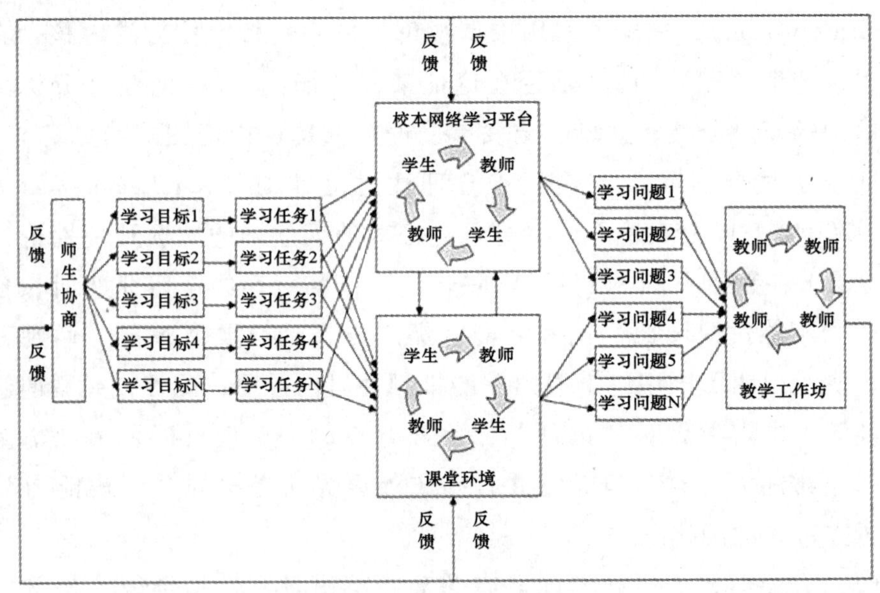

图 1 着眼于批判性思维能力培养的高校英语教研模式

（4）主讲教师分别进行批判性思维教学实例展示：吴鹏博士以“基础英语批判性教学”为题，提出基础英语课程教学中可实行三遍阅读法，即快速阅读（把握语篇结构，识别作者主要立场）、仔细阅读（掌握词汇与句型）以及批判性分析与评价（分析和评价作者的主要论证），并以罗素的名篇“Knowledge and Wisdom”为例进行演示说明；闫林琼老师以“批判性商务英语阅读模式探索”为题，结合商务英语阅读的教研现状，提出批判性商务英语阅读模式——识别立场、分析与重构论证以及评价论证，并以 China Daily 上的一篇商务评论文章为例进行了演示说明；潘秀杰老师和季丽珺老师以“批判性英语口语教学模式探索”为题，结合非英语专业大学生口语表达存在的问题，提出批判性英语口语教学模式——引导与示范（帮助学生明确意见分歧与立场；进行发散性思维，初选相关论证；评估论证的合理性与有效性；最终确定合适的相关论证并进行口语表达）、学生课堂实践以及教师点评，然后以 Should lettered words in Chinese be encouraged or eliminated？为话题进行演示说明；范林芳老师和卢木林老师以“批判性英语写作教学”为题，提出批判性英语写作教学模式——明确议题、确定意见分歧、明确自己的立场、论证（用论证图式）、检验学生写作并改善、再次操练，并以 2014 年 12 月份的 CET—6 写作真题为例进行了讲解说明；吴媛媛老师和徐慧霞老师以“批判性英语视听教学”为题，探讨了批判性思维融入电影视听教学的优点，如促进积极思考、深入理解剧情、深入理解语言、提高判断力以及以听促说等，并以两则电影中的话语片段为例，分析了电影中的论辩。

（5）在前述理论学习与实践探索的基础上，引发对高校英语教学的思考：当我们在谈论英语教育时，我们究竟在谈论什么？我们能为英语专业学生的未来发展做些什么？除了反复操练英语，大学英语课程还能给非英语专业学生带来什么？我们如何从英语教育中获得真正的快乐、幸福与成就感？以及两个追问：作为高校教师，我们是否具有较为成熟的批判性思维？作为科学研究者，我们能否积极、持续、灵活自如地运用批判性思维检视前人和自己的研究视角、理论和研究方法？最后以 René Descartes 的名言“一切都必须在理性法庭上为自己的存在作辩护或者放弃存在的权利”作为本次教学沙龙的结束，再次重申批判性思维能力培养的必要性与重要性。

（闫林琼　吴鹏　江苏大学外国语学院）

十三 延安大学

（一）批判性思维研究机构

延安大学21世纪新逻辑研究院于2008年成立，武宏志教授任院长。21世纪新逻辑研究院旨在围绕逻辑实践转向中形成的非形式逻辑，开展批判性思维、非形式逻辑基础理论及其在法律、医学、管理和教育等领域的应用研究，研究并传播国际上非形式逻辑与批判性思维的新成果，推动21世纪新兴的逻辑学分支特别是非形式逻辑和批判性思维在中国大陆的学术发展，促进大学以批判性思维为基点的素质教育和一般逻辑教学。近年来，21世纪新逻辑研究院致力于建设成国内有重大和广泛影响的学术机构及国内最好的批判性思维和非形式逻辑学术中心，培养国内第二代非形式逻辑和批判性思维学术骨干；研究院也逐步推出了非形式逻辑与批判性思维的学术专著、培训教材、训练方案和大众读物，并将研究成果广泛地应用于行业培训和能力拓展；同时，也致力于全面增强国人的逻辑能力与理性思维素质的社会教育，并对提升中国文化品性做出贡献。

（二）教学实践

2014年，武宏志给延安大学政法学院法学、党史、政教三个本科专业学生讲授批判性思维（各52学时）；蔡广超给延安大学政法学院政治学与行政学专业、公共管理学院行政管理专业本科生讲授批判性思维（各52学时）。2015年，武宏志给延安大学政法学院法学、政治与行政学、政教三个本科专业学生讲授批判性思维（各52学时），蔡广超给延安大学政法学院党史本科专业学生讲授批判性思维（52学时）。课程使用的教材都是《批判性思维——论证逻辑视角》（中国人民大学出版社，2010）。

（三）科研成果

2014—2015年期间，延安大学21世纪新逻辑研究院学者切实开展了批判性思维研究，出版了相关学术著作5部，分别为《论证型式》（武宏志，中国社会科学出版社），《怪诞现象学》（张志敏，武晓蓓译，武宏志校，世界图书出版公司），《批判性思维——逻辑原理与方法》（周建武，武宏志，清华大学出版社），《批判性思维初探》（武宏志，张志敏，武晓蓓，中国社会科学出版社），《中学物理思维型课堂教学研究》（王长江，科学出版社）。同时，他们还发表了学术论文10篇，其中主要成果包括："批判性思维的苏格拉底模型"（武宏志，延安大学学报，2014年第1期），"美国的批判性思维运动及其教益"（武宏志，华中科技大学学报，2014年第4期），"认识论信念发展与批判性思维教学"（武宏志，延安大学学报，2015年第1期），"论批判性聆听"（武晓蓓，重庆理工大学学报，2015年第10期）等。

（四）学术交流和批判性思维推广

2015年5月23日，延安大学21世纪新逻辑研究院与西安欧亚学院在欧亚学院举办第二届批判性思维视野论坛，武宏志、张志敏、蔡广超和武晓蓓参加了大会。武宏志做了名为"理性规范在批判性思维教学中的重要地位"大会报告。[①]

2015年4月23日——世界读书日，武宏志应邀给延安大学200余师生做了"批判性阅读漫谈"报告。2015年6月25日晚，延安大学举行干部职工法治教育专题报告会，武宏志受邀做了题为"批判性思维与法治思维"的专题报告。全校副科级以上干部、副高级职称以上人员及部分学院学生代表800余人参加了报告会。校党委书记王亚杰同志主持了报告会。

2015年7月23日，武宏志应邀给陕西省教工委组织的陕西省高校领导暑期读书会做"批判性思维与法治思维"的报告。2015年9月23日，武宏志应榆林学院邀请给该院教师做了"批判性思维"报告，重点阐述了批判性思维的概念、意义和教学法。

（武宏志　延安大学21世纪新逻辑研究院）

① 可参见报道链接 http：//renwu. youth. cn/qnsh/201506/t20150602_ 6706639. htm。

十四 同济大学医学院

批判性思维（critical thinking）是面对相信什么或做什么而做出合理决定的思维能力，是合理的、反思性的思维，是对思维的思维，通过思维诊断、审查和反思，使思维更趋客观、理性和严谨，是独立思考精神和严谨审慎态度的统一。批判性思维不等于否定，而是谨慎反思，其精神核心在于：求真，公正，开放和反思。批判性思维是创新思维的前提和基础。"大胆假设、小心求证"是科技工作者应坚守的基本职业理念，"大胆假设"需要"创新性思维"，而"小心求证"则需要"批判性思维"。基于"再大胆的假设也必定建立在对前人认知扬弃的基础之上"这一客观事实，在以创新驱动发展为引擎、"知识、能力、人格"三维素质熔铸为导向的拔尖创新人才培养、实现中华民族伟大复兴梦的具体实践过程中，通过批判性思维教学培养具有创新性思维和批判性思维的拔尖卓越人才就显得尤为重要！

批判性思维教学法是将批判性思维运用于专业课课堂教学的过程，要求教师从传授知识转变为提升学生的学习能力和优化学生的思维结构，以提高学生建构知识的独立学习能力和解决问题的能力，即创造新知和发现问题、创造性地解决问题的能力。批判性思维教学法根据课堂执行的具体形式可分为隐性教学法和显性教学法两种，前者指不明确告知学生批判性思维的定义、特点和秉性，直接将其思想精髓贯穿于专业课课堂教学过程中，后者则指在明确告知学生批判性思维的定义、特点和秉性的前提下，将批判性思维的训练渗透入专业课课堂教学过程。具体的教学方法包括Problem-based learning（PBL），Just in time teaching（JIT），Peer to Peer（P2P），Concept Mapping 和 Mind Mapping 等。

基于爱因斯坦的"教育应该把独立思考和综合判断能力放在首位，而不是获得特定知识的能力；教育就是忘记了在学校中所学的一切之后剩下的东西"的教育理念和同济大学"创新驱动发展为引擎，'知识、能力、人格'三维素质熔铸为导向"的人才培育理念，自 2007 年 9 月起，在医学院领导的支持下，我们在医学细胞生物学、遗传学和发育生物学的课堂教学中，即着手进行批判性思维渗透式教学，不断探索和实践以培养学生独立思考问题能力和综合判断能力为核心的综合能力为目的的专业基础课堂教学改革。

2007—2012 年为批判性思维隐性教学尝试期，先后在我们生物学教研室承担的成人教育、五年制、七年制和八年制临床医学专业学生的细胞生物学、遗传学和发育生物学教学过程中，在课堂上采用 PBL、启发式和讨论式教学法、角色互换等教学方法，要求学生学完每单元后自己撰写章节大纲、自命考题并给出参考答案，以培养其发现问题、分析问题和解决问题的批判性思维能力以及综合归纳能力。学生的好奇心和求知欲得到很大提升和满足，学生们积极配合，其深入思考、细致思考及创新能力得以明显提高。例如，2006 级八年制的吴丹辰同学和 2007 级七年制的李帅同学组队于 2008 年申请上海市大学生科技创新计划就顺利获资助（No. 2008—TJ—057），其研究成果于 2011 年发表在 SCI 收录的国际期刊 Fitoterapia（2014IF = 2. 345）上，这成为我院医学本科生以第一作者身份在国际上发表的第一篇 SCI 论文，受到国际同行的认可，目前已被国内外同行他引 10 次。

2013 年起，我们开始尝试显性教学，在医学院临床医学专业 2011 级、2012 级七年制和 2013 级贯通班的《细胞生物学》课堂教学，2011 级五年制、七年制的 PBL 教学和 2014 级临床医学专业的专业基础英语和 2011 级、2012 级和 2014 级国际医学留学生 MBBS 班的《Medical Cell Biology》课堂教学中，我们利用网络平台建立教学群组，至少提前 1 周将章节问题导学上传至教学群组，指导每一位加入群组的学生预习新课，任课教师每次课前提前 20 分钟到课堂出示 Testing and Thinking，检测学生对先前相关知识的掌握和新课预习的情况。授课过程中，老师采用了 JIT 和 P2P 教学法，课后思考题设置思维拓展型题目来训练学生发散性思维和批判性思维能力，还结合专业特色布置了正—反—正写作题目以强化其批判性思维能力和技能的培训，受到学生们的欢迎和好评，使得学生们的学习兴趣、创新思维和批判性思维能力得以有效训练和提高。比如，2011 级七年制临床医学专业的李颖雅、冯娇和张晓璐三位同学于2013年组队申请国家大学生科技创新计划就顺利获资助（No. 1500107070），去年其部分研究成果已被国际学术期刊 Journal of Pharmacology and Experimental Therapeutics（2014 IF = 3.972）接受发表，被国际医学领域知名论文索引网站 MDLinx 收录，以致孟加拉国的一位青年教师发来电子邮件表示有兴趣到我们实验室攻读博士学位。该“国创”小组的研究成果也被学校推荐参加了2015年9月18—20日在哈尔滨工业大学举行的第八届全国大学生创新创业大赛，这是同济大学首次有非工科学生参与此项赛事的代表队。

基于2007—2012年期间批判性思维隐性教学实践积累与经验，2013年时我们申报了同济大学2013—2014年度教学改革与研究项目，“以提高学生综合能力为目的的《细胞学与生物化学》课堂教学改革探索”被成功立项（No. 1500104117—11），并着手进行批判性思维显性教学的探索和实践阶段，现已结题。近八年来，我们的教研成果共参与1次国际会议交流发言和5次国内会议交流（其中3次做了交流发言），受到国内细胞生物学教学专家暨中山大学的王金发教授、批判性思维专家华中科技大学的董毓教授和逻辑学家华东师范大学的冯棉教授等教育界前辈的称道和鼓励。我们至今已发表相关教研论文6篇（其中1篇被 JCR/SSCI 收录），并基于上述隐性和显性两个教学阶段的探索和实践，提出了“两思维、三卓越”课程建设新理念和“问题导向的批判性思维渗透式课堂教学法”两项创新性理论成果，并获得了2015年同济大学教研成果三等奖。

“两思维”指创新性思维和批判性思维，这是拔尖创新人才必备的两项基本思维能力。科技创新需要“大胆假设、小心求证”，前者需要创新性思维，具有发散性，后者需要批判性思维，具有收敛性，唯有将这两项思维能力的培养贯穿于整个课程建设和课堂教学过程中，才能为拔尖创新人才的培养提供坚实的智力支撑。“三卓越”指卓越课程的三个核心构件：卓越教材、卓越大纲和卓越课堂。卓越是一种高度，更多指的是一种气质，而气质是培养不出来的，只能靠培育，氛围很重要。“三卓越”是卓越课程建设的核心和灵魂，为卓越系列人才的培育提供孕育卓越气质的课堂氛围和环境保障。此即“两思维、三卓越”课程建设新理念的基本内涵。

“问题导向的批判性思维渗透式课堂教学法”是对传统凯洛夫“课堂五步教学法”的改造、升级与创新，以“生本为要、问题先导、互帮互学、共同进步”为宗旨，倡导“小组学习”“问题讨论”“问题视野重于知识视野”，强调“知识课堂”向“思维课堂”的过渡与转型，以学生的创新思维和批判性思维能力培养为目标，为拔尖卓越人才的培育固本夯基并提供方法支撑。

这两项理论成果的主要创新点可以归纳为以下三个方面：

（1）授“课”而非授“书”，重在培养学生兴趣和以独立思考问题能力及批判性思维能力为核心的综合（判断）能力。改变学生中学阶段“以本为本、以纲为纲”的僵化被动学习方式，问题设计为先导、兴趣培养为抓手，开启学生心中“问题视野”重于“知识视野”的创新基因。

（2）“知识”课堂向“思维”课堂过渡和转型。将创新思维与批判性思维的基本概念、特质、秉性与“双基”学习和掌握巧妙融合、构思新颖案例，实现课堂内容由“单纯知识传授”向“知识传授、思维训练”并举逐渐过渡和转型。

（3）教学即学术，是科学，寓“教”于“研”，注“研”于“教”。教师不应该仅仅是前人知识的搬运工，授课过程中应加强教育、教学理论研究和实践探索，“教、研结合才能站讲台，教、研相长方能育英才”。

（崔映宇　同济大学医学院细胞生物学教研室）

十五　河南大学

近年来，河南大学一直重视学生的批判性思维与创新思维能力培养。其中，尤其以哲学与公共管理学院为代表，在课程教学、学术研究与交流，以及教师培养和发展方面，都开展了相关的工作，积极推进了批判性思维与创新思维研究和培养。

（一）课程教学

1. 本科教学

河南大学哲学与公共管理学院哲学系开设了不同类型的逻辑课程，具体包括：逻辑导论，周 4 学时；数理逻辑，周 3 学时；辩证逻辑，周 2 学时；逻辑思想史，周 2 学时。其他开设有逻辑课程的本科专业包括：哲学与公共管理学院政治系、管理系各专业，周 4 学时；文学院汉语言文学专业、汉语国际教育专业、文秘专业，周 2 学时；新闻与传播学院，周 2 学时；法学院法学专业，周 2 学时。与此同时，该院教师还承担有河南大学民生学院公共管理类各专业均开设的逻辑课程，周 4 学时。2015 年时，《批判性思维》和《创新思维》两门课程都已被列入河南大学本科生通识课程开设方案，周 2 学时，共计 32 学时。

在本科生逻辑课教学过程中，教师尤其注重把组织辩论赛作为课堂教学的延伸，旨在训练大学生的语言表达能力和逻辑思维能力。2015 年下半年，2015 级的社会工作专业、公共管理类专业的本科生先后举行了两次辩论赛，辩题分别是“大学生该不该谈恋爱？”和“中国的大学生该不该过西方的节日？”其中，中山大学哲学系熊明辉教授应邀参加 12 月 25 日的辩论赛，并对辩论情况进行了点评、指导，深受学生欢迎。

2. 研究生教学

河南大学教育硕士（学科教学·思政专业）培养计划中，开设了“逻辑与批判性思维”课程，周 2 学时，共计 32 学时。体育学院各专业的研究生培养，也开设“逻辑学”课程，周 2 学时，共计 16 学时。2016 年 1 月，河南大学特种功能材料实验室一年级研究生举办了逻辑学知识讲座。

3. 教学研究

河南大学哲学与公共管理学院郭桥教授一直致力于批判性思维与创新思维教学改革研究，他先后获得了多项教学项目立项，其中包括河南大学 2010 年度教学改革项目“批判性思维案例教学模式研究”、河南大学 2014 年度规划教材项目“新编逻辑导论”。郭桥教授还在《中国大学教学》（2015 年第 9 期）发表了教学研究文章《大学逻辑教育中的中国名辩学》。他在文中提出，名辩学是中国古代思想家对名、辞、说、辩的理论总结，大致对应于西方的逻辑、印度的因明。我国当代大学逻辑教育的主体内容是西方逻辑。在某种意义上，中国名辩学的有关内容成为讲述西方逻辑的辅助工具。中国名辩的教学应该成为新时期大学逻辑教育的一个不可或缺的组成部分。这一内容的讲授，有利于受教育者在思维方法层面了解和认识中华传统文化的特殊性，体悟中西文化在认知世界、阐述思想上的一致性和差异性。

此外，杨红玉博士也积极参与和推进了河南大学的批判性思维与创新思维教学研究，并获得了河南大学 2014 年度教学改革项目“逻辑教学与通识教育”立项。

（二）学术交流

1. 中山大学哲学系熊明辉教授应邀做学术报告

2015 年 12 月 25 日，中山大学哲学系熊明辉教授应邀来河南大学讲学，并做了题为“批创思维的论证技巧”的学术演讲。该演讲的主要内容如下：批创思维，是批判性思维与创新性思维的缩写，它来源于相应的英文术语 critical and creative thinking。从中国 SAT 年度分析报告统计的数据中，可以看出我国教育现状的一大特征是批创思维严重匮乏，进入 21 世纪以来，又显得“创新‘有余’，但批判不足”。批判性思维与创新思维是推动知识社会进步的主要动力，是时代所需。以美国和加拿大为中心的西方学界的教育改革之批判性思维运动的理论研究成果和实践经验总结，可以成为我国全面深化教育改革的理论与经验的借鉴。西方批创思维运动以美国最为活跃，美国学校教育的主要目的是提高学生的创造性思维、批判性思维和独立思考能力。加拿大是当代非形式逻辑与批创思维理论研究的主要发源地之一。在加拿大，几乎所有的大学都开设了批判性思维或相关课程。

英国学者安东尼·韦斯顿的著作《论证是一门学问：如何让你的观点有说服力》一书已经修订至第 4 版，被翻译成法、德、西、俄、阿等

11 种文字。该书介绍了论证的一般规则，意在指引人们如何提高批创思维能力。其中，关于简要论证的基本规则包括：确定前提和结论；理顺你的思路；从可靠的前提出发；具体、简明；依靠实际内容，而非过激言论；措辞前后一致。关于概括的规则包括：不要只举一个例子；使用有代表性的例子；事件发生的概率或许至关重要；慎重对待统计数字；考虑反例证。关于类比论证的规则包括：类比中的例证必须在本质上相似。关于信息来源的规则包括：列出信息来源；寻找可靠的消息人士；寻找公正的信息来源；从多方面核实信息来源；慎用网络。关于因果论证的规则包括：因果论证始于关联；一种关联可能有多种解释；向着可能性的解释努力；情况有时很复杂。关于演绎论证的规则包括：肯定前件式；否定后件式；假言三段论；选言三段论；二难推理；归谬法；多步骤演绎论证。关于详细论证的规则包括：研究话题；把基本观点按照论证的形式写出来；对基本前提进行专门的论证；考虑反对意见；考虑其他解决方法。关于议论文的规则包括：开门见山；提出明确的主张或建议；你的论证就是你的提纲；详细介绍反对意见，设法反驳；搜集和利用反馈信息；请你谦虚点。关于口头论证的规则包括：打动你的听众；使自己充满现场感；给你的论证设置路标；说话要积极；少用视觉辅助；结尾要有气派。在建设创新型国家的今天，我们应当把批判性思维与创新性思维有机结合起来，而不能只注重创新性思维的提高而忽视了批判性思维的培养。

2. 北京大学哲学系陈波教授应邀做学术报告

2015 年 12 月 4—6 日，河南省逻辑学会 2015 年学术研讨会召开，郭桥教授、戴宁淑副教授、程献礼博士参加了会议。北京大学陈波教授应邀参会，并做了一场题为“逻辑：一个生长和变动的概念”的学术报告。其中，批判性思维和非形式逻辑是报告的主题之一，其主要内容如下：批判性思维和非形式逻辑作为研究领域的出现，它不是由学术圈自发促成的，而是由社会的现实需求间接促成的。这主要是来自逻辑学界外部的两大动力：一是 20 世纪六七十年代，美国社会风云激荡，越南战争、种族隔离、性别歧视、性解放等，成为各种社会势力竞逐的热门话题，各种观点的交锋与论战空前激烈。但当时的逻辑教学是数理逻辑的一统天下，与社会所关注的这些热门话题很少关联，甚至是没有关联。学生们要求有一门课程告诉他们，如何去分辨关于这些话题的观点或论战的合理性，评判它们是否概念清晰、根据充分、论证合理或有效等。批判性思维课程就是一些大学教师为呼应这种要求而尝试开设的，他们提出了一个口号："逻辑教学应该与人们的日常生活相关，与人们的日常思维相关"。二是20世纪中叶开始的美国教育改革运动，要求从以知识传输为主的教育模式，改变成以人格和素质的养成以及能力培养为主的模式，"20世纪40年代，批判性思维被用于标示美国教育改革的一个主题；70年代，批判性思维成为美国教育改革运动的焦点；80年代成为教育改革的核心"。对批判性思维和非形式逻辑的理解不能脱离这些背景性因素。

进而，所谓"批判性思维"至少有四种含义：（1）指起源于美国、后来风行欧美的一场教育改革运动；（2）指一种人格特质和思维习惯；（3）指一种旨在培养批判性思维的习惯和能力的课程设置；（4）指一套体现批判性思维的气质和倾向的思维技能。国内有人喜欢把批判性思维单纯地技艺化，这就降低了批判性思维的重要性。从根本上说，批判性思维涉及培养什么样的人、如何培养所需要的人两个方面，后者又涉及"教什么"和"如何教"等问题。通过激烈的辩论和反思，美国教育界逐渐认识到：在民主社会中，在信息爆炸的当代，教育的首要目标不是要培养知道很多的"知道分子"，而是要培养能够"批判性思考"的人，即独立思考、理性地判断和决策、有责任心、充满活力和创造力的人。按此理解，批判性思维首先是一种精神气质，一种人生态度，一种思维习惯。批判性思维服膺理性、逻辑和真理，是一种讲道理的、健康的怀疑主义态度。它的基本预设是：任何观点或思想都可以而且应该受到质疑和批判；任何观点或思想都应该通过理性的论证来为自身辩护；在理性和逻辑面前，任何人或任何思想都没有对于质疑、批判的豁免权。"把一切送上理智的法庭"，可以看作是批判性思维的基本主张和口号。善于进行批判性思维的人具有这样的个性特征：心灵开放，独立自主，充满自信，乐于思考，不迷信权威，尊重科学，尊重他人，力求客观公正。他们随时准备对所面对的各种观点和主张进行评估，以便确定什么样的信念最适合或切近于当下或长远的目标；不断发展出新的阐释，以便改善其对周围世界的理解；积极搜寻对所提出的阐释的质疑、修正或反驳意见；对所搜集信息进行比较、分析和综合，以便更有效地做出决定和选择。

（三）教师进修和培训

2013 年 9 月至 2014 年 9 月，受国家留学基金委派遣，郭桥教授赴加拿大温莎大学推理、修辞与论证研究中心（Centre for Research in Reasoning，Argumentation and Rhetoric）进行了为期一年的学术访问交流。2015 年 8 月 19—24 日，郭桥教授、程献礼博士前往汕头大学参加了为期 6 天的“2015 年全国批判性思维教师高级培训班”。该培训班邀请了华中科技大学客座教授、加拿大籍华人董毓博士和中国青年政治学院谷振诣教授担任主讲教师，目标是培训能主持符合国际标准和中国实际的批判性思维课程的大学教师。培训班结束后，郭桥教授、程献礼博士参加了 8 月 25 日至 26 日在该校举办的“第五届全国批判性思维与创新教育研讨会”。研讨会期间，他们还观摩了汕头大学整合思维教学示范。

（郭桥　刘潺潺　河南大学哲学与公共管理学院）

十六　内蒙古民族大学

内蒙古民族大学坐落于草原明珠内蒙古通辽市，是一所国家民委与内蒙古自治区共建高校。在推行素质教育的过程中，民族院校开展批判性思维教学，是积极响应党中央号召的重要举措。内蒙古民族大学开展批判性思维教育教学，既适应高等教育改革的需要，又顺应时代发展的创新型人才培养需求，而且对于增强文化竞争软实力也具有非常重要的现实意义。因此，自 2013 年以来，内蒙古民族大学制订批判性思维教学计划，逐步推进批判性思维课程建设。

（一）批判性思维教育现状

内蒙古民族大学批判性思维教学的开设与推广得到了校级领导的高度重视，获得了主管教学副校长任军的大力支持，自 2013 年以来，逐年推进批判性思维教育教学，目前进展顺利并已取得一定成果。

1. 起因

2013 年两岸逻辑通识与批判性思维教学论坛在内蒙古民族大学召开，来自两岸三地的 70 多位专家学者参加了会议。内蒙古民族大学校长陈永胜亲临会议现场发表热情洋溢的欢迎致辞，对大会的召开表示祝贺；莫日根巴图、舒心心、孟根宝力高作为专业教师参加会议。会上大家围绕逻辑通识教育和批判性思维教学开展了深入的讨论与交流。会议结束之后，内蒙古民族大学的参会教师就逻辑与批判性思维教育的开设制订计划，逐步实施。

2. 课程设置

2014 年内蒙古民族大学承办了“ISEC 师资岗前培训班”，拟承担明辨性思维课程的两位教师舒心心、岳园参加了培训并顺利取得上岗资格，此后又派出金鑫老师进行培训并取得上岗资格。2014 年 9 月，内蒙古民族大学开设三个 ISEC 项目专业：旅游管理、国际经济与贸易、食品科学与工程，明辨性思维（批判性思维）作为基础能力课程开设。ISEC 项目明辨性思维课程总计 48 学时，3 学分，采用英语授课，体现国际视野和理念。

2015 年，内蒙古民族大学修订专业人才培养方案，明辨性思维及训练作为学科通选课程在全校文科各专业开设，课程总计 48 学时（其中理论 16 学时，实践 32 学时），3 学分。首次选课达到 17 个专业班级，覆盖全校思想政治教育、英语教育、学前教育、心理学、社会工作、教育学、英语教育等文科类各专业。选定谷振诣、刘壮虎合著《批判性思维教程》一书为主教材；辅助教材则包括董毓著《批判性思维原理和方法——走向新的认知和实践》，布鲁克·诺埃尔·摩尔、理查德·帕克合著《批判性思维——带你走出思维的误区》一书，以及斯特拉·科特雷尔著《批判性思维训练手册》一书。

3. 组建教学团队

围绕ISEC项目基础能力课程“明辨性思维”和普通本科文科学科通选课程“明辨性思维及训练”积极组建教学团队，现有9名教师。课程负责人舒心心老师，成员有莫日根巴图、岳园、金鑫、白雪晖、王福革、孟根宝力高、李雪萍、于秀娟。教学团队9名任课教师中教授2人、副教授4人、讲师3人；40岁以上50岁以下教师3人，40岁以下教师6人；博士后1人，博士2人，在读博士1人，硕士5人，职称结构、年龄结构、学缘结构趋于优化。课程实现了蒙语、汉语、英语、蒙汉双语、英汉双语等语种授课；采用过程性评价方式，成绩构成比例为平时10%，作业及小组活动40%，期末考试50%。

（二）批判性思维与创新性思维教育教学研究探索

受通辽铁路局邀请，舒心心承担了通辽铁路职工培训任务，并于2015年1月6日在通辽铁路开展“逻辑与创新思维”专题讲座，现场授课100人参加培训，同时举办网络同步课堂约200人。在该专题讲座中，第一讲介绍逻辑思维及其重要意义，包含三个内容：为何需要逻辑思维，何谓逻辑思维和如何运用逻辑实现思维创新。第二讲介绍了逻辑思维基本形态、概念、判断、推理与论证。培训讲座受到热烈欢迎，得到了培训处长的高度评价，并成为了2015年度职工理论学习培训的第一讲。

2015年时，舒心心在《民族高等教育研究》（2015年第6期）上发表了论文《民族院校推进批判性思维教学的思考》。文章认为在全球化时代背景下，人才的培养与竞争日趋激烈。批判性思维课程在培育具有创新能力及全面素质的国际性人才过程中发挥了极其重要的作用。同时，文中主要分析了民族院校顺应时代发展的需要推进批判性思维教学的必要性和紧迫性，进而积极探索开展批判性思维教学的有效途径。

（三）目前遇到的困难

首先，内蒙古民族大学现有学生来自全国28个省、市、自治区，其中有34个少数民族，学生的理解能力、接受能力程度不同，思维差异较大，开展批判性思维教育具有一定难度。其次，教师的授课能力有待于进一步提高，希望能够参加相关课程培训及研讨班以提高教育教学水平。最后，目前批判性思维教材版本较多，国外翻译过来的教材较多，但是缺乏适合中国少数民族学生的培养中国人思维的教材及素材，可供分析、使用的训练材料需扩充，讨论题、样文及结构分析样本急需研发。

（舒心心　内蒙古民族大学政法与历史学院哲学教研室主任）

十七　贵州大学

（一）课程教学

1. 通识课程

自2014年开始，在贵州大学就已经开设《批判性思维》课程，作为大一新生的选修课，面向全校学生开设。但选课学生不太多，每年开设1—2个班，每班40人左右。这在一定程度说明，批判性思维在该校的推广力度，尚需加大。

2. 其他相关课程

在人文学院哲学系2012、2013、2014级学生的培养计划中，也包含了批判性思维教学内容，但课程名称为《普通逻辑学》（必修课）。与此同时，在外国语学院的各类翻译课程、阅读课程和写作课程中，也逐步渗透了对学生批判性思维能力的培养。如翻译课程中，着重培养学生根据不同翻译目的和语境采用合适的翻译策略（具体问题具体分析）、根据客观标准和英汉差异对他人译文进行中肯的评价（批判性鉴赏）、定期对自己的翻译和翻译学习中存在的问题做出思考、寻求对策（反思）等能力。而在阅读课程中，不单单局限于传统的纯技能教学，我们要求学生进行批判性阅读，例如对作者的论点和论据进行考察，从而决定自己是否要相信或接受文章的观点。在写作课程中，尤其是议论文写作课程，学生开始思考自己的论证是否为好的论证，如观点和论据之间的相关性和充足性，整个文章结构的严密和逻辑连贯；我们采取了“正—反—正”的训练模式，让学生在写作时能从反对方的角度来审视自己的论证。

（二）研究课题和学术成果

贵州大学东盟研究院陈艳波教授主持完成了贵州大学教育教学改革研究与实践一般项目“Seminar 课程的研究与实践——以《批判性思维》课程为例”。该课题形成了题为《Seminar 课程的研究与实践报告》的研究报告，发表于《教育文化论坛》杂志（2014 年第 4 期）。该报告主要阐述了课题的研究背景、意义、主要内容、方法，总结了研究的主要结论，并重点探讨了批判性思维课程中存在的问题与对策。

贵州大学外国语学院肖琦副教授先后主持完成了多项与“批判性思维培养”相关的研究课题。其中，第一项是贵州大学校级人文社科专项课程“注重批判性思维能力培养的翻译教学模式研究”，该课题研究成果为论文《注重批判性思维能力培养的翻译教学模式》，发表于《工业和信息化教育》杂志（2014 年 3 月）。该文较为详细地阐述了翻译教学中需要培养的批判性思维能力以及培养模式的实施方法。第二项是校级贵州大学本科教学质量与教学改革工程项目“批判性思维与翻译能力并重的笔译人才培养模式研究”，该课题研究成果之一为论文“翻译教学中工具能力的培养”，发表于《教育文化论坛》杂志（2015 年 6 月，“贵州大学本科教育教学改革专辑”）。该文介绍了翻译教学中培养学生工具能力的方法，并强调了工具理性的重要性，即使用各类工具辅助翻译的时候，如何进行批判性地鉴定、甄别相关资料的可信度，从而决定是否采纳该资料的说法。该课题研究成果之二是题为“批判性思维与翻译能力并重的笔译人才培养模式”的研究报告。该报告较为详细地分析了目前翻译教学常见模式中所重视的翻译能力构成，提出了批判性思维能力应作为翻译能力中的重要组成部分，通过批判性思维能力的培养，来促进其他翻译能力的建设。第三项是贵州大学校级教改项目“注重批判性思维能力培养的翻译教学模式研究”，该课题研究成果为教材《注重批判性思维能力培养的翻译教学模式：理论与实践》，即将公开出版。该教材打破了传统的按翻译技能来编写教材的模式，采用了批判性思维的方法论来设计整个课程，按

"发现英汉差异—寻找翻译策略—多译本对比分析—课后作业巩固（应用课堂所学对自己和小组成员的译文进行评价）"。每个步骤均旨在引导学生进行主动思考，调动学生的主观能动性。

在肖琦副教授指导下，贵州大学外国语学院英语专业学生郭志成也开展了一项贵州大学大学生创新训练项目"贵州大学生和留学生在语言学习方面批判性思维现状的对比研究——以贵州大学为例"。该课题研究成果为论文"贵州省大学生和留学生在语言学习方面批判性思维现状的对比研究——以贵州大学为例"，发表于《贵州大学学报》（社会科学版）（2015年12月）。该论文通过研究CCTDI和CCTST—2000两个具有权威性的表格，结合贵州大学实际设计出问卷，调查了贵州大学的学生与留学生在学习语言方面的批判性思维现状，就寻求真理性、思想开放性、分析性、系统性、自信性、好询问性、认知成熟度7个方面进行对比，得出了与留学生相比该校的中国学生批判性思维倾向总体偏弱的结论，尤其发现这两个群体在好询问性维度、批判性思维各维度上都表现不均衡，并且不同性别个体在批判性思维倾向上也存在差异，在此基础上，该论文提出了相关建议。

除此之外，我们还将尝试将元认知学习策略与批判性思维结合起来，建立翻译学习诊断室，来帮助学生在诊断室辅导老师的指导下，在其自主学习中探索自己的学习问题、寻找合适的解决办法、制订合理计划去解决自己在翻译学习与翻译实践中的问题。在此基础上，我们完成了"翻译学习诊断室初探——一个基于批判性思维和元认知策略的学习方法"一文，并在"第五届全国批判性思维与创新教育研讨会"上进行了报告。

（肖琦　贵州大学外国语学院）

十八　北京体育大学

（一）课程教学

从2012年秋季学期起，李慧华开始在北京体育大学开设"逻辑与批判性思维类"课程。近年来，她先后开设了全校本科生通识教育选修课

《逻辑思维训练》（每学期限选 80 人）；管理学院事业管理专业和国际教育学院对外汉语专业选修课《逻辑学导论》（每年授课人数 200 左右）；以及全日制体育硕士研究生和在职体育硕士研究生公共课、全校学术型硕士研究生通选课《逻辑专题研究》（每年授课人数 600 左右）。

这些课程一般都采用了批判性思维教学法进行课堂教学，在教学中既有逻辑基础知识传授，也有大量的逻辑和批判性思维案例分析。在有些班级中，还偶尔穿插一些批判性思维内容的介绍，其目的是想把逻辑知识学习与批判性思维能力训练结合起来，着重提高学生日常思维和推理论证能力，并通过贯穿其中的批判性思维方法训练，引导学生掌握和贯通知识，最终把知识转化为思维素养。

目前，她正在尝试进行逻辑学课程（尤其是通选课）的教学改革，打算由以往的逻辑知识传授为主，向批判性思维课程教学改革过渡。

（二）科研项目和成果

近年来，李慧华也关注批判性思维的理论研究，发表了多篇相关学术论文，并获得了一项国家级课题立项。2015 年，她申报的课题“创新驱动发展战略背景下本科生批判性思维教学的理论与实证研究”获得了国家社会科学基金教育学青年课题项目立项（课题批准号 CIA150189）。该课题研究的主要内容包括：（1）批判性思维的一般理论研究；（2）问卷调查—实证分析研究，将选取我国 10 所不同类型的高校本科生，进行思维发展现状调查研究；（3）实验教学研究，将在理论研究和现状调查基础上，进行融入批判性思维的本科生教学路径、策略研究；（4）理论推广研究，将融入批判性思维的本科生教学一般模式建构研究。

与此同时，她于 2015 年 8 月在第 5 届全国批判性思维教育研讨会上发表了《论体育院校大学生批判性思维能力的培养》会议论文，其中认为批判性思维是创新思维的基础和前提，培养学生批判性思维能力是我国高校当前教育教学改革的关键。而在新时期新形势下，作为体育人才培养摇篮的体育院校如何适应创新型国家人才培养目标战略要求，适应当前知识经济社会发展需要，更好地培养复合型创新型体育专门人才，加快我国从体育大国向体育强国转变的步伐，已经成为各大体育院校最为关心的问题之一。但在我国体育院校的教学实践中，有意识地培养学生的批判性思维素养的情形少之又少。显然，这样的现状与新时代对人才的要求是格格不入的，与知识经济、信息社会对批判性思维的需求是相悖的：一是社会发展对人才的要求促使体育院校必须加强批判性思维的培养；二是体育院校自身的特殊性迫切要求提高学生的批判性思维能力；三是传统的“知识传授”型的教学方式亟须向“探究式”教学方式转变。体育院校在面对社会变革的外在压力及自身发展的内在要求时，将批判性思维能力及精神气质作为复合型创新型体育专门人才培养的重要方面加以落实，既是学校育人的关键目标之一，也是提高教学质量的需要。在此基础上，应努力创建以批判性思维为核心的体育院校新型教学文化——“思维型教学文化”，为培育适合时代发展要求的复合型创新型体育人才提供急需的血液和营养。只有这样，才算真正践行了素质教育的本义，也才能真正达到培养复合型创新型体育人才的目标，批判性思维也才能为学生创造力的培养和国家的可持续发展提供无穷的动力和源泉。

在2014年第4届全国批判性思维教育研讨会上，她发表了以“试论批判性思维的逻辑基础”为题的会议论文，文章从逻辑学和批判性思维各自的学科性质、研究内容、中心议题等方面展开分析，然后，通过比较批判性思维与非形式逻辑、非形式逻辑与形式逻辑、批判性思维与形式逻辑之间的联系和区别，最后得出结论：逻辑是批判性思维的理论基础。这里的逻辑，既包括传统意义上的狭义逻辑，即形式逻辑，也包括非形式逻辑在内的广义逻辑。而非形式逻辑为批判性思维提供的理论支撑更广更深。与此相应，她认为对于作为批判性思维基础的形式逻辑的核心内容，比较清楚确切；而对于能够作为批判性思维基础的非形式逻辑的核心内容，就有些公说公有理，婆说婆有理了。因此，批判性思维的理论基础至少应包括如下理论：亚里士多德的论题学辩证推理、培根的经验主义、归纳逻辑、密尔的探求因果联系的方法，还有图尔明的论证模型、汉布林的谬误理论、佩雷尔曼的修辞学等。

（李慧华　北京体育大学）

十九 四川师范大学

四川师范大学是一所有着悠久逻辑学教学和研究传统的高等院校。早年的学校教务长张静虚教授、周钧德先生就长期承担着学校汉语言文学、政治教育、历史、教育等专业《逻辑学》课程的教学工作。张静虚教授先后担任中国形式逻辑研究会副会长、四川省逻辑学会会长等职。学校培养出包括现任中国逻辑学会会长、中国社会科学院逻辑学专业博士生导师邹崇理研究员在内的逻辑学专业重量级人才。如今，政治教育学院、法学院、文学院、经济管理学院、教育学院等相关专业的硕士研究生、本科生以及全校的通识课程中开设有逻辑系列课程，受到有关方面应有的关注。

（一）研究机构的设立

为适应学科发展的需要，进一步推动逻辑学科的深度发展，经有关部门批准成立四川师范大学逻辑与信息研究所。主要研究方向包括：（1）自然语言信息处理；（2）人工智能逻辑；（3）应用逻辑；（4）Agent 理论和技术；（5）认知逻辑等。研究特色为自然语言逻辑、人工智能逻辑和应用逻辑。逻辑与信息研究所在中国社会科学院哲学研究所邹崇理研究员、厦门大学周昌乐教授等一流专家的带领下，将立足国际、国内研究前沿，在对现实世界的信息进行逻辑形式化处理同时，尽可能地考虑计算机的可实现性，进而促进逻辑的形式化研究与信息科学、计算机科学、智能科学等学科领域进行更加紧密、有效的合作，对逻辑学科进行多方面、多视角、多向度研究，注重逻辑应用和应用逻辑研究，为我国逻辑学振兴和学术研究做出应有的贡献。

（二）课程教学改革

四川师范大学是中国最早开设《批判性思维》课程的少数几所高等学校之一。在政治教育专业一年级开设《逻辑导论》的基础上，二年级或三年级开设《批判性思维》课程。我们的目的是希望通过这门课程，从形式的逻辑知识和方法的积累，扩展到非形式的逻辑在社会现实生活中的运用；从对逻辑知识和逻辑方法的把握，扩展到对社会现实生活的关注；借此培养学生的批判性思维习惯，提高学生的批判性思维能力，提高学生在现实社会生活中分析问题和解决问题的能力。2005 年，我们参与主编了中国第一本大专院校教材《批判性思维——以论证逻辑为工具》[①]，由陕西人民出版社出版，后修订为《批判性思维——论证逻辑视角》。由于《批判性思维》还是一门全新的课程，课堂教学、教学方式尚处在探索过程中。

2005 至 2006 年期间，我有幸前往加拿大 Alberta 大学哲学系做了一年的访问学者，主修批判性思维和哲学逻辑。回国后，我们参照他们的教学经验，并根据我校学生的实际情况，结合课程的特点，采取了“以学生讨论为主，教师讲授为辅”的“互动式”教学方式。我们的具体做法是：课程分阶段讲清批判性思维的含义、特性、精神气质、技能等基本内容，组织学生分组讨论、全面剖析、深度思考、互相评论、总结讲评。讨论要求学生自主地、广泛地选取社会现实生活中的典型事例，全面剖析、深度思考，做到人人动脑、个个发言。在此基础上，每个小组选派组员代表与全班同学分享本小组讨论的成果，而每个小组分别对其他小组的分享都要进行评论、辩论、打分，最后汇总。分组辩论既有组内合作，又有组间竞争；每个人都有机会充分地自由表达自己的观点或对别人的观点发表意见。

采取这种“互动式”或“参与式”（批判性思维的一个很显著的特征）教学有以下好处：第一，学生们能够广泛参与，积极开动脑筋，客观评论，逻辑思维能力、语言表达能力、分析问题和处理问题的能力得到充分锻炼。第二，学生们从习惯于对知识和方法的把握，扩展到在批判性思维的视域下对社会现实生活的广泛讨论和批判。以 2010 至 2011 年度政治教育专业 2008 级为例。在《批判性思维》的一次综合讨论中，各小组

---

① 武宏志、刘春杰：《批判性思维——以论证逻辑为工具》，陕西人民出版社 2005 年版。

分别对“电视相亲节目”“关于政府增加车船税促进节能减排”“反式脂肪酸”“体育强国与体育大国”“朝韩交火”“推迟退休年龄与大学生就业”“360与QQ争端”“新婚姻法条款”等社会政治、经济、文化生活中大家普遍关心的问题进行了深入讨论，有的讨论甚至达到了较高的水准。通过大家相互之间的分享、辩论和评判，评选出优胜小组和个人，加以表彰。这样的做法收到了良好的教学效果。现在，《批判性思维》课程，包括其目标、内容、意义、教学方法和效果等，仍然是我们研究和探讨的课题。根据教育部高教司2011年工作要点，为提高大学生的批判性思维、创新思维能力，在全国范围内推进《批判性思维》课程建设，教育部高等学校文化素质教育指导委员会非常重视“批判性思维”课程建设与推广，专门设立了教育部高等学校文化素质教育指导委员会批判性思维与创新教育分指导委员会，多次举办全国批判性思维教学研讨会并进行全国批判性思维教师培训，收到良好效果。批判性思维与创新教育分指导委员会的电子双月刊《批判性思维与创新教育通讯》（会刊）颇具特色，已经出刊20多期。我们也将进一步推进《批判性思维》课程建设与推广，力图打造一门更有品质的逻辑学课程。

在进行教学和研究的同时，我们也始终注重从学校小课堂到社会大课堂的转化，从理论学习到运用研究的转化。在教学过程中，为了实现理论与实际相结合，一方面结合现实社会生活的生动事例来讲解理论知识，再运用理论知识去分析和理解现实社会生活中的具体问题；另一方面，我们也注重把学校小课堂搬到社会大课堂中去，从具体的社会生活中学习理论知识。这就是所谓的课堂实习。几年来，我们根据学习内容的不同，通过带领学生到企业参观访问、座谈讨论，到中小学听课见习，到职能部门旁听听证会或到人民法院旁听法庭审判等课堂实习形式，深化相关学习内容，了解相关理论在实际中的具体运用；再通过课堂讨论加以强化，给原本看似抽象和空洞的理论赋予鲜活的内容。学生感觉理论结合实际，学习结合运用，不仅教学形式多样，而且知识掌握牢固，非常喜欢，收获很大。有的学生还在校刊或学校网站上撰文，称赞这种教学模式是“理论与实际交相辉映”[①]。学生普遍认为“这样生动活泼的课堂实习，不仅打破了传统课堂纯理论学习枯燥的气氛，理论和实际相结合，还增强了自己思考的空间，拓宽了思路。大家都希望今后能有更多的这样的学习机会，锻炼自己的思维，将视线从课堂更多地转向现实社会，更多地转向日常生活。”[②]

（三）学术研究成果

我们除了向学生传授知识和技能，还鼓励他们独立思考，质疑“权威”，大胆发表自己的意见和见解，尝试参与科学研究。逻辑学家张家龙先生指出：“中国逻辑学的发展要坚持三个结合，即教学与研究相结合、理论研究与应用研究相结合、提高与普及相结合。”[③] 其中“教学与研究相结合”为“三结合”之首。我们认为，不仅逻辑学的发展要坚持“教学与研究相结合”，在大学，特别是在研究生的培养过程中，也要坚持“教学与研究相结合”。

多年来，本科生和研究生分别在他们的学术活动、毕业论文和公开发表的论文中多有逻辑学方面的文章出现。这些文章涉及逻辑理论、逻辑思维训练、逻辑运用等，如：大（中）学生的逻辑思维训练、如何培养大（中）学生的逻辑思维（批判性思维）、逻辑思维在中学政治课教学中的地位和作用、青少年逻辑思维（批判性思维）能力的培养、批判性思维与创新思维、毛泽东的批判性思维、邓小平的批判性思维等文章，有的文章甚至达到较高的学术水平，先后在《四川师范大学学报》《毛泽东思想研究》《重庆理工大学学报》等核心期刊发表。特别值得一提的是，我们还结合政治教育学院本科生和研究生的专业特点，运用逻辑和批判性思维的理论知识，探讨马克思主义、毛泽东思想、邓小平理论以及三个代表重

---

① 高芙蕖：《理论与实际交相辉映，批判性思维受益匪浅》，四川师范大学新闻在线，2010年10月12日。

② 同上。

③ 2013年8月中国逻辑学会常务理事会在京举行［EB/OL］．http：//www. cnlogic. net/show. php? catid = 1&id = 166［2014—01—16］。

要思想中的逻辑问题、批判性思维问题。这不仅深化了专业学习，而且也锻炼和提高了学生的运用研究的能力。在此基础上，我们还组织学生（主要是研究生）和教师一起，联合申报研究课题，开展学术研究。其中，师生课题组共同完成了“邓小平批判性思维研究”项目，并先后发表：

（1）“论邓小平民主思想的互动性思维及其发展”（王万民，林胜强，2015）

（2）“邓小平思维的批判性探析”（林胜强，王万民，2015）

（3）“论邓小平批判性思维的形成与实践”（林胜强，周晓敏，2014）

（4）“邓小平批判性思维价值论析”（易刚，林胜强，2014）

（5）“论邓小平的参与性思维——基于批判性思维的视角”（林胜强，易刚，2013）

（6）“邓小平理论与批判性思维的精确性——用批判性思维的精确性解读邓小平理论”（易刚，梁圣彬，2013）

（7）“论邓小平批判性思维的客观性”（林胜强，易刚，2012）

（8）“邓小平变通思维探析”（王万民，易刚，2011）

（9）“论邓小平的简约性思维”（林胜强，易刚，2011）

（10）“论邓小平的批判性思维”（王万民，张雪萍，2009）

2013年，出版了专著《邓小平批判性思维研究》[①]，受到学界的一致好评并产生了较好的社会影响。著名党史专家、中国毛泽东思想、邓小平理论研究会会长、博士生导师石仲泉先生，四川省社会科学院毛泽东思想（邓小平理论）研究所所长、四川省毛泽东思想研究会会长、博士生导师杨先农研究员，四川师范大学特聘教授、博士生导师黄开国等对该书给予了高度评价，称《邓小平批判性思维研究》是“比较系统、深入研究邓小平批判性思维的第一本专著”，是“以批判性思维研究邓小平及其理论的开山之作”[②]。称该书具有“视角的新颖性、内容的系统性、观点的开

① 王万民、林胜强等：《邓小平批判性思维研究》，四川人民出版社2013年版。

② 石仲泉：《邓小平批判性思维研究·序》，四川人民出版社2013年版。

创性、厚重的历史性和智慧的集合性等五大特性"[①]，能够"紧紧把握时代脉搏，从批判性思维这个特别的视角，揭示了邓小平理论对于中国社会主义革命和建设，特别是中国改革开放的重要指导意义的科学性和必然性，无论是选题方向还是学术价值，都是值得称道的"[②]。相关论文获得《中国新世纪教育研究》编委会、中国当代教育协会颁发的"第二届全国教育科研创新成果一等奖"。2014 年，《邓小平批判性思维研究》一书荣获四川省人民政府颁发的"四川省第十六次社会科学优秀成果（著作类）奖"。

由于个人在批判性思维教学和研究上的工作，2014 年被推举为教育部高等学校文化素质教育指导委员会批判性思维和创新教育分指导委员会（筹）委员。这就是四川师范大学批判性思维 10 年来迈着理性的脚步，进行批判性思维教学和研究的成果，也是我们 10 年来迈着理性的脚步，进行批判性思维教学和研究的历程。

（林胜强　四川师范大学逻辑与信息研究所）

二十　肇庆学院

（一）课程教学

1. 专业课教学

2013 年度春季学期，肇庆学院政法学院在 2012 级思想政治教育专业开设"批判性思维"选修课；并自 2014 年度春季学期起，"逻辑与批判性思维"成为了政法学院卓越教师实验班及卓越律师实验班的必修课，课程设置为 3 个学分，54 学时。该课程在开设初期，以理论传授为主，后借助于 MOOC、翻转课堂等方式逐步侧重于批判性思维能力的培养。除

① 杨先农：《邓小平诞辰 110 周年的献礼之作——评〈邓小平批判性思维研究〉一书》，《四川师范大学学报》（社会科学版）2014 年第 2 期。

② 黄开国：《〈邓小平批判性思维研究〉批判》，《毛泽东思想研究》2014 年第 3 期。

开设“逻辑与批判性思维”课程的班级以外，政法学院还在其他专业也设置了批判性思维的选修课，2 学分，36 学时，根据需要择期开设。课程内容主要包括批判性思维介绍、批判性思维者的素质、理性的理解、论证理论、批判性阅读、批判性写作等。

2. 通识课教学

2014 年春季学期，“逻辑与批判性思维”课程作为肇庆学院的公共选修课面向全校学生开设。从当年秋季学期开始，“逻辑与批判性思维”被列入了肇庆学院通识课程体系，作为校级通识课面向全校学生开设。该课程以 MOOC + 辅导的形式设置，2 学分，32 学时，其中 16 学时课堂授课，16 学时自行上网学习。课程内容是在介绍逻辑学的基本理论的基础上，开展对学生批判性思维的训练。

3. 其他相关课程的渗透

目前，在肇庆学院政法学院开设的“普通逻辑学”“演讲与口才”“师范生技能训练”等课程中，我们都逐步渗透了批判性思维能力的训练，并计划在更多的课程中引入，力图将批判性思维能力的培养贯穿在学生整个大学的学习过程中，而非简单的一门课。

（二）研究课题和学术成果

2014 年，淮芳博士主持申报的《肇庆学院逻辑类课程引入 MOOCs 教学的影响及适应性研究》获得肇庆学院质量工程教改一般项目立项，并于 2015 年获得广东省高等教育教学改革项目（本科类）一般类教改项目立项。该项目是基于校级通识课“逻辑与批判性思维”的教学改革，通过引入 MOOCs 来更大程度上解放教师上课的时间，更充分开展批判性思维能力的训练，包括思维的广度、思维的深度、换个角度看问题等方面。

同时，近年来淮芳也先后发表了多篇批判性思维研究的学术成果。在全国第四届批判性思维教育研讨会上，她报告了《讨论式教学——用批判性思维教批判性思维》的论文。文中认为，对于二本类的师范院校而言，绝大多数的学生毕业后的去向是当地的中小学，成为基础教育的一线教师。他们的各方面的素质会直接影响接受基础教育的学生。因此，提高这部分学生的批判性思维是解决我国基础教育中批判性思维教育缺失的一条重要的途径。对于这部分学生而言，批判性思维并非理论性知识，而是实实在在的工具。我们需要做的，正是让这部分学生真切体会到批判性思维的重要性以及实用性。因此，应对这部分学生对象采取讨论式教学，让学生参与整个教学过程，在学的过程中运用批判性思维。讨论式教学根据参与讨论的对象的不同主要有三种形式：学生讨论，教师与学生讨论，教师之间讨论、学生参与。

在第五届全国批判性思维教育与创新教育研讨会上，她报告了《MOOCs在批判性思维教学中的作用》的论文，认为在课时一定的情况下，批判性思维教学可引入MOOC来作为解放课堂的一种有效途径。同时，MOOC也能够起到其他多方面的作用：（1）解放教师的课堂讲授，为教师提供更多课堂活动的空间。（2）学习时间、地点较灵活，为学生的学习提供便利、提高效率。（3）节省课堂讲授时间，为课堂讨论提供足够的时间。（4）结合翻转课堂，更多锻炼学生的批判性思维。（5）增强学生的自学能力。

（淮芳　肇庆学院政法学院）

二十一　上海政法学院

（一）开展批判性思维教育的起因

上海政法学院为顺应全国高等教育改革形势，压缩了本科生的总课时数。文学与传媒系取消了《普通逻辑》课程，除了部分法学专业开设了《法律逻辑》课程外，其他专业均未开设任何逻辑类课程。考虑到我国中小学没有开设逻辑类课程，我们深感本科生的逻辑素养将会有较大的欠缺，不利于培养我校本科生的独立思考能力和创新思维能力，这也将直接导致我校学生培养质量的降低，影响其将来的发展。我校本科生的课程设置存在明显不足，这成为了我们推进批判性思维教育的一方面原因，另一方面原因是我国社会不论是现实空间里的组织与个人，还是网络空间里的组织与个人，都弥漫着不讲理、不愿讲理、不屑讲理的空气。好的社会，需要好的说理。出于为社会培养合格公民的愿望，我们从 2013 年起尝试开设《批判性思维》课程，该课程目前经历了起步与发展两个阶段。

（二）批判性思维教育的起步

我们在 2013—2014 学年的两个学期面向全校各专业学生开设了《批判性思维》公共选修课，实行 30—50 人的小班教学，以用尼尔·布朗和斯图尔特·基利的《学会提问——批判性思维指南》（第七版）为基本教材。在教学过程中，我们对传统教学模式进行了三点改革：（1）在教学理念上，着重批判性思维方法的讲授与训练；（2）在教学方法上，以现实生活中发生的鲜活事件为案例，采取讲授与讨论相结合的方法；（3）在考试方法上，着重检查学生的批判性阅读能力与写作能力。

（三）批判性思维教育的发展

经过一学年的努力，《批判性思维》课程受到了学生的欢迎。为适应学生需要，同时适逢我校推行本科生通识教育，于是，我们把《批判性思维》加入到通识教育课程序列，并在 2014—2015 学年的春季学期面向全校学生开设，选课学生数为 600 人。在 2015—2016 学年秋季学期，选课学生数为 400 人。目前，2015—2016 学年春季学期的选课已经完成，选课学生数为 700 人。

伴随我校通识教育课程的开展，《批判性思维》课程的教学发展为由 1 名教授和 2 名副教授自愿组成的 3 人教学团队。从学生选课人数上看，这一阶段的学生收益面是大大增加了。但是，在教学方法上，讨论互动存在实施困难，课堂讨论的比例有所下降。为弥补课堂讨论的不足，我们采取了建立“批判性思维课程微信群”的方法，用青年学生喜欢的微信平台进行讨论互动，收到了一定效果。

（四）批判性思维教育的后续进展

我们拟进一步研究探讨在通识教育中大班教学环境下“对分课堂”

的应用方法，改变教师单向灌输、学生被动跟随的传统课堂教学模式，引导学生主动参与知识构建、尝试问题解决，培养学生的思维能力和探索精神。本课程的建设目标是使《批判性思维》成为我校本科生最受欢迎的课程之一，同时，在2016年开始的未来2—3年内，把《批判性思维》建设成为上海市教委重点课程，然后在其后2—3年内，把《批判性思维》建设成为上海市精品课程。

（欧阳为民　上海政法学院）

二十二　北京城市学院

北京城市学院的批判性思维教育开始于2009年9月，迄今已6年有余。纵观整个发展过程，可分为两个阶段。

第一阶段：2009年9月至2013年7月。

该阶段只有庞东辉老师一人在自学批判性思维的基础上，开设《批判性思维》课程。具体开设情况：（1）专业必修课，48学时。具体开课专业有：信息管理、秘书、法律。其中，由于信息管理专业和秘书专业停办，《批判性思维》课程也随之停止；作为法律专业的必修课，一直延续至今。（2）校级公共选修课，30学时，面向全体北京城市学院学生开设。

第二阶段：2013年7月至2015年9月。

该阶段学校认可了批判性思维的重要性，组织资助了该课程的开发与推广。本阶段批判思维教育发展的主要情况如下：

（1）课程开发

2013年7月，学校组织了专门的团队，进行《批判性思维》课程的开发。团队成员包括庞东辉、徐雅、刘希庆、祁颖、崔惠莉。2015年时，他们完成了教学大纲、教案、教材的编写工作，并在两年半时间里，共开设公选课420学时。

（2）教师培训

经过两年多的努力，目前课题组已有四位老师可独立开设《批判性思维》课程。2015 年学校面向全校教师，由庞东辉老师主讲，开设了 30 学时的《批判性思维》培训课程。有 20 位教师较系统地学习了批判性思维的有关知识。

(3) 对外交流

此阶段，庞东辉老师与课题组不同成员分别参加了 2013 至 2015 年的三届全国批判性思维年会。庞东辉老师还参加了 2014 年全国批判性思维师资培训班。2014 年时，庞东辉老师被选为“教育部高等学校文化素质教育指导委员会批判性思维与创新教育分委员会（筹)”第一批委员。

(4) 学术成果

该阶段，课题组成员共发表论文 3 篇，具体如下：

①庞东辉：《关于批判性思维案例的分析》，《北京城市学院学报》2015 年 1 期。

②庞东辉、祁颖：《浅论“批判性思维”的定义》，《批判性思维与创新教育通讯》第 21 期。

③庞东辉：《关于教授“论证结构分析”的一种尝试》，《批判性思维与创新教育通讯》第 26 期。

同时，还完成出版了一本批判性思维课程教材：庞东辉等著：《批判性思维简明教程》，北京出版社 2014 年版。该书简明介绍了批判性思维的起源和发展、批判性思维的对象、批判性思维的过程以及批判性思维者的特征等内容，重点描述了实施批判性思维的步骤和方法。全书共计十章，其中，第三、四、五、六、七章分别揭示了对“论证”进行反思质疑的四个不同视角，这些内容是批判性思维的核心。本书内容设计具有较强的实用性，各章内容安排如下：第一章，批判性思维简介。第二章，确定论证结构。第三章，词语的歧义性。第四章，理由的正确性。第五章，理由对结论的支持。第六章，因果论证的全面性。第七章，规范性论证的全面性。第八章，对数据的批判。第九章，更为合理的结论。第十章，批判性思维的起源、发展和定义综述。另外，本书还有两个附录，即加利福尼亚批判性思维态度测试和技能测试，有兴趣的读者可通过参与测试，评估自己的批判性思维水平。本书的出版是北京城市学院大力推进公共能力课程建设的成果之一。

该书由庞东辉、祁颖、徐雅和刘希庆老师在庞东辉老师以前讲稿的基础上，共同编写完成。第一、六、七、八、九章由庞东辉执笔，第二、三章由刘希庆老师执笔，第四、五章由徐雅老师执笔。第十章和两个附录由祁颖老师编写完成。在后来的讨论中，团队成员崔慧莉老师对书稿的修改提供许多建设性的意见。

（庞东辉　北京城市学院）

二十三　唐山学院

（一）批判性思维教学

自2010年起，唐山学院面向全校开设《逻辑与批判性思维》公选课，每学期开设20学时，每学期选课人数120人。自2013年开始至今，选修课更名为《批判性思维》，依然每学期20学时，选课人数增至200人。此外，《形式逻辑》也一直是唐山学院汉语言文学专业、秘书专业、法学专业的必修课，自2010年开始教学组成员在吸收国内外先进教学成果基础上对本课程进行了教学改革，将教学内容分为推理和论证两大板块。推理部分讲授逻辑学基本推理知识，而论证部分则注入了批判性思维内容。教学内容具体设置以下专题：（1）批判性思维——理性的声音，（2）批判性阅读的方法和实践，（3）理由和原因分析，（4）论证分析（一）——论证的基本结构，（5）论证分析（二）——含糊、虚假和关联性谬误，（6）论证分析（三）——转移论题和弱归纳的谬误。

（二）科研项目与学术成果

自2005年来，唐山学院批判性思维教学和研究团队先后主持完成了3项科研项目，发表了与批判性思维相关的学术论文7篇。其中，科研项目包括河北省人文社会科学研究项目《批判性思维训练与大学生创新素质培养》（2005年11月完成），河北省教育科学“十五”规划重点项目

《批判性思维与创新素质研究》（2007 年 4 月完成）和河北省社会科学基金项目《嵌入批判性思维的地方高校逻辑教学改革研究》（2015 年 9 月完成）。相关学术论文包括："批判性思维训练的途径方法及其问题"（李剑锋，《西北师范大学学报》（社会科学版）2006 年第 4 期）；"批判性思维与创新素质研究"（李剑锋，《湖南科技大学学报》（社会科学版）2006 年第 5 期）；"批判性思维训练与大学生创新素质培养"（李剑锋，《教育与职业》2005 年第 8 期）；"嵌入批判性思维的地方本科院校逻辑学教学改革"（李剑锋，《唐山学院学报》2015 年第 2 期）；"批判性思维与法律思维训练"（李剑锋、张晶，《湖南科技大学学报》（社会科学版）2015 年第 4 期）；"浅谈语言类课程教学与批判性思维能力的培养"（石兴慧，《工业和信息化教育》2014 年第 3 期）；"解读'批判性思维'"（张晶，《芒种》2015 年第 5 期）。

（李剑锋　唐山学院）

第二章

批创思维的培训活动与社会推广

近年来，随着国内批判性思维与创新思维研究的不断拓展与深入，批创思维的重要性不断得到了学术界和教育界的认可和重视。在此基础上，批创思维素养不仅已成为了高等教育的重要培养目标，并且也逐渐开始被渗透和推广到各级基础教育以及教师教育当中。2015 年，与批创思维相关的各级培训活动都呈现出蓬勃开展之势，并且也取得了令人欣喜的实践效果。与此同时，一些知名学者还积极出版与批创思维培养相关的普及读本，或者通过开设自媒体的方式大力宣传和推广批创思维，都取得了非常好的社会影响，也使得批创思维的重要性更加深入人心。

一　高等学校批判性思维教师培训：回顾和展望

（一）批判性思维教师培训的意义和必要性

批判性思维教育，对我国培养具有创新能力的人才，实现创新国家，民族复兴梦，是最需要、又是最缺乏的素质教育环节。目前我国在批判性思维教育的进展缓慢落后。

首先是数量不足。全国 2000 多所高校，开出批判性思维课程的，截至 2015 年，不过几十所，少于 2%，而且多半是选修课开出，针对哲学系或者特殊班的学生，这离培养一代人的批判性思维素质的目标还差得很远。

其次问题是课程的质量不能令人满意，表现为教师的认识、教学内容和教学方法上缺陷突出。有的变成了另一种大批判和发泄场所；有的是对一些议题无边漫谈的闲聊茶座；有的只是逻辑的趣味化，缺乏其他思维方法的内容；许多仅仅运用翻译的外国教材，采用和中国实际脱节的例子；而且大多依然采用灌输式教学，甚至变成为 MBA、GRE 之类考试的培训班。这些都没有起到培养学生思维素质的作用。所以，目前中国的批判性思维教育存在数量不足、质量不高的两大严重问题。

显然，除开其他各种原因，缺乏大量的合格的具备批判性思维的教师，是一重要障碍。教师是推广批判性思维素质教育不可缺少的直接能动力量。没有具备批判性思维的教师，就没有具备批判性思维的学生。教师的数量和质量，直接决定这项素质教育的成效，决定着新一代创新人才的产生，其意义再怎么说也不为过。

所以，培训出大量合格的教师，成为必不可少的工作。在目前教育界和社会存在着普遍的观念混乱、认识不足的情况下，我们认为，教师只有经过全面、正规的培训，对批判性思维的本质和方法有准确的认识，才有资格教批判性思维课程，才能培养有理性思考精神和能力的人才。

需要指出，根据批判性思维素质教育的需求和中国的发展状况，这里说的“批判性思维教师”不仅仅指大学中教这门通用课程的教师，他应该包括从基础教育到高等教育的各个阶段的素质教育的教师队伍。但是，由于中国中小学的批判性思维教育，到目前为止，只有个别的努力，我们在这篇回顾报告中仅谈论高等教育的情况，这是需要说明的第一点。另外，高等教育中的批判性思维教师，其实也至少有两个类型和多个层次。

第一类型是专门从事批判性思维研究的科研人员，他们进行诸如“批判性思维的证据判断标准”之类的研究，对教学具有很大意义。但是，由于目前中国这样的研究也处于个别零星状态，我们在此也不讨论。

第二类型就是指大学中主要从事教学的教师。这种批判性思维教育人才又可分三个层次。（1）探索、开发批判性思维教学模式的领军性人才。这样的人才具有跨学科的知识和素养，对批判性思维原则和方法有深刻、全面和准确的把握，能够进行方法论的科学研究，了解教学方法和运用，能身体力行“苏格拉底—教练—认知活动主持人”三位一体的批判性思维教师范式，进行批判性思维模式的示范教育，并且培训教师。出于种种原因，这样的跨学科综合性的领军人才的培养虽然急需但还没有开始。所以我们在此谈论的批判性思维教师的培养，是指下面两个层次的人才。（2）批判性思维通用课程教师，他们需要对批判性思维原则和方法有准确全面了解，能学做三位一体的批判性思维教师，能从事问题引导的、以创新为目标的批判性思维课程教学（这是各学校的批判性思维课程主讲教师，是培训该校其他教师的教练）。（3）能应用批判性思维原理和方法来教学科课程的理工文医教师，他们对批判性思维的目标、原则、方法有好的了解，对能培养批判性思维的教学法，特别是问题引导的教学法，有良好理解。他们力图在自己学科的教学中，以各种做法来培养学生的自主、主动的学习和理性反思的习惯，加强深入理解、立足实践、发展认识的精神和意识。

综上所述，可以看出，培养多类多层次的批判性思维教师不仅意义关键，而且任务繁重。正因为如此，它一直在我们过去几年的推广批判性思维活动中处于中心的位置。经过努力，我们的培训工作活动获得了可喜的启动和经验，并有明显的效果。但是，很自然，它也存在诸多不足、困难和局限。下面我们对此做一个简略回顾、讨论和展望。

（二）批判性思维教师培训的开展

1. 2011 年，中国批判性思维教师培训的元年

中国有意识有组织进行的批判性思维教师培训，发源于 2011 年在华中科技大学召开的全国第一届批判性思维教育研讨会和其中的教学示范、观摩活动部分。举办会议的是中国高等学校文化素质教育指导委员会和华中科技大学，承办者是华中科技大学启明学院。在学校的支持下，启明学院刘玉副院长带领她的著名的人才培养改革试验“点团队”完满承担了全部组织和运作的任务，获得高度赞扬。

教学示范有大班和小班两部分。大班主讲教师是专程参加研讨会和示范教学的加拿大麦克马斯特大学（McMaster University）哲学系教授希契

科克（David Hitchcock）教授，学生由华中科技大学启明学院的两个班近80人构成。小班示范观摩课由董毓主持，学生是“点团队”教学实验的种子班学生，有18人，这是董毓从2009年开始给种子班上课的模式的展现。

图1 希契科克教授在授课

参加会议的全国约30多所高校的70多名教师，其中一些参加了大班和小班的教学的观摩。除开课堂上的观摩，希契科克和董毓在课后还分别和观摩教师座谈、答疑。部分坚持到课程最后的教师获得华中科技大学教务处颁发的证书。

本次教学示范和观摩展示了西方的批判性思维教学的内容和方法。大小班都采用了《批判性思维原理和方法：走向新的认知和实践》[①] 教材。大班教学中，在英语翻译和助教组的帮助下，希契科克教授运用了学生互教互学（Peer-to-peer），即时按需教学（Just-in-Time），正—反—正写作等教学法。而且，结合互教互学法，他采用课堂投票系统来即时掌握教学反馈。他的认真和自我批判精神，尤其给师生以深刻印象。他课后与观摩

① 董毓：《批判性思维原理和方法：走向新的认知和实践》，高等教育出版社2010年版。

教师的交流也尽职尽责，他获得很高评价。

在小班教学中，讨论、问题引导、小组互助、项目研究、实例分析、学生演讲等方法得到应用。参加大小班的示范课的观摩教师对示范课反映十分正面，有的教师说，就像出国留了一次学。

图2　学员认真学习

2011 年的教学示范课和观摩实践，启动了对全国批判性思维教师进行培训的意识和序幕，虽然不是专门和严格规范的培训班，但由于专门为各校教师进行了批判性思维观念和教学方法的展示，实际是培训。而且，后来专门为教师培训的教学材料和模式，即“以探究和创新为导向的批判性思维”和“以问题引导的批判性思维教学法”，已从这一次实践中开始孕育。参加观摩的全国教师，有些是已从事批判性思维教学多年的教授，有些是来探索学习的新兵，后来很多成为批判性思维推广运动的中坚力量。

2. 2012 年，汕头大学启动全国首次各科教师的批判性思维培训

第二年，2012 年 5 月 21—31 日，汕头大学举办了全国首次针对大学各科教师的批判性思维培训，主持培训的是董毓。这次培训是汕头大学加强对学生的“整合性思维”能力培养的总体规划中的一个重要启动行动。汕头大学的未来目标中，培养学生的整合性思维是一个主要指标，批判性

图3 学员合影

思维是整合性思维中的基础和主要构成（其他两项思维是创造性思维和系统性思维，均以批判性思维为基础）。多年来在李嘉诚基金会的支持、顾佩华执行校长和学校行政当局主导和推动下，汕头大学教学和研究人员在确定和推行思维能力训练上已经做了大量的工作，取得显著成绩。

这次培训的重点，是从各院系选出的37名教师作为“种子”进行批判性思维教学的研习，其目标是让这些教师今后能带领其他教师在各学科教育中“植入”批判性思维的内容。研习班历时9天（5月21—29日），除周末外每天均上下午学习6到9小时。在临近学期末的繁忙中，参加的教师们做出努力调整教学和科研任务，大部分都完成了研习班全部内容。研习班过程虽然集中和繁重，但思考、学习、练习交织，气氛活跃，收效明显。①

本次研习班培训的目标、特点和主要内容如下：

首先，要让教师对批判性思维的精神、原则和方法有一个准确和完整的理解，并能掌握其中的一些主要方法。这是教师能在自己的教学中有意识地训练学生批判性思维能力的前提。所以研习班涵盖了教材《批判性思维原理和方法：走向新的认知和实践》所有章节的主要内容，还包括

---

① 董毓：《反思与评价：汕头大学批判性思维教师培训》，《批判性思维与创新教育通讯》2012年第7期，第4—10页。

许多辅助阅读材料。

研习班的安排围绕着三大主题：

（1）理性：理解真理、论证的概念；强调一切论断都有好的理由和相关充足的推理；要求清晰、具体和一致的思维和表达等。

（2）多样性：加强横向和纵向的发散思维意识；训练寻找隐含前提和替代解释、论证的能力。

（3）严密性：运用分析、图尔敏模式、寻找反例和隐含前提，假想推理等手段通过多样性和广度来达到细致、深刻和严密。

其次，研习班着重讨论一些符合批判性思维精神的教学方法。这些方法是从教学手段上力求刺激思考，鼓励发散思维、保持开放态度和遵循理性。它们包括有：

（1）互动式教学：以学员为中心和动力，以问题为主导。

（2）苏格拉底式问答：引导学生思想深入和多样化。

（3）按需即时教学方法：仅就学生阅读中的问题进行答疑和讨论。

（4）学生互教互学：让学生互相交流来答问和改进。

（5）小组内外的讨论、对话、评论、辩论和审议方法。

（6）思、学、练交织三步曲式的教学节奏。

（7）正—反—正思考和写作。

（8）学生即时反思和自我批评的考核。

自然，有些方法早已经被教师不同程度地运用在自己的教学中，研习班强调的是它们的认真和配套的系统性实践性运用。比如将批判性阅读的内容和实践、课堂讨论、研究项目和考核结合起来。

研习班还特别指出，一个具有批判性思维特点的课程和教学需要一个具有批判性思维精神和能力的教师才能完成。这样的教师需要有求真、公正、开放和反思的习性，不但言教还要身教，做理性、公正、自我反思和开放的模范；抛弃在知识学术上的师道尊严；注重激发学生自主和多样化思考；创造舞台和环境让学生表现自己，并向理性、实践，开放的方向引导；而且周密准备教学。这样的教师是三种角色的综合：（1）苏格拉底：能循循善诱激发和引导思考深入、全面和严密；（2）探知活动的主持人：

营造对话和合作的环境来创造多样思想；（3）教练：细心安排思、学、练、用结合。

研习班中对批判性思维内容的教学和上面所叙的教学方法是整合同步进行的，即研习班主持人在讲授批判性思维的内容时便采用了上述的教学方法进行演示，并给予说明。比如用苏格拉底式问答法讨论理性概念等，用思、学、练交织三步曲式的教学法讲授推理的标准等。研习班参加者也自己实践这些教学方法，比如按需即时教学方法，学生互教互学，正一反一正思考和写作，即时反思和自我批评的考核等。这样的效果比较好，许多教师说这是第一次对一些方法得到正确的理解和掌握。

研习班教师还被要求进行课前阅读，并在阅读中提问和评论。他们还按小组进行正一反一正程式的批判性思维写作，运用所学技能分析 GRE 习题，最后当众做小组研究报告汇报，并根据其他组的评论再对自己的报告和作业做反思性的自我评估，看看是否有修正的需要。这些都在研习各种批判性思维的能力和原则。

最后，作为作业的一部分，研习班教师按照 20 个题目选择性进行教学方法设计。这 20 个题涵盖了教学中阅读、教学、讨论、写作、练习、考核的各方面。这不仅是研习班的一部分，也是为了启动研习班后续工作，以保持学习效果，开始将学到的运用到自己的教学实践中。

据汕头大学后来报告，这次培训，对学校开展的批判性思维教育起了重要的启动作用。

3. 2013 年，华中科技大学举办的双重教师培训

2013 年 6 月在华中科技大学举办的全国第三届批判性思维教育研讨会是一个重要的里程碑。一方面，会议成果丰硕，参加会议的包括了更多国内从事批判性思维研究教学的专家、教师；讨论并在会后成立了批判性思维和创新教育分指导委员会（筹）。另一方面，研讨会后随即又举办了为期两周的批判性思维的公开课、供与会的其他高校教师观摩，成为面向全国的又一次培训。

同时，在公开课基础上，华中科技大学教师培训中心还对本校 30 多位教师开设“批判性思维教学方法”的培训。这样，其他学校的老师和

华科大的老师同时进行培训，白天参加了对学生的公开课的观摩，学习批判性思维，晚上又参加关于批判性思维教学方法的集中学习（6 月 4 日起，七个单元：五个晚上研习，一天课程设计作业，最后一晚上的设计左右汇报）。这次培训有下面这样的特点和内容：

中国化的批判性思维小班教学模式不断完善。2013 年的公开课，标志从 2009 年开始的华中科技大学批判性思维小班教学模式进一步锤炼成型。这个模式由内容和教学法两部分构成。内容的模式是已经展现在教材中的思维图，它是教材的内容和章节安排的主轴："探究和创新导向的批判性思维"[①]：

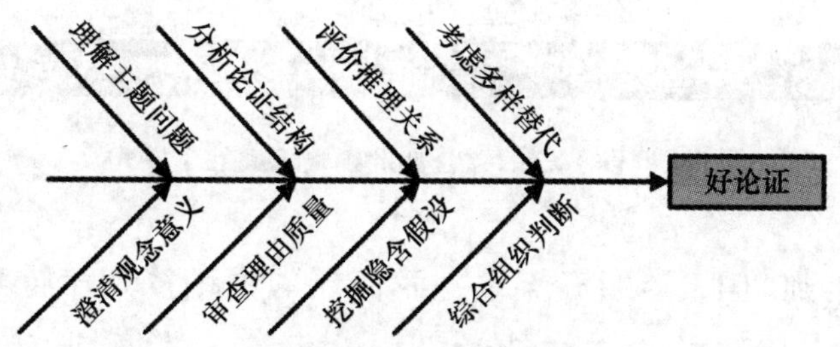

图 4　探究导向的批判性思维教育内容

教学法的模式，是根据教学和培训的经验逐步总结和构建成型的"问题导向的批判性思维教学法"。它的核心是这样的一个综合图[②]：

显然，内容和教学法，两者相辅相成。这正是我们提倡的"用批判性思维方法教批判性思维"理念的实现。这样的综合性的教学模式，贯穿着阅读—教学—实践—考核的全过程的课内课外各个方面。它要求从各个方面以各种手段来激发学生学习和思考的自主积极性，真正学会最能创造知识、解决问题、合理决策的科学和实践方法，以获取理性和多样性的习性和能力为教学目标。

---

① 董毓：《批判性思维原理和方法：走向新的认知和实践》，高等教育出版社 2010 年版，第 52 页。

② 董毓：《我们应该教什么样的批判性思维课程》，《工业和信息化教育》2014 年第 3 期，第 36—42 页。

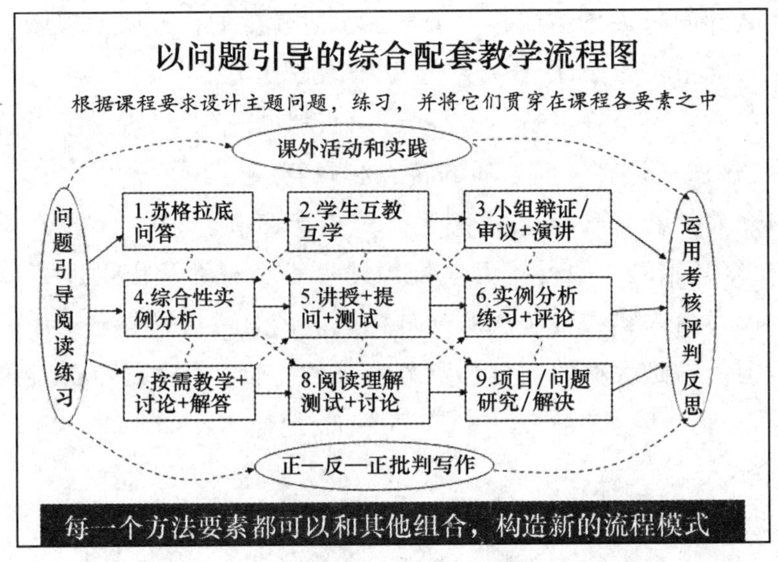

图5 问题引导的综合性批判性思维教学模式

从2009年到2013年的五年中，我们在华中科技大学启明学院的“点团队”种子班上用这样的方法教学批判性思维，效果良好，明显提高了学生的理性意识和能力。

在2013年的这次教师培训上，我们向学员介绍了这个内容和教学法的模式，受到了广泛的赞同（于海琴，2013）。

针对大学各科教师的批判性思维培训模式进一步成型。在汕头大学和华中科技大学培训的对象，不是教批判性思维课程的教师，而是来自理工文医各个院系的各科教师。培训是要促使教师在自己各科教学中用内容和方法来培育学生的理性、创新和严密的精神和能力。培训要实现两个目标：（1）明确教师的新型角色和模范作用；（2）掌握一些批判性思维的原则和教学方法。培训班的安排主要构成是：

- 课下阅读练习
- 小组正—反—正写作
- 课堂讲解讨论
- 课下教学方法设计
- 设计汇报评论

在培训班中，讲授批判性思维的内容和训练批判性思维教学法的比例大概是60∶40。像在大学生的课程中一样，培训先讲授、训练一些批判性思维的主要原则和方法，然后向教师们揭示出这个讲授中运用的教学方法和流程设计，并讲解这样的设计后面的理论思考和依据，总结教学法的指导原理，并反复用例证演示苏格拉底问答法这样的高级而较难的方法。最后，培训要求老师选用这些方法和流程设计一堂自己专业课的教学流程。这样的内容和方法的举证、研习、设计、运用交叉结合，以在有限的时间里取得最大可能的效果。

培训的进程和主要内容如下：

（1）批判性思维的精神和内容

学习的批判性思维内容包括：批判性思维精神；批判性思维的原则和方法总览。研讨教学方法包括：批判性思维教学原则概述；教师的新角色定位；启发式教学法；苏格拉底问答法；设计问题系列（Ⅰ）：引导学生认识理性的过程和原则。

（2）批判性阅读和理性分析

批判性思维内容：批判性阅读；发现论证、结论和前提；标准化和图示。研讨教学方法：探索式教学法：图尔明模式；正—反—正写作等。

（3）追求严密和理性——理由和论证

批判性思维内容：细致、具体、清晰、一致的思考方式；求真和认真——理性和独立思考的立足点。研讨教学方法：自主式教学法组合：阅读—按需教学—互教互学等。

（4）推理：相关、充足和谨慎

批判性思维内容：推理的相关和充足性；因果解释和假说。研讨教学方法：教练式教学法：三段式教学步骤；项目研究等。

（5）严密、深刻和开阔的思考

批判性思维内容：隐含假设的对认知和行动的重要性；多样化——通过多样化发现真理，创造知识；构造辩证的氛围——竞争的合作性对话；假想情境—推理法和要素分析组合法。研讨教学方法：辩证性教学法：苏格拉底问答法（Ⅱ）；三的原则；辩证审议；假想推理；实践考核等。

（6）结业实践：设计一堂具有批判性思维特征的教学方案

学员利用周末到周一设计教学方案，并准备用 PPT 展示。

（7）结业汇报和评论

代表性设计的学员到课堂上对大家讲解，讨论。

4. 2014 年，全国批判性思维教师培训在武汉和北京举办

2014 年举行了两次教师培训，一次在华中科技大学，一次在北京大学。

华中科技大学的专题培训

第一次是 2014 年 7 月 15—16 日华中科技大学教师培训中心举办的批判性思维教学法培训班。这是一个批判性思维教师培训的专题版，共两天，四个单元，集中于两个主题：介绍批判性思维基本原理和研习苏格拉底问答法。培训有从理工文医各科来的 35 名老师参加。培训后的老师反馈的一个共同点是培训时间太短。

培训的进程和主要内容如下：

（1）批判性思维的精神和内容

批判性思维内容：批判性思维精神；批判性思维的原则和方法总览。研讨教学方法：批判性思维教学原则概述；教师的新角色定位；批判性思维综合教学法；学习苏格拉底问答教学法（I）；设计问题系列（I）。

（2）论证分析

批判性思维内容：批判性阅读；发现论证，结论和前提，标准化和图示。研讨教学方法：组织正—反—正方式写作。

（3）论证评估和挖掘隐含前提

批判性思维内容：好论证的基本标准；寻找隐含假设；通过挖掘隐含前提构造苏格拉底系列问题。研讨教学方法：即时按需教学法；三段式教学法；学生自助教学；苏格拉底问答教学法实例（Ⅱ）：设计问题系列挖掘隐含假设；其他提问方法。

（4）辩证和发展

批判性思维内容：多样化——通过多样化发现真理，创造知识；构造辩证的氛围—竞争的合作性对话；创新的方向：寻找替代假说或论证、反

例的几个途径。研讨教学方法：小组讨论、审议和辩论的学习；促进主动和参与的综合考核方式；自我反思评价的考核；毕业设计：设计一堂批判性思维的教学。

北京大学举办第四届批判性思维教师高级培训班

2014 年 7 月 22—23 日，教育部高等学校文化教育指导委员会与北京大学哲学系举办了全国第四届批判性思维教育研讨会。随即，24—29 日在北京大学元培学院举办了为期六天的第 4 期全国批判思维教学培训班。培训负责人是北京大学哲学系的刘壮虎教授。主讲教师包括董毓、谷振诣、朱素梅和郭伟文四位，另外还由汕头大学 4 位年轻助教展示了“三维一体”课堂创新教学模式。这次教学培训的特点和内容可概括如下：

批判性思维课程教师的培训模式成型。这次培训的主要对象是全国高校讲授批判性思维的教师。在挑选报名时，主要也根据是否将要讲课这个标准来定。不过，在学员中，也包括一些力图将批判性思维和其他学科结合的教师。为了保证小班模式的有效进行，和以往一样，从众多报名者中选取了 30 多位教师参加。

北京大学举办的这次培训班，标志着 2011 年开始打造的，专门培训全国各校批判性思维通用课程教师和教练的模式成熟。它的目标是培训“能主持符合国际标准和中国实际的批判性思维课程的大学教师”。教学大纲提出“两个实现”：

（1）能讲授以培养理性、开放素质为宗旨的批判性思维课程

（2）了解和研习以问题为先导的批判性思维教学原则和方法

它的研习安排的主要构成：

- 课前阅读练习
- 小组正—反—正写作
- 课堂讲解、讨论
- 课下进行真实案例分析和小组项目研究
- 模拟实践性反思性的考核

在研习班中，讲授批判性思维的内容和训练批判性思维教学法的比例大概是 70：30。重点放在真正理解批判性思维教育的本质和培养认知能

力上，使参加过培训的批判性思维的教师领悟到，批判性思维教育不能变成另一种发泄不满为主的负面大批判、一种知识性的理论传承、一种思维规则或技巧的记忆，或者一种 MBA、GRE 之类考试的强化集训班。

培训的进程和主要内容。下面是教学日程，培训的进程和内容完全以此进行，它反映了正在成熟的、由上述内容和教学法两部分交织结合进行的、针对批判性思维课程教师的培训模式：

（1）批判性思维的实质

批判性思维内容：批判性思维研习班目标和大纲；为什么要批判性思维；什么是批判性思维；批判性思维基础：理性和合理性；批判性思维原则和基本途径；批判性思维的主要任务和过程；批判性思维的习性和技能。

（2）批判性思维教师和教学法

批判性思维内容：批判性思维教学目标；批判性思维教学的形式和原则；如何进行批判性思维教育；批判性思维教师的新形象。研讨教学方法：问题导向的批判性思维综合教学法；苏格拉底方法（Ⅰ）；批判性思维（正—反—正）写作（Ⅰ）：选题和确定论点。

（3）分析思考：批判性阅读和论证分析

批判性思维内容：批判性阅读的重要性和目的；批判性阅读的方法；问题的判定和论证分析；论证案例和练习；图尔敏论证模型。研讨教学方法：批判性写作。

（4）清晰和具体的思考

批判性思维内容：第四章阅读中的问题和讨论；案例分析：哪个底特律？概念的意义分析；语境决定意义和原则；解释、论证和条件句。研讨教学方法：课堂的流程设计（Ⅰ）；JIT 教学法；写作（Ⅱ）正面论述。

（5）真实准确的思考

批判性思维内容：真和认真：重要吗？虚假的普遍性和来源；真的本质和接近的方式：客观性；直接观察和间接经验的多重复杂性；判断观察和证据质量的根据和标准；合理怀疑的依据：傅苹之春。研讨教学方法：从分析中心问题入手；P2P 教学法；写作（Ⅲ）构造反面论证。

（6）推理：相关和充足的思考

批判性思维内容：推理是谬误的一大来源；相关性问题：推理的起步条件；相关性和语境：中国历史教授担保；无关性的表现：普遍有效的答案；推理的充足性；演绎推理及其评估；归纳推理及其评估。研讨教学方法：互动三步曲；教学方法配套：课堂的流程设计（Ⅱ）；写作（Ⅳ）继续构造反面论证。

（7）最佳思考：假说和科学方法

批判性思维内容：因果关系和假说的重要性；因果关系论证和评价；因果假说案例：从武汉到洛杉矶；假说、因果模型和证据；科学方法：科学中的推理；发明假说和判明假说两阶段；假说—演绎方法；假说的判断，最佳解释推理；假说竞争的判断标准。研讨教学方法：写作（Ⅳ）构造对反面论证的反驳或综合。

（8）深入思考：挖掘隐含基础

批判性思维内容：挖掘隐含基础，是严密和发散思维的途径；隐含基础的三大类型和作用；如何寻找和评估隐含假设；挖掘隐含假设来发展认识；隐含假设在科学中的广泛作用；拷问观察和实践的理论假设。研讨教学方法：苏格拉底方法（Ⅱ）；教学方法配套：课堂的流程设计（Ⅲ）；教师课堂提问的方法；提什么问题：批判性思维的问题；鼓励学生提问的方法；教学方法的综合配套；写作（Ⅴ）完成全文。

（9）全面思考：开发和竞争

批判性思维内容：全面思考奠定了真、洞察力和创新的基础；全面思考来自对立和多方面；批判性思维鼓励和依靠创新思维；假想推理是竞争的生存之道；构造新的观点、解释和论证：要素的变换和综合；积累信息和时机来激发联想和灵感。研讨教学方法：主持小组讨论、审议、辩论和研究活动；促进主动和参与的综合考核方式；思维性的考核设计；自我反思评价的考核；批判性思维教学设计指南。

（10）课程实践，评价

学生考核案例演示；汕头大学教学模式演示；学生以小组为单位完成考核任务：

1）完成写作，提交给其他组评判，写下评语

2）分析 GRE 类型写作题

3）寻找一个实际案例进行分析

4）准备演讲 PPT

最后各小组派代表展示写作、案例分析，其他小组评价；总结。

这次在北京大学元培学院举办的培训，进展顺利，有力地提高了培训的影响力，学员们反映很好。

5. 2015 年，汕头大学举行全国第五届批判性思维教师培训

2015 年 8 月 25 日至 26 日，第五届全国批判性思维与创新教育研讨会在汕头大学举办。来自全国 60 多所高校的 110 多名专家学者参加了会议。这又是一次成功和收获丰厚的会议。

图 6 培训现场掠影

和以往的安排不同，因为包括汕头大学的小班课堂展示的安排，这一次教师培训，被安排在会议之前，于 2015 年 8 月 19 日至 24 日进行。培训班由董毓和谷振诣主持。来自全国 20 多所大、中、小学和单位的不同领域和资历的教师，对“探究和创新导向的批判性思维”，以及“问题导向的批判性思维教学法”进行了认真的学习、研讨，最后还模拟进行了类似本科生课程的项目作业和汇报。学习任务虽然繁重，每天经常从早上

8:30一直到晚上10:00，但许多学员感到时间过得很快，不虚此行，受益匪浅。汕头大学校和教务处领导、教师和学生志愿者做出了完美的工作。

培训的进程和主要内容

培训的日程基本延续了2014年在北京大学进行的成熟的培训模式（见上）。不过，课前阅读，教学活动，研习重点，练习安排等方面，做了一些调整。这些包括：

1）调整课前阅读和作业的范围和深度，特别是要求学员阅读、分析，列出恩尼斯、范西昂和保罗的三大定义的异同（精神、观念、习性和技能等），并将分析和比较填写在所提供的表格中。这样做的目的是加强学员对目前批判性思维研究教育界的共同点的认识。另外，课堂上的问题也针对这些阅读而渐次有梯度的展开，考察他们阅读、思考的能力。

2）阅读实际的报刊报道，提出自己的看法。这是让学员准备阅读和讨论。课堂上也设计了系列不同重点和深度的问题，促使学员构造假想推理，发现隐含假设，构造苏格拉底问答系列。

3）在课堂中，根据以前培训的经验，加强对论证分析、图尔敏模型，演绎推理的说明和练习，增加了晚上的答疑和练习时间，收到良好效果。

（三）培训的评价和作用

1. 培训评价受到普遍赞誉

从2011年华中科技大学举办的全国批判性思维公开观摩课开始，到2012年汕头大学教师的研习班，2013年的华中科技大学的观摩课和教学法培训，2014年在华中科技大学的专题培训和在北京大学的全国第四届培训班，2015年在汕头大学全国第五届培训班，五年来每一次培训，教学气氛良好，主持人和学员之间互动密切，讨论热烈，气氛认真和愉快。学员之间也因同窗产生了持久的友谊和联系。

学员们对研习班的教学内容、教学方法和教案的评价十分正面。许多老师都肯定作为一个批判性思维者所应该具备的态度、特别是“求真”的重要性和必要性。一些老师指出，教师要身体力行，做批判性思维的模范，将批判性思维的精神切实贯彻于教学和科研中去，以身作则，这是引领学生培养批判性思维的最有说服力的方式。他们还指出，在缺乏对话和交流的学术环境下，对于自己的学术思考加强自我审议和“自讼”，不失为一个可行的方式。研讨班提倡的批判性思维教师的三个角色“苏格拉底”“主持人”“教练员”也获得了教师们的认同。

研讨班在教学内容上达到了目的。真正认识到批判性思维是什么，这一点是每一届培训老师反馈的一个共同点：批判性思维不是简单地挑错和否定，而是本着求真、理性的态度，通过合理、细致、充分的论证，进行自我反思，提出新的思考、论证和解释推理，形成多视角地审视问题，多样化和多选择地解决问题，而这是创新所需要的能力和条件。

研讨班在教学方法上也给老师带来许多益处。唐山学院的李剑锋老师参加 2013 年的华中科技大学观摩课是带着两大任务来的，一是为她所讲授的逻辑学寻求改革路径，二是探索在其他课程的教学中提升学生批判性思维能力的教学方法。她说，通过参加“批判性思维教学方法”教师研习班的学习，以及全程观摩华中科技大学本科生的“批判性思维”课，她的目的实现了。她认识了真正的批判性思维课是什么样子的。她还说：“在教师研习过程中，我体会到批判性思维教学法是一种非常好的教学方法，如果教师在教学过程中实施这样的教学方法，那么教师传授的知识就会有活力，学生也会在灵活运用中增强创造力，中国国民的理性思维素质也将会明显提高。”①

华中科技大学教育科学研究院于海琴全程参加了华中科技大学 2013 年的研习班，并对此进行教育学的研究。通过综合受训教师的课堂感受发言、课内外访谈、部分学习小结，她总结了大家反映的研讨班教学内容与教学设计的几点突出之处：

（1）用批判性思维方法讲授批判性思维，形成了渗透批判性思维教学的示范课。研习班的教学方法与形式，体现了批判性思维的理念和方法

---

① 李剑锋：《“批判性思维”教学观摩、研习之体会》，《批判性思维与创新教育通讯》2013 年第 13 期，第 24—25 页。

原则。研讨课程的任务设置、练习设计无不体现着“批判性思维教学，要求教师首先做到是一个批判性思维者，有极大的包容精神”的理念和教师是“苏格拉底、教练、探知活动主持人的三位一体”的理想。大家有耳目一新的直观感受。

（2）内容精辟。直接讲授批判性思维或相关课程的老师反映，教材内容对他们的帮助很大，有醍醐灌顶之效，可以直接应用；更多的老师反映看不厌、听不烦，每次感觉都有收获。究其原因，其一，是举例丰富、有吸引力。教学内容基本都是在例子、研讨中呈现理论，依据充分。对例子的选取，最大优点是，接近现实，紧跟时代，吸引力、挑战性大。其二，是可操作性强。研讨班的教材不仅内容体系完备，最大的价值在于把批判性思维写“活”了，开发出了一套实现批判性思维的方法流程，而且把每次课的设计思路都给大家呈现出来，更便于模仿。所以，研讨班教学内容在全国有很大的推广空间，可以帮助众多师生实现信手拈来，有点石化金之效。

（3）理论、原则的陈述精辟。与国内大多数教材、专题讲授相比，杜绝了理论陈述的臃肿、庞大、空洞的深奥；与国内研究批判性思维的著述相比，简练而又精辟，是“画龙点睛”之笔。这样的内容，令人愿意读、愿意听，并能迅速了解到方法、精神的实质。[①]

教师们对培训安排，教师的敬业，对历年举办培训的华中科技大学、北京大学和汕头大学老师和同学提供的细心周到的安排表示高度赞扬。参加2015年汕头大学培训的哈尔滨工业大学教师顾晓乐说：“虽然日程安排得很紧，白天六七个小时的培训，晚上两三个小时的自学、答疑、小组讨论、练习，但却丝毫没有觉得累，而是觉得很充实，因为所学到的技能无论在工作还是生活中都会使他们终身受益。老师孜孜不倦地讲解、不厌其烦地答疑，谦虚坦诚地倾听，无私地分享自己精心制作的教学课件，这些无疑是教师的楷模。谢谢两位老师，也谢谢汕头大学各位老师和同学为我

① 于海琴：《“批判性思维教学方法”教师研习班学习状况的调查分析》，《批判性思维与创新教育通讯》2013年第12期，第22—26页。

们提供的细心周到的安排。”①

2. 观念的改变：更进一步认识到批判性思维的作用

以 2013 年华中科技大学研习班的教师反馈为例，我们可以看出培训对教师们的思想观念上的冲击作用。他们的总结的要点如下：

（1）批判性思维对科研、教育、管理都有着重要作用。华中科技大学研究生院学位办公室主任、公共管理学院教授马彦琳认识到，批判性思维课程对培养研究生的创新思维和创新能力非常重要，对提高科研工作者和教育者的科研能力、教学能力非常重要，对提高决策者、管理者的决策能力和管理能力也非常重要。她从四个方面总结了自己认识的提高：“一是更新了自己的观念、提升了自己的认知水平。我的理解是，批判性思维是一种态度、一种能力、一种技巧，更是一种‘求真’的精神。我们应当追寻和坚持这种理性、反思性、开放性、实践性的‘求真’精神，不论是在学习中、科研中、授课中还是指导学生中，都要不断提醒自己，要学习，要思考，不断提高自己的批判性思维能力，才能更好地培养学生，更好地履行岗位职责。二是促进自己思考和改进教学方法。在学习过程中，我不断反思自己对本科生、研究生的授课方法，发现很多问题，迫切需要改进。我的思考是，要运用课堂上学到的各种方法和技巧促使学生自主思考、深入思考，还要探索新的方法来提高教学质量。三是推动自己改进研究生的指导方法。我认识到，如果能够很好地运用批判性思维的原理和方法，通过渗透式的教学和指导，不论是硕士研究生还是博士研究生，指导的学位论文质量有可能得到很大的提升，他们的思维能力的提升也有可能达到我想要的结果。实际上，只有学生具有了批判性思维能力，创新性人才的培养才可以落地生根。四是帮助我思考管理中的一些问题。小到团队建设，大到部门的履责和决策，批判性思维能帮助我更加理性地运用相关的管理知识，提高管理绩效。”②

---

① 顾晓乐：《2015 年批判性思维教师高级培训总结》，《批判性思维与创新教育通讯》2015 年第 26 期，第 29—31 页。

② 马彦琳：《“批判性思维教学方法 批判性思维教学方法”教师研习班学习体会》，《批判性思维与创新教育通讯》2013 年第 12 期，第 8—10 页。

（2）培养批判性思维能力就是解决钱学森之问的有效路径。环境学院教师刘正乾说："研习班使我发现教材《批判性思维原理和方法——走向新的认知和实践》上所讲的批判性思维就是作为一个理工科的科研工作者必备的素质。这也正是我想通过《水处理研究方法概论》这门课程想向学生传授的主要思想。这本书对批判性思维进行了系统和全面的介绍和分析，使得我自己计划在以后的教学中融入批判性思维方法的想法变得更加可行。我觉得新加坡国立大学的石毓智教授的书《为什么中国出不了大师——探讨钱学森之问》通过对中西方的对比很好地回答了中国出不了大师的原因，但他并未给出一条切实可行的途径，而我个人认为培养中国学生的批判性思维能力就是解决钱学森之问的有效路径。"[①]

（3）如果运用批判性思维教学法，再也不会有教学质量的问题。物理学院教师李智华说：通过本次培训我收获颇丰。批判性思维的开放性、反思性、合理性以及求真性，不正是科学地分析和处理问题所必须具备的吗？尤其，我认为，基于批判性思维方式的问题引导的综合教学方法非常实用，而且具有很强的可操作性。教师可以根据每堂课的教学目标和重点内容，将"苏格拉底式""教练式""主持人式"三种方式灵活运用，去精心安排和设计每一堂课，相信这有助于真正实现"以学生为中心的教学"，对提高教师的教学能力和课堂教学质量非常有帮助！[②]

（4）促使反思对"好教师"形象的误解，要以学生为教育的主体。马列学院教师王健说："关注教学法对我而言只是最近几年的事，源于我在教师职业中的挫折感。从教以来，我的职业认同，都和一个魅力型教师的形象有关：他是气场强大、声若洪钟、抑扬顿挫和不容置疑的。"这次在华科的教师培训课程，"可以说全面解答了我在教学上遇到的难题和困惑。将批判性思维指向自身，我需要自省的首先是一个内在的态度：我是否足够诚实？我是否足够真诚？然后才是将原理和方法统一于实践的问

① 陈尚宾等：《参加"批判性思维教学方法"教师研习班有感》，《批判性思维与创新教育通讯》2013 年第 12 期，第 10—21 页。

② 同上。

题。我也意识到自己过去的问题，有认知上的，也有方法上的。研习班展示的批判性思维的教师形象有三，分别是苏格拉底、教练和主持人。就教学目的而言，作为教练的苏格拉底不是为了表现自己有多牛，而是要让学生们牛起来。或者说，他不会为了表现自己是一个多么强势的课堂主体，而将学生挤压成被动的客体。作为主持人的教师也不应该雄辩滔滔、自说自话地填满课堂每一秒钟，而应该懂得适时将自己在课堂上隐藏起来，把表现的时间和空间让位给学生”[①]。

参加观摩的同济大学教师陈君华也对真正的互动引导的教学感受很深：自觉地推动学生自己的充分思考和探索能力的提高；而不是作为教师自己的“一言堂”。他反思自己，指出，主持培训的教师呈现出了一种公正开放的心智，他在组织学生讨论时，很多案例不设答案，主张进行真正开放式的讨论。让学生去想去说。他很少发表自己的主观性的评论，更不会像我一样有时强硬地驳斥学生在我看来是错误的观点。正是在这样公正开放的理念和心智的指导下，批判性思维的课堂气氛不仅很热烈，而且很和谐。相信春风化雨般的教学风格，也更有助于启发学生自身的公正开放的心智[②]。

3. 培训对教学和其他方面的作用初现

培训学员的反馈中还谈到一些立竿见影式的实际帮助和效果。

以 2012 汕头大学研讨会为例[③]，除开参加的教师的个人学习感受外，研讨班的效果还反映在两个方面，其一是他们的正—反—正写作、分析习题写作及其汇报表现出的很高质量。大多数教师们十分准确完整地进行 GRE 类型的论证的分析、表达和评价；其二，他们的正—反—正论证也大多数很紧凑、严密和全面，最后结业汇报上教师对各组作业的评论也很

① 陈尚宾等：《参加“批判性思维教学方法”教师研习班有感》，《批判性思维与创新教育通讯》2013 年第 12 期，第 10—21 页。

② 陈君华：《浅析批判性思维教师的几个重要特征》，《批判性思维与创新教育通讯》2013 年第 13 期，第 19—24 页。

③ 董毓：《反思与评价：汕头大学批判性思维教师培训》，《批判性思维与创新教育通讯》2012 年第 7 期，第 4—10 页。

热烈中肯，这些表明他们对批判性思维技能和原则的掌握程度，令人高兴。

研习班另一方面的效果是对教师的教学实践的推动。研讨班还没有结束，一些老师已经开始把研习到的教学原则和方法用到自己的教学实践中。比如让持不同观点的学生就近两两交流、交换意见自教自学的方法，课尾小结环节等。巫连心老师说，培训还没结束，我就在上课时经常问学生“上一次我们学了什么”，在每次下课前，给学生复习一下“今天我们学了什么”，让学生温故而知新，加深他们的印象。

徐兰兰老师在参加培训期间就运用批判性思维教学方法给学生上课，已经看到了相当显著的实践效果。她说，比如，我提供给学生几个学术调查发现的节选，让他们观察这些调查发现的推理过程，然后问这些调查发现是否算是一个有效论证？结果发现，这比往常问他们有什么意见或看法之类的提问方法，更容易激发学生的回答兴趣。徐老师说她一直在进行参与式教学改革实验，但学生的“参与”仍停留在被动、形式阶段，而用了激发学生参与积极性的教学方法后，问题反而变成了如何控制学生说话不超时了。

徐晖老师也在研习班期间将批判性教学原则应用到广告效果课程中。他说，期末作业学生需要研究“网络效果评估体系的建设”。我要求学生对每一个结论都要提供相应的数据和支持并说明前提，这种方法提高了学生的论证能力。

通过“毕业设计”教学方法的练习，可以看到教师们正在努力实践学到的内容。比如刘元根老师制作了尝试批判性教学的教案设计。他将提供一段经证实的辩词，然后要求分组提问和回答，顺序是首先回答“是什么”，要求学生回答材料中的论点、论据和论证方式是什么；然后是回答“怎么样”，引导学生对材料中的论点、论据和论证方式进行质疑；最后是回答“为什么”，引导学生对材料中的论点、论据和论证方式进行评价。李婉丽老师修改了她的案例研究教案，原来的第一步是教师先讲授课程相关理论，并介绍关于该问题的不同见解，现在她在此前加上先让学生预习该部分的内容，并了解例证（印度博帕尔事件）的具体信息，然后在课堂上分为小组进行讨论并相互回答问题的步骤；然后才是教师讲授课程相关理论，接着还加上正—反—正论证的要求，以及其他练习考核的步骤。这样促使学生思考再思考，实现最大限度对思维的训练。

同样，一些参加2013年华中科技大学培训的老师马上就开始运用：机械学院教师阮春红说："批判性思维研习会还没有结束，我就迫不及待地将批判性思维模式带到教学中了。今天开始的《机械设计课程设计》首次授课我就是从发问开始，设计系列问题引导学生自学第1、2章。根据各自的设计数据设计自己的总体设计方案，指导学生分析还有没有其他方案，怎样论证自己的设计方案的合理性。但我感受最深，也最想用到自己教学中去的是'三的原则'和'图尔明的论证模型'。其次，我觉得研习班练习的'八大教学方法'——苏格拉底问答法、组织正—反—正方式写作法、即时按需教学法、学生自助教学法、互动三"步"曲教学法、小组讨论和审议辩论教学法、促进主动和参与的综合考核方式、自我反思评价的考核等可以适合任何课程教学。"①

还有老师觉得，培训为他们找到了教育改革的钥匙。华中科技大学的外国语学院教师李伟平说：自己最近在领导学术英语课程改革的项目。在研习批判性思维原理和方法的同时，我一直在探究如何在我的课程中渗透所学。第一次课中提出的教师的几种角色给我的触动很大。虽然在课堂上我也对学生提问，但是大多数时候没有经过精心设计，因而指向性不明确，要做到苏格拉底那样带领学生进入思考还需要教师在课前做更加细致的准备。从这里我找到了提升教学层级的突破口，那种喜悦真的是不能言表。随着课程和研修的深入，我对我的课程建设的想法也越来越清晰和具体。批判性思维和学术的契合度彻底改变了我对课程的设想和定位，我感觉到这一次我的目标和方向是正确的。批判性思维融入学术英语的教学在我看来是完美的搭配，是为学生铺垫了学术研究之路。②

---

① 陈尚宾等：《参加"批判性思维教学方法"教师研习班有感》，《批判性思维与创新教育通讯》2013年第12期，第10—21页。

② 同上。

参加2014年在北京大学培训的同济大学的教师崔映宇，谈到培训对他的科学教育的作用。他自己一直在尝试在校学生《细胞生物学》等基础课课程的教学过程中探索培养学生批判性思维能力的教学方法，这些年来虽然也有一些心得和体会，取得了一点可喜收获，但总觉得缺乏系统的理论指导，持续更深层次意义上的探索遇到巨大的理论瓶颈。“此次参会和参训期间，在与各位专家学者的交流互动和共同学习中，深刻体会到批判性思维在培养学生理智的怀疑和反思精神，塑造其思维清晰性、相关性、一致性、正当性和预见性等好的思维品质，及追求健康的精神生活、提高学习成绩和工作效率等方面的重要意义，也为我今后的教学和科研工作提供了明确的方法论指导和强大的理论支撑，特别是图尔明模型、苏格拉底问答法、挖掘隐含假设和开发替代观念、解释和论证等在‘创新为本’的科研实践中将发挥引领作用。”①

自然，培训的作用还不仅在教学科研上。如上面提到，华中科技大学的马彦琳老师表示，培训的结果之一是让她更加理性地运用相关的管理知识，提高管理绩效。参加2015年汕头大学培训班的西南政法大学的张虹老师的运用十分有意思。她说，“24日我结束了培训学习，紧接着到汕头市检察院检查我校实习生实习情况，顺便做一些调研。到民行科看了厚厚一叠案卷和一份裁定书初稿。通过这次批判性思维学习，我很快就从案卷中的证据入手，发现了几个疑点，从疑点中提出了几个假定，又提出是否还存在假定之外其他的可能，和林科长交谈很久，林科长说，‘张老师，你在做律师吗？挺有经验的呀’，我说：‘我没做律师呀，不过是刚参加了批判性思维培训班，这些方法都是在课堂上学到的，嘻嘻。’能得到实践部门同志的点赞，这得归功于批判性思维的培训呀。而后又看了那份裁定书，问题很大，原告的诉求和检察院做出结论的联系，支撑理由缺失，那份初稿思路是：你的诉求是这样，根据某条法律你不属于这种情况，所以，你的诉求不能支持。这种思路是传统三段论思维模式，不能说错，但

① 崔映宇：《参加第四届全国批判性思维教学研讨会和培训班的感想》，《批判性思维与创新教育通讯》2014年第19期，第20—21页。

缺少一个论证过程，也就是董毓教授所讲的，批判性思维论证是我们论点出现的一个不可缺失的环节。这种情况不是这一份裁定书才出现的问题，而是我国司法文书的普遍现象。这让我这个初入批判性思维殿堂的新手兴奋不已，我觉得自己应该做点什么了……”①

4. 增加了合格的批判性思维的教学科研的力量

从 2011 年开始，约 200 多位大学教师和学校管理者参加了不同形式的批判性思维培训。据不完全统计，教师培训后新开或完善了批判性思维课程的学校至少有十几所。另外，上面总结的学员反馈可以显示，更多的教师在自己的各科教学中不同程度和方式的运用了他们在培训中学到的原则、方法和技能。

过去五年的教师培训被证明对推广中国的批判性思维教育是有效的手段。许多教师反映，培训增加了他们的信心，知道自己从事的是合适正确的批判性思维教研，所以在教学上有了“底气”，在科研上敢于尝试。2015 年在汕头大学召开的第五届全国批判性思维教育研讨会上，在分组发言的 19 位教师中，13 位以前受过培训。所以，受到培训的教师，即使后来还没有开设出批判性思维课程，也成为推广批判性思维教学科研的力量。

显然，到目前为止所进行的批判性思维教师培训，起到了多方面的推动批判性思维教育的作用。

（四）培训的问题和局限性

1. 目前培训的问题和不足

根据培训教师的反馈，围绕培训各方面的意见和改进建议，主要有以下内容：

- 实践、练习还是不够；在具体事物、事件中批判性思维的综合

① 张虹：《培训后话心得》，《批判性思维与创新教育通讯》2015 年第 26 期，第 31—32 页。

运用事例较少。

● 时间紧，任务多，课程整体时间安排较为紧张，“消化”时间有限，可能会影响“吸收”。对课程内容可否进行阶段性回顾？（两次或以上回顾或反思?）

● 应更多加入教学设计训练的内容；应设计一个让老师们分享教学方法的环节等。

● 有的培训时间安排紧张，处于学期末，教师需要同时完成补课、毕业论文辅导、毕业答辩、期末作业辅导等重要工作，导致他们对课程的投入力度有所降低（后来培训改在假期）。

● 希望有更多和专业教学和科研结合的内容、例子。

● 培训时间应加长，增加练习、案例、实践、互动的机会。

小组讨论中一方面有些人发言多，形成先入为主的影响，其他人或丧失独立思考。另一方面有些人参与不够，做作业时形成“搭车”现象。

● 教材内容学术化较强，若通俗些或许更好。

● 华中科技大学的于海琴老师对各科教师培训的安排，提出一些思考建议。其一是提前进行从课程设计入手，比较新教学方法与旧方法的差别并分析。比如，在两次理论课之后，就安排课程设计的作业，以课程设计作为“问题”，启发教师们在研讨中总结、提炼批判性思维的应用方法和途径，感受到各种应用的可能性。或者，更激进一些，从第一次课开始就反复呈现不同的批判性思维教学设计案例，不断地比较与传统教学的差别，请教师们挖掘自己的经验，评价哪些是曾经用过的？哪些是完全陌生的？意外的？这样做的好处在于，把批判性思维教学与教师们已有的经验连接起来，使大家清晰地意识到，“我可以在哪些方面做些改善？我以前在哪些方面做得还不错，哪些方面应该彻底改进?”其二，多一些教学开发设计的作业和活动任务。统观教师们的教学设计，有点“心里明白、动手不强”的感受，与理论讲授偏多了一点有关。应该加强“做中学”。不强的固定的模式，不管是什么教学设计，只要不忘记根本目的是理性、多样性、反思、实践性，一句话概括，就是促进主动思考，这就是批判性思维的教学。[①]

• 2014 年北京大学的培训中，也有个别教师认为，批判性思维教师的培训过多关注教学实践，而忽视了理论研究。

• 另外，有教师反映，参加培训的教师中也有个别有固守原有观念，不虚心，放不下自己老师或博士身段的心态，不甘当学生，不倾听，结果影响自己和他人的学习的现象。因此建议要在培训开始，强调批判性思维的虚心学习的态度。

• 需要看到，参加培训班的教师年龄、背景、专业、目的各有不同，学习的投入和收获的程度也有不同。比如有的是来了解，有的是要认真弄懂以便回去开课，这就导致课堂上做小组练习，组员之间参与程度又有不同。对文科类的教师，逻辑和论证分析会需要更多时间联系。另外，图尔明模型一直是教师需要更多练习的难点（特别是对“保证”的理解）。

2. 培训的局限性

虽然我们的“新型复合教师”的培训获得广泛认同，起到很好的作用，但是，它的局限性和困难也是明显的，它们至少包括这几个方面：

（1）这些成功只是局部的、有限的。限于有能力的培训者和资源、设施的缺乏，每年的公开课和培训次数十分有限。这意味着，即使在目前数量不多的教批判性思维课程的教师中，依然多半是没有经过合格培训的，不少还是以自己习惯的教法来灌输自己熟悉的内容。这就是说，目前批判性思维教学的内容不全面不合适，教学的方法还是满堂灌输式的局面，还没有发生根本改变。

（2）培训模式的丰富化问题。目前培训的教学模式还是小班式，培训的内容是训练高校的教师如何培养发展科技和文化的高级人才。这需要

① 于海琴：《“批判性思维教学方法”教师研习班学习状况的调查分析》，《批判性思维与创新教育通讯》2013 年第 12 期，第 22—26 页。

扩展，比如要包括大班教学的方式，还有针对那些培养走向各行业职场的学生，以及培养理性公民的教师。这些需要在有人力物力帮助的条件下开发。

（3）培训的后续实行的问题。培训的批判性教学法的实践还是初步和局部的，需要有后续的做法来继续推动这些教师巩固、扩大、深入和系统地运用批判性思维的思想原则和方法，而不是作业作完了学习就完成了。根据学校的总体教学目标，汕头大学在2012年教师培训后保持和受训的教师联系，支持那些有意愿将课程进行系统的批判性思维构造的教师，扶植一些模范性的课程，鼓励教师在自己院系开展批判性思维的讲座或讲习班，举办校内教师教学方法交流。这样，教师培训真正推动了全校的发展批判性思维教育的目标。但是，全国这样做的仅汕头一家，其他的都还只是个别参加培训教师的自我努力，还没有形成一定气候。

（4）真正的批判性思维教学，还依赖教育的大环境的改变。比如，新型的教学方法，如教师们认识到的，需要教师的自我转变和大量的时间的投入，而这在目前的教育体制中是不鼓励的。华中科技大学外国语学院丁煜老师说培训“让我更深地体会到将批判性思维融入教学是一件耗时耗力的活，一次苏格拉底提问的设计就可能需要一两个小时，这非常需要教师的奉献精神。参加培训的老师应该都是有这种意愿和奉献精神的，但遗憾的是现实可能不允许我们精益求精”①。目前重科研的风气将阻碍他们全面、持久、深入的运用这些学到的方法。如何克服这些困难，是教育部门和其领导面临的重要任务。其实，这也是更大的问题和要求的一个反映：即教育部门和其领导需要真正动起来，全面性和实质性地推广批判性思维教育。

（五）小结与展望

众所周知，人才是一切的关键，没有多类型多层次的人才，人没有产生新思想知识的主观能力，不管采取什么物质刺激，什么科研体制，创新

① 陈尚宾等：《参加“批判性思维教学方法”教师研习班有感》，《批判性思维与创新教育通讯》2013年第12期，第10—21页。

国家的目标不可能达到。这个道理在批判性思维教育领域也一样。而从整体上看，中国批判性思维教学科研的人才在数量上缺乏，在质量上不足，离素质教育的需求差得很远。这种局面，拖了中国的素质教育和科技创新的后腿。

显然，批判性思维教师培训，依然将是重中之重。虽然过去五年的培训经过了起步和成长，打造了有效的模式，获得了经验和可喜的成果，但在现有条件限制下，它远远不够。对立志于中国素质教育的工作者，今后的首要任务之一，就是尽力开展更多、更广泛、形式更多样的人才培养，既要更大力推动目前的教师培训，又要将层次扩大到高级人才，将范围扩大到基础教育的人才培养上。要实现这样的目标，鉴于目前的局限，最好是建立专门的、全国性的培训中心的联盟，将多个学校联合起来，通过国内外力量的聚集，密集的交流合作和有计划多方向的协调培养工作，超越目前分散、孤立、封闭和无计划的手工业状态，加快各层次各类别的批判性思维教育人才培养。

我们设想，这样的中心联盟，将依托中心所在各学校的人才和设施，并招聘国内外人才，建立专家团队、人才培养基地和机制。以此，要努力建立符合批判性思维跨学科需求的课程和实践体系，从本科生到研究生配套培养。这样的课程应该包括批判性思维涉及的主要跨学科领域，如科学方法，知识论，逻辑学，分析哲学，认知心理学，西方哲学原著选读等。在研究生培养机制上，提倡由中外专家团队的多种形式合作。另外，要加快和扩展目前已经进行的两类教师的培训（批判性思维课程教师和应用批判性思维的学科课程教师），开办更多更经常性的培训班，并结合各校教师培养中心，用两条腿走路的形式。在培养科研领军人才和教练级人才方面，要选派教师到中心和国外访学、进修，依托课题项目来训练他们，要求他们参与实践活动，获取包括企业、社会的实际经验，以便具备从实践中学习、运用和创新批判性思维科研教学的能力。最后，还应该考虑利用网络自主学习平台，通过网络课程，培养更多的各类人才。

（董毓　刘玉　华中科技大学）

二　汕大整合思维团队在中小学阶段促进批创思维的教育实践

《汕大整合思维》课程是汕头大学为大一新生设立的思维训练课程，旨在为刚进大学的新生提供基础的思维教育，启发他们的创造性思维和批判性思维能力。历经约四年的本科教学实践之后，汕大整合思维团队于2015年迎来了新的拓展：初步尝试将批创思维教育延展至中小学阶段。

其中一项尝试是于2015年4月至6月在汕头大学附属小学五年级开展了为期十一周的创意思维拓展营课程。本课程以郭伟文教授为顾问，主要由团队成员饶军民和黄淑芬任教。该创意思维拓展课程吸收了团队在本科阶段的创意思维教学的经验，依据国外及港台的有关中小学阶段的创造力研究成果，以"创意品质""创意工具""创意解难"三大模块为基本架构进行课程编排。我们认为这三大模块是彼此相辅相成的：创意品质训练旨在解放孩子的创意天性，提升孩子对自身创造能力的觉知，从而为后续思维训练做好铺垫；创意工具训练则按照创造性问题解决过程布局创意技法，让孩子感受从发现事实到方案评估的整个创新过程；而创意解难训练以学生生活为半径进行内容设计，涵盖家庭主题、学校主题、课业主题、科技主题，旨在通过创意实践，将创造能力应用于个人学习或生活之中。

针对小学生的年龄特征和认知能力，课程以教师协同教学、团队拓展游戏为主要特色。在课程的教学当中，两位任教老师发挥各自的特长，互补彼此的不足，使得课堂有更加活泼的互动，例如其一在讲解时，另一位老师可以进行现场演示；又如两位老师可以带领不同的小组进行小型的竞赛等。课程中的活动设计也比较多样，多以团队合作为主，包括室内观察任务、课室重新设计任务、谜语创作大赛、手偶剧表演、鸡蛋保护器设计等。

为了发挥课程的推动效应，本课程一方面招募了十一位已经修读过汕大整合思维课程的大学生志愿者，让他们协助教学的工作，成为小学生团队的带领人，鼓励他们积极应用在整合思维课堂上所学到的知识和技能。另一方面课程也建立了家长互动平台“创新与家长教育中心”微信公众号，实时分享授课过程、解析活动背后的创意理论、展示学生创意成果，让家长理解创意教学的同时，也让他们见证孩子的思维成长。在课程结束后，我们团队也通过分析学生们创意思维的前后测量数据，给予校方课程效果的反馈和未来的建议。该课程得到了附小校领导和该班级班主任的正面反馈，也得到了学生们的普遍喜爱，他们纷纷表示希望能有机会接受更进一步的思维学习训练。

创意思维在中国中小学阶段的教育中一般停留在正规的课堂之外，多会在假期训练班等特色课程中有所涉及。本课程的意义在于探索如何在现有的课程体系和教学环境下探索出可行的本土化的中小学创意课程设计。因此，在探索过程中我们也发现了不少的问题。一是创意思维的训练是一个“颠覆”过往假设和规则的过程，而要在认知上接受，在情感上产生动力需要一个相当长的过程，故此在创意品质上学生的改善情况并不是很好，有赖于未来在创设课程上考虑如何产生长期的学习动力。二是创意思维的训练需要考虑小学生的年龄特征和群体的关系。上课过程中发现小学生的发散性比较好，联想丰富，但比较缺乏聚敛性的思考，因此在课程设置上可适当有所侧重如何聚敛思考。而每个学生群体都有先前已存在的内部文化或彼此关系，若不了解他们的情况，随意地分组，会使得一些内在矛盾被激化。这也是我们作为陌生新老师在教学中难以避免的情况。三是创意思维的训练需要良好的创意空间和环境。许多创意研究者已经表明环境是影响创意发挥的重要因素，我们的课程以团队游戏为主，由于场地的限制，很多游戏、活动无法开展。整齐划一的课室设置、不适于学生肢体活动的空间使得许多创意活动的效果大打折扣。若有可能，设置专门的创意教室，经过特定的设计和布置，会使得活动的效果更佳；甚至可以开辟一部分空间留待学生自己来开发，使得学生在属于自己的空间上更具有发声权和自主权。四是我们希望创意思维的训练和小学课程、日常生活相互融合，但问题是我们作为高校工作者长期接触大学生和大学校园环境，对于小学生现今最熟悉、最热衷的东西是陌生的，对他们平时所学的课程也是不清楚的。这些都是我们未来进一步探索在中小学开展创意课程需要考虑的问题和处境，盼望有更多的中小学工作者可以参与其中。

图 1　汕大附小创意拓展课程课堂现场

整合思维团队的另外一项尝试是：和中小学教师直接面对面探讨思维教育如何融入中小学课程教学中。2015 年 8 月 28 日汕大整合思维团队项目主任郭伟文教授受邀在北京师范大学南奥实验学校开展了题为“批判性思维与中小学教育”的教师培训讲座，向该校的全体任课老师介绍了批判性思维的基本定义和批判性思维的重要性，澄清一些常见的误解和疑惑，引发在场老师的关注。郭老师认为掌握批判性思维的基本概念工具是非常重要的，他以“语害”[①] 为例，和现场老师一起进行了案例的分析和探讨，帮助老师们理解语言是如何影响我们思考的，提醒老师们在教学中也要避免语言陷阱。最后，郭老师和在场老师分享了批判性思维融入中小学教育的国内典范。华中科技大学附属小学开展的“批判性思维进小学”的尝试和上海师大附中副校长余党绪特级教师在语文教学中引入“千字文”阅读的做法引发了在场老师的兴趣和反思。讲座最后的提问讨论环节，该校老师积极提问，探讨了理性的本质是什么，如何发问激发学生思考，在中国中小学的体系下如何开展思维的训练，学科老师如何有意识地把批判性思维融入教学设计中等问题，他们表示有兴趣继续深入了解和学

① “语害”是指影响确当思考的语言弊病。

习批判性思维教育。一次培训和对话的影响是有限的，但汕大整合思维团队也盼望借此契机，加强和中小学教育者的联系，彼此激发，带动基础教育工作者对思维教学的关注。

图2 北京师范大学南奥实验学校教师培训会现场

通过以上两项尝试，汕大整合思维团队开始关注批创思维在基础教育阶段的推广。初步的了解中，我们看见中国大陆在基础教育阶段培养学生思维能力的实践相当有限，也相当缺乏基础的理论研究。由于香港和台湾在中小学阶段强化思维教育方面已经有相对比较成熟的实践，团队盼望在未来借着加强和港台相关机构的交流，可以进一步寻求在中国大陆环境下进行思维教学的模式。我们也盼望看到中国大陆会有越来越多的教育工作者投入到批创思维教育在中小学的实践中。

（黄淑芬　郭伟文　李庆远　汕头大学）

三　北京国信世教信息技术研究院批判性思维培训实践

北京国信世教信息技术研究院（以下简称“国信世教”）是教育部教育管理信息中心《中国教育信息化》杂志社承担研究与咨询工作的关联

合作单位，是教育信息化课程研发与理念推广的智库之一。近年来，国信世教一直贯彻《国家中长期教育改革和发展纲要（2010—2012）》精神，致力于国外优质教育资源的引进和国内素质教育与创新教育课程的开发。批判性思维是其中的一门课程，开发和推广大致经过了3个阶段。

（一）第一阶段：在国际班开设批判性思维课程

2013年，国信世教针对我国出国留学学生在海外学习情况的研究显示，许多中国学生很难适应在国外大学的学习，有的甚至不得不退学。中国留学生反映，在国外读书最大的问题一是完不成作业，二是不会参加课堂讨论。究其原因，都是因为批判性阅读和分析性写作和表达能力差，而这两点都表明了我国留学生批判性思维能力的缺乏。

2013年的秋季学期，我们首次把批判性思维列入国际班课程体系，在北京某中学国际部以英语为授课语言，选用英文原版教材，聘用外籍教师教学。经过32小时的批判性思维课程训练，学生掌握了批判性思维的基本概念，篇章阅读的基本方法和分析性写作的基本框架，学生反映读书不再是漫无目的地翻书，写作也不再是跟着感觉走，与人交流能够抓住对方的主要观点，进行回应，交流质量大大提高。

2014年春，结合2013年外教讲义，美国专家将批判性思维开发成具有完整的资源包的课程。课程资源包内包括教材、教学大纲、教案和课件等内容，具有了可推广性。风格上，课程强调趣味性、针对性、互动性和挑战性，确保每一节课上学生的积极参与和“啊哈”的顿悟感觉。课程设计完成后，被推广到北京、呼和浩特和太原等地的4所高中的国际班，由当地受过培训的外教教授，学生反响良好。

2015年春，对开设批判性思维的5所学校的国际班学生的SAT阅读成绩分析显示，成绩均高于以往。对老师访谈发现，这期的学生普遍思维比较灵活，回答逻辑性较强的问题的能力较强，而且，课堂参与程度也比以往学生好。这当然是很多因素共同作用的结果，但批判性思维课程大概也起到了推波助澜的作用。

（二）第二阶段：在普通高中的实践

随着批判性思维课程在国际班的实践和对批判性思维研究的深入，我们发现，批判性思维不仅仅对学生的学业有帮助，对学生的社会性发展也非常重要。具有批判性思维是对有素养的公民的基本要求，也是对建设理性社会的需求。批判性思维是发展人的智力和德育的有力工具，是提高人的综合素质的有力工具。

《国家中长期教育改革和发展纲要（2010—2012）》第二章第四款中提到的“社会责任感、勇于探索的创新精神和善于解决问题的实践能力”的素质教育的目标，也是批判性思维的培养目标。因此，将批判性思维纳入素质教育的课程体系，向普通中学推广，成了我们下一步工作重点。

2014 年初，在英语的批判性思维课程完成开发后，我们与具有国际视野和先进办学理念的北京市八一学校合作，开始在普通高中平行班开设批判性思维课程。这次尝试，批判性思维作为选修课，在高中一年级开设。课程复制了国际班的模式，英文教材、外教授课、授课语言为英语，共 36 课时。

虽然采用了与国际班同样的师资和教材，这次选修课的学生反响远没有国际班好。很多学生仅仅把批判性思维课当成了另一种形式的外教英语课，选课的目的是提高英语水平。他们更关注上课时的语言知识性问题，对于思维提高认识不足。针对这种情况，我们把批判性思维教师资源包翻译成汉语，同时把批判性思维教材整编为双语教材。但是，却找不到能够教授这门课程的本土教师。

（三）第三阶段：师资培训

中教开设汉语的批判性思维课的第一个障碍是师资问题。据我们调查，当时批判性思维课仅在华中科技大学、中国青年政治学院、北京大学和中国人民大学等少数几家大学开设。虽然华中科技大学启明学院从 2011 年起每年暑期举办批判性思维师资的培训班，但培训对象大多是高校师资。国内尚没有针对高中批判性思维教师的培训。

为解决师资问题，我们制定了两套教师培训方案，结合合作学校情况，由合作校选择使用。

第一种方式是“做中学”模式。

在北京市第十九中学采用了这种模式。批判性思维教师由学科老师自愿报名参加培训后遴选。基本做法是，集中一段时间对报名教师进行培训。培训的内容包括批判性思维的理论和实践，让教师首先具备批判性思维能力。其次介绍批判性思维双语课程资源的使用和批判性思维的教学方法。经过培训的教师随后集体备课，成果演示，并面向全校提供选修课。

北京市 19 中学 2015 年秋季的批判性思维课程已经开始了。这种短平快的方式也被山东潍坊（上海）新纪元学校采用。他们在 2015 年秋季第二学期也面向高一年级开设了批判性思维的全校选修课。

图 1　北京市 19 中学教师演示批判性思维课程

第二种方式是步步为营，稳步推进式。

北京市八一学校采取了这种方式。首先，他们从语文、英语、数学、政治、历史、地理、物理和化学等各学科组选拔了一批优秀教师组建成批判性思维课程研究小组。其次，组织国内外专家对小组教师进行了长达一年的培训。期间，教师需分工合作，集体备课，打造精品课程。

图2 谷振诣老师跟北京市八一学校批思教研小组座谈

相关进度安排如下：

步骤	时间	内容
一	2015 年 1 月	国内知名学者对教师进行批判性思维基础概念的培训；同期，邀请外籍专家进行教学法培训
二	2015 年春	外籍专家为老师进行批判性思维和教学法的培训
三	2015 年夏	学校选派教师参加全国批判性思维教师高级培训班
四	2015 年秋	批思小组分工合作，开始备课；批思小组的成员每人准备一至两课，内容包括教案，学案，课件。定期开会，讨论，确定教学方案；邀请专家评课、指导
五	2016 年春（预计）	开设全校（高中）选修课
六	2016 年秋（预计）	开设全校（高中）必修课

开展批判性思维两年来，我们对批判性思维、对批判性思维作为一门课程的认识在逐步加深。对原来的课程在不断进行反思。近期，我们计划重新开发完全本土化的批判性思维课程，提供给普通高中。同时，我们也在制作初中的批判性思维课程。教材是批判性思维课程能够在中学普及的关键，也是未来批判性思维课程开发中最具挑战性的工作。我们现在正在与相关专家和合作学校密切配合，进行教材的编写。批判性思维能不能评测？通过查阅文献，我们认为，可以评测。那么，对于中国的初中生，高

中生来说如何测量？通过学习批判性思维课程，学生的批判性思维水平真的有提高吗？如果有，这种提高是永久性的，还是暂时性的？我们正在专家指导下开发出批判性思维的评测工具。

（王爽　北京国信世教信息技术研究院）

四　《中学生思辨读本》丛书

《中学生思辨读本》丛书为中学生经典阅读读本，旨在培养中学生理性精神和思辨能力，分《古典诗歌的生命情怀》《经典名著的人生智慧》《当代时文的文化思辨》《现代杂文的思想批判》四册。丛书由特级教师余党绪精选汇编而成，力图开阔学生视野，提高学生的思辨能力，使他们在文学、文化、思想等方面得到拓展和提升。

主编余党绪为上海市语文特级教师，曾参与多部教材编写工作，多年来潜心探索以“批判性思维”为核心的思辨性阅读与“基于公民表达的写作教学”。迄今已发表散文、随笔、论文、杂文百多万字，出版《人文探究》《议论文写作新战略》《公民表达与写作教学》等著作，主编和参编教育读物与文化读物多部。

关于丛书的具体编写理念和精彩内容，可参见如下这篇余党绪老师发表于《中华读书报》（2015 年 10 月 8 日）的文章。

最近，上海教育出版社出版了我的“中学生思辨读本”书系，一套四本：《古典诗歌的生命情怀》《现代杂文的思想批判》《当代时文的文化思辨》《经典名著的人生智慧》。这四本书，集中体现了我在阅读教学中培养学生的“批判性思维”的探索。此前，笔者出版过一本《公民表达与写作教学》，比较集中地探讨了在写作教学中培养“批判性思维”的问题。

《古典诗歌的生命情怀》。古人主张，读诗贵在诵读沉潜；而今的中、高考，又引进了诗歌鉴赏。我觉得，诵读有益，鉴赏无妨，但基础还是理解，理解的核心，则是诗人们千姿百态的人生中所蕴含的生命真谛。“生命”与“人生”，内涵不同。“人生”常与经验、智慧、指南这样的词语组合，经验可以分享，可以借鉴，可见“人生”更强调生命的社会内涵。但“生命”则不然。与“生命”组合在一起的，常是感悟、体验、密码这样的词，这些词语总给人隐幽莫测之感。生命是神秘的，独一无二的，难以用理性的语言来传达。如果说“人生”是现实的、功利的和扩张的，那么，“生命”则是具有更多个体的和超越的色彩。

为了更好的理解诗歌，我将精选的99首诗歌按照主题分为十类：生与死，情与怨，功与名，家与国，物与我，穷与达，进与退，今与昔，离与合，悲与欢，基本上囊括了一个传统诗人所要面对的社会命题、所要经历的生命境遇和所要解决的人生问题。其实，当代人的生存，与他们也大体相似。

《现代杂文的思想批判》。杂文的思维方式，呈现出强烈的批判性：质疑、求异、发散、联想……杂文天然不安分，不因循。好的杂文，总能在司空见惯的现象或者习以为常的事物中，发现某些悖谬之处，让我们不再习以为常，不再视若无睹，不再心安理得。它以一种直抵根基的单纯，来对抗我们自以为是的老练；以一种咬定青山不放松的偏执，来打破我们自以为是的圆润；以一种玩世不恭的反讽，来挑战我们自以为是的成熟。杂文，是愚昧、迷信和圆滑的天敌。鲁迅把杂文比做“小小的显微镜”，它“也照秽水，也看脓汁”。杂文的价值，正在于它激浊扬清，拨乱反正，正本清源。

任何进入教学活动的阅读，都应该是组织性的，应有明确的价值追求和组织结构。杂文阅读，我看重的是其强烈的思想冲击力与丰厚的逻辑思辨力。十个主题的设立，呼应的是学生的精神成长与人格成长：独立人格，自由思想，公民意识，理性精神，质疑能力，悲悯情怀，回到常识，坚守良知，拒绝遗忘，审美人生。在成长过程中，这些话题都是难以回避的。当然，考虑到中学生具体的文化与心理状况，我回避了那些直板叫骂的杂文、阴阳怪气的杂文，或者一根筋拉偏架认死理的杂文。

《当代时文的文化思辨》。十多年来，我一直坚持"万字时文"的阅读实验，以弥补教材课文篇幅短、容量小、题材单调、主题狭隘的缺陷。著名语文学术杂志《语文学习》曾就此做过详细的调查和长篇报道，受到许多同行的关注与肯定。本书收集35篇作品，从我十多年积累的500多篇时文中选出，都是学生认可和喜欢的精品。所谓"万字"，强调的是读物在长度、容量和难度上的挑战性，同时也暗示了其在内容建构上的理性化与思辨性。我发现，学生感兴趣的，多是以文化眼光观照人物、历史、思想、典籍等内容的思辨性的文章。这也是本书分为人物、历史、思想、典籍、世态五部分的原因。

"万字时文"的阅读，力图改变低水平的简单重复的"浅阅读"现状，迫使学生不得不以"仰望"的姿态来阅读，以探究的心态来阅读，在"跳一跳，摘桃子"的阅读实践中，提升自己的知识层次、阅读素养与思维能力，培养学生的逻辑思辨力和文化思辨力。

《经典名著的人生智慧》。我一直试图引导学生读几本完整的名著，并将名著的阅读教学定位在"人生智慧的理性反思"上。好的经典一定是人生的教科书，它所呈现的生命形式与人生内容，正是我们省察人生和借鉴他人智慧的"镜子"。借助名著，我与学生展开了关于人生、关于生命的对话。与其说我与学生分享的是一部著作，还不如说分享的是我的人生感悟。也正是在这个意义上，我的生命才散发出了一个语文教师的人文意义。而我的学生们，在共享我的体验时，也或多或少的给了我智慧与力量。我一直觉得，师生是一种彼此见证的关系：我见证你的成长，你见证我的衰老。

这本书的副标题为“九部名著与你一起思考九个人生问题”。在写作过程中，我有意将九部名著的内容关联起来，尽可能形成一个互相照应、彼此互文的关系。四本书的命名，体现了我对不同阅读内容的功能定位：诗歌的阅读重在生命体验的感悟，名著的阅读则重在人生经验的借鉴；“当代时文”立足于视野的开拓与文化的思辨；“现代杂文”的阅读，则立足于思想的冲击与观念的对话。四本书在思想与视野上形成一个互文与互补的关系，共同的功能指向，则是一个理念：理性精神与批判性思维的培养。

一个理念：以“思维方式”的培育为核心

语文教育始终在改革，但遗憾的是，改革始终停留在“进一步，退两步”的折腾之中，能够凝结下来的改革成果非常有限。发轫于20世纪初的课改，初衷是革除琐细无聊的文本分析（于漪老师命名为“碎尸万段”）以及知识的恶性膨胀，而用来革除弊端的武器，就是所谓的“人文精神”以及与其相匹配的生命感悟、精神共鸣与灵性的张扬。在强大的行政推动与舆论压力下，文本分析与知识教学一时间成了人人喊打的过街老鼠，取而代之的则是所谓的“整体感悟”。结果，“碎尸万段”倒是没了，但抛弃了文本分析、缺乏知识内涵的所谓“感悟”，也彻底落了空。教师的手脚被严重束缚，上课不敢开讲，一开讲便背上了“碎尸万段”的骂名。于是，便明智地选择做一个“主持人”，负责启动讨论，负责宣布下课，课堂的黄金时间则交给学生去做生命感悟与个性对话。可以想见，缺乏文本解析的所谓感悟，缺乏教师高水平引导的所谓对话，只不过是“从表面到表面，做无效低效的滑行”（孙绍振先生语）！

可悲的是，被钱梦龙先生美誉为“课堂主导”的教师，倒成了课堂上的木偶、摆设和局外人。更悲哀的是，这糟糕的局面竟然持续了近十年。其实，一线教师何尝不知这“整体感悟”的荒唐！记得某年黄玉峰老师上了一节《世间最美的坟墓》，从头到尾“满堂灌”，竟然赢得了众多的喝彩和掌声。黄老师每以“语文教育的叛徒”自居。其实，单从“满堂灌”这个方法看，这是算不了“叛徒”的。这本来就是传统语文教育的手段之一。黄老师的可贵在于他的理性与坚守。

语文教改总是从一个极端跳到另一个极端。我们常用“矫枉过正”来为这种纠错行为辩护。在我看来，这恐怕首先是我们的认识与思路本身错了。价值与知识，本不是一个相反相成的关系，也不是一个此消彼长的对应。价值膨胀并不必然导致知识弱化，而知识扩张并不必然妨害价值的传导。始终在价值与知识之间做非此即彼的选择，带来的只能是一轮又一轮的折腾，当然还有日甚一日的疲惫与失望。

抽象的价值必然是空洞的，知识的碎片是没有意义的。对价值的过度迷恋必然让语文教学走向空洞，而对知识的膜拜与无度的强化，必然让语文教学失去自己的灵魂。现代社会早就走出了价值迷恋与知识膜拜的误区。为什么语文教育始终走不出这个左右摇摆的怪圈？

语文教育必须走出价值观迷恋和知识膜拜的双重误区，构建以表达能力与思维方式（核心是批判性思维）的培育为导向的现代语文教学体系。

思维方式上关涉价值观，下关涉知识，是价值与知识的通道。人的价值观必然表现为他思考与解决问题的方式，而他的知识积累也必然凝结他的思维方式。不能内化为思维方式的价值驯化是无效的，不能思维整合与内化的知识，是没有价值的。

以“思维方式”的培育为核心，才能彻底摆脱左右摇摆所带来的动荡。与价值相比，思维方式在教学上具有可操作性与可检测性；与知识相比，思维方式具有可整合性与可生产性。强化思维方式的培育，可望根治眼下语文教育在人文教育上空洞无力，在知识教学上零散无效的弊端。

语言是表达工具，也是思维方式，语言教学也是塑造民族思维的主要通道。从民族思维的传统与社会发展的现实看，理性精神的启蒙与批判性思维的培养也是最迫切的，刻不容缓。现代语文教育的一个重要功能，就是通过结构性的阅读与组织性的写作等教学行为，克服民族思维的弊端，改善民族思维的质量。在我看来，理性精神与批判性思维的培养，是语文教育的当务之急，刻不容缓——语文教改需要它，社会建设也需要它。

这就是丛书的理念。

（谢耘　中山大学哲学系）

五 “审辩式思维”微信公众号

今天，国际教育界已经形成共识：教育最重要的任务之一是发展学生的审辩式思维（critical thinking，也译为“批判性思维”）。审辩式思维是最值得期许的、最核心的教育成果。审辩式思维是创新型人才最重要的心理特征。审辩式思维不仅是一种认知技能，更是一种人格气质。审辩式思维不仅是最基本的探索工具，是教育的解放力量，更是私人生活和公共生活的强大资源，是理性和民主社会的基础。几乎所有对世界各国教育都有所了解的人的共同感受是，与发达国家相比，今日中国学校中最缺乏的就是审辩式思维。

审辩式思维微信公众号于 2014 年 5 月 9 日开设，每天发一期。到 2015 年 2 月 2 日，共发 268 期。从 2005 年春节开始，改为隔天发一期新内容，间隔的一天，重发一篇以往的旧文章。截止到 2015 年 12 月 24 日，共发 417 期。(目录见附件一)

开办以来，关注的人数逐渐上升。每天都有新人关注，每天也都有人取消关注，关注人数有升有降，呈现震荡上行的趋势。截止到 2015 年 12 月 25 日 15 时，关注人数是 18190 人。

为了借助考试的“指挥棒”作用推动审辩式思维水平的提高，需要开发审辩式思维水平测试（critical thinking test，简称 CTT)。我们希望 CTT 成绩可以逐渐像《行政职业能力测验》《管理职业能力测验》《学术研究能力测验》的成绩一样成为机关、企业、学校招聘录用。考核晋升的参考依据；我们希望 CTT 成绩可以逐渐成为大学招生（包括本科、硕士、博士招生）中的加试科目和参考依据；我们希望适合小学生、初中生、高中生和大学生等不同对象群体的 CTT，逐步成为教育评估和教育监测的主要参考依据之一。

“千里之行始于足下”。为此，我们迈开了小小的第一步，于 2014 年 12 月 22 日开通了演示性、练习性的审辩式思维水平测试网站。网址是：http：//www. ctexam. cn。在这个网站，网友可以进行 CTT 测试，可以即时获得自己的测试成绩。截止到2015年12月25日15时，网站的注册人数为2087人，实际参加CTT测试的人数为723人。

迄今，公众号一直由我一个人在手工维护。虽然比较辛苦，但乐在其中。

在维护公众号的同时，我还应邀在网下进行了一些关于审辩式思维的宣讲，先后在北京语言大学、北京地质大学、北京林业大学、中国人民大学、北京大学、北京师范大学、国际关系学院、北京教育学院、北京教育研究院、21世纪教育研究院、北京八一学校、北京顺义一中、北京红英小学、上海浦东干部学院、汕头大学、西南财经大学、四川省质量技术监督学校、西安欧亚学院、山东德州学院、重庆巴蜀中学等学校和人力资源和社会保障部职业技能鉴定中心、智鼎公司、ATA公司、华美杰尔教育咨询公司等从事人力资源开发的机构，介绍了审辩式思维的理念，与关心提高学生审辩式思维水平的教师和教学研究人员进行了面对面的交流。

在通过网络介绍审辩式思维理念的同时，也在《中国考试》《中国科学报》等传统纸媒上发表了一些介绍审辩式思维的文章。（目录见附件二）

（谢小庆　北京语言大学）

附录一　审辩式思维公众号第1—417期目录

1. 高考改革需要标本兼治
2. 审辩式思维是创新型人才的特征
3. 池莉：教育究竟是什么意思
4. 应试教育造成中国儿童的“童子伤”
5. 如何培养青少年解决问题的能力
6. 一百个院士抵不上一个崔其升
7. 杜郎口是宣言书·宣传队·播种机
8. 蔡元培先生的错误需要得到纠正
9. 什么是“童子伤”

10. 华美书院科研资助开始申报
11. 语言知识不等于语言能力
12. 于丹和易中天不是教师的榜样
13. 考查审辩思维能力促进创新人才成长
14. 不能再像马戏团训练小狗那样办学校
15. 6 年后我将收获怎样一个孩子
16. 郑重推荐上海电视台《教育能改变吗?》
17. 康德的“三大批判”并非佳译
18. 测测你的审辩式思维能力（1—10 题）
19. 测测你的审辩式思维能力（11—20 题）
20. 中国科学院白春礼院长强调批判性思维教育
21. 雷蒙校长道出了审辩式思维的精髓
22. 告别寻找标准答案的教育
23. 与小学生一道读《史记》的石皇冠老师
24. 批判性（审辩式）思考如何教
25. 条件具备的学校可以考虑取消中小学语文教科书
26. 离开教科书怎样教小学低年级语文?
27. 语文课真的需要一本教科书吗?
28. 审辩式思维不是“大批判”思维
29. 审辩式思维不仅是逻辑推理能力
30. 法官做出了他认为普乐好的判决
31. 青蒿素的成功可能改变方舟子对中医的偏见吗?
32. “华西”和“小岗”的实践可以成为检验真理的标准吗?
33. 张学良是民族英雄吗?
34. 《归来》是摧垮庙堂意识形态的集结号吗?
35. 1950 年中国应该出兵朝鲜吗?
36. 中国人的简单思维
37. 新加坡中学借助网络发展中学生的审辩式思维
38. 梁漱溟与董时进谁拥有真理?

39. 教育就是要教思维
40. 为什么美国中小学教育很糟糕大学却很牛？
41. 美国的历史教育有何特色
42. 东莞，向何处去？
43. 探究“审辩式思维”
44. 哥、意之战中裁判是否漏判点球？
45. 新一轮学习革命的五个关键词
46. 可汗对新一轮学习革命的理解
47. 教学思想的两次转变
48. 中国的未来发展要诉诸开发人力资源
49. 晚了
50. 反思不是虚无
51. 毛与邓
52. 前 30 年与后 30 年
53. 农村教育应否撤点并校？
54. 什么是林彪的“本质”？
55. 什么是江青的“本质”？
56. 《谢小庆教育测量论文集》后记
57. 《谢小庆教育言论集》前言
58. 不要把自己想象成首席大法官
59. 钱学森与谢韬谈教育
60. 为什么要进行高考改革？
61. 作为“助学”，我与学生互相导读
62. 需要在大学中倡导的精神价值
63. 对中国教育现状的基本判断
64. 对现行高校招生制度的基本判断
65. 高考必考科目是否包含英语？
66. 取消高考分批次录取的条件成熟了吗？
67. 知识考试与能力考试

68. “分数面前人人平等”并不合理
69. 举例简介审辩式论证之一
70. 举例简介审辩式论证之二
71. 举例介绍审辩式论证之三
72. 举例介绍审辩式论证之四
73. 毛泽东：现代学校的三个坏处
74. 学校教育为何成了痛苦的回忆
75. 物理学步入禅境：缘起性空（摘编）
76. 孔子学院是“面子工程”吗？
77. 新西兰小学家长讲：没有课本怎样上课？
78. 致推动“分享阅读”的幼儿教师们
79. 是否应恢复全国用一张高考试卷？
80. 多数人借助母语获得成功
81. 也可以这样……但不可以……
82. 拳头与舌头——在香港推广普通话活动中的发言
83. 尹建莉：学“语文”不是学“语文课本”
84. 需要为中小学生编一本“好课本”吗？
85. 莫言：钢琴家不一定会修钢琴
86. 离岛上的问题少年们
87. 审辩式思维就是这样发展起来的
88. 谁该对1946—1949年的内战负责？
89. 毛泽东的审辩式思维
90. 美国教育界关于审辩式思维的共识
91. 审辩式思维的6种核心技能和16种子技能
92. 发动文革是由于权力斗争吗？
93. 李培根：教师首先需要具有批判性（审辩式）思维
94. 英国小学的成绩单
95. 小学？中学？大学？研究生？什么时候送孩子出国？
96. 具有审辩式思维的人知道何时“闭嘴”

97. 人之初、性本善？
98. 让梨的孔融是善是伪？
99. 发展儿童的审辩式思维，从这里开始……（上）
100. 发展儿童的审辩式思维，从这里开始……（下）
101. 发展审辩式思维——从告别“中国方式”开始
102. 教语文，守着教材是不够的
103. 专家共识：审辩式思维也是一种精神气质
104. 毛泽东的民主教育思想（之一）
105. 毛泽东的民主教育思想（之二）
106. 关于审辩式思维的两封美国来信
107. 八个值得关注的教育公众号
108. 朝闻道，夕死可矣！
109. 不是为了学外语……
110. 《红楼梦》的“中心思想”是什么？
111. 教师、家长、作者和出版社的共同责任
112. 抓捕“四人帮”是否继承毛泽东遗志？
113. 丢掉外蒙是谁的责任？
114. 保护孩子创造力的要诀（之一）
115. 保护孩子创造力的要诀（之二）
116. 关于审辩式思维教学与测试的一些建议
117. 张五常的审辩式思维
118. 中国是抗日战争的战胜国吗？
119. 黛玉宝钗，你喜欢谁？
120. 人的能力有高低吗？
121. 保护孩子创造力的要诀（之三）
122. 证据与理据
123. 我在美国学习创新的真实经历
124. 实践是检验真理的唯一标准吗？
125. 为什么要进行高考改革？

126. 再谈为什么要进行高考改革
127. 对沈阳“怪坡”的审辩
128. 大学中首先要学什么？
129. 可以鼓励孩子“接下茬”
130. 再谈物理学步入禅境
131. 两个 14 岁女孩在中美的不同成长历程
132. 为孩子们创造更好的成长环境
133. 以学生为中心的教学
134. 中美教育的十个差异
135. 卡梅伦为什么向支持苏格兰独立的人们致敬？
136. 怎样成为优秀的语言教师（节录）
137. 教师十诫
138. 再说“接下茬”
139. 批孔与尊孔
140. 不要轻易批评孩子“爱出风头儿”
141. 问题不在起跑线上的输赢
142. 大道与小康
143. 瓦格纳：21 世纪的 7 项生存技能
144. 从国际比较测试 PISA 的结果看中国教育的“短板”
145. 瓦格纳深入讨论审辩式思维发展
146. 瓦格纳：雇主在寻找什么样的雇员？
147. 导师在寻找什么样的研究生？
148. 刘道玉：大学在寻找什么样的校长？
149. 西方讲成长，中国讲塑造
150. 钱学森：教育问题绝不亚于经济问题
151. 给校园以思想自由——关于德育的两点看法
152. 再说“童子伤”
153. 听讲、答问、提问和质疑
154. 审辩式思维已发文章目录

155. 治理雾霾，我们能做什么？

156. 治理雾霾，我们能做什么？（之二）

157. 台大管理学院郭瑞祥院长：最重要的一课

158. 审辩式思维所面对的基本问题

159. 人生的张力——欢迎新研究生的发言

160. 师徒之间——罗素和维特根斯坦

161. 杰出人才不是“培养”出来的

162. 改革的步子可以迈得更大——在杜郎口的谈话

163. 基础语文教育如何承担启蒙的使命

164. 审辩式思维：超越“阿伦特理解”

165. 与研究生谈学习方法

166. 与研究生谈学习态度

167. 金观涛的心灵孤旅

168. 审辩式思维的“底线”：拿证据说话

169. 一个运用审辩式思维的典范

170. 一个运用审辩式思维的典范（2）

171. 一个耄耋老人对审辩式思维的呼唤

172. 快乐的学习更有成效吗？——举例介绍审辩式论证之五

173. 望子成人，而非望子成龙

174. 科学主义是捆绑中国孩子的绳索

175. 朱清时：物理学走近阿赖耶识

176. 审辩式思维 1—175 期目录

177. 端碗与砸锅——举例介绍审辩式论证之六

178. 怎样进一步对审辨式思维进行 study（学习和研究）（之一）

179. 怎样进一步对审辨式思维进行 study（学习和研究）（之二）

180. 怎样进一步对审辨式思维进行 study（学习和研究）（之三）

181. 郎咸平：中国教育综合了美国“拼爹模式”与日本“公平模式”的缺点

182. 以审辩式思维对中国教育进行审辩

183. 审辩式思维与“量子思维”
184. 看孩子自己的缘分吧
185. 读什么书，有助于提高审辩式思维？
186. 在怀疑的时代依然需要信仰
187. 具有审辩式思维者怎样看待科学理论
188. 读什么书，有助于提高审辩式思维？（之二）
189. 论爱因斯坦逻辑简单性思想及其渊源（摘编）
190. 再谈具有审辩式思维者怎样看科学理论
191. 戈尔巴乔夫是俄罗斯的民族英雄吗？
192. 叶利钦是俄罗斯的民族英雄吗？
193. 社会批评不能成为泼妇骂街
194. 我把 9 岁儿子送到美国后
195. 中国学霸在美国为什么会得零分？
196. 审辩式思维的内容和含义
197. 审辩式思维能力的培养和训练
198. 审辩式思维能力的评估和测试
199. 审辩式思维思维教育具有现实意义
200. 上山下乡运动的“本质”是什么？
201. 《亮剑》中的审辩式思维
202. 审辩式思维 1—201 期目录
203. 教育改革要顺应学生的天性
204. 为什么孩子不再喜欢旅游？
205. 所有的孩子都爱学习吗？
206. 不会阅读的学生
207. 研究生们在读什么书？
208. 描述性写作与审辩式写作的区别
209. 如何看待衡水中学模式？
210. 没有考试和竞争的教育如何出人才
211. 应试路上状元郎，知向谁边？

212. 创造力来自哪儿?
213. 研究生在读什么书?(之二)
214. 怎样进一步对审辨式思维进行 study(学习和研究)(之四)
215. 创造力可以培养吗?
216. 为什么要取消一大批资格认证考试?
217. 高考改革,我们已经走了多远?
218. 对中国教育现状的审辩
219. 破解美国现代教育之谜
220. 站在澳洲望北京——一个志愿者对中国教育的审辩
221. 美国审辩性思考培养创新人才
222. 对中国考试评价现状的审辩
223. 关于审辩式思维的另一视角
224. 关于"审辩式思维(critical thinking)"的汉译
225. 中美两国中学语文课的差异
226. 审辩式思维水平测试网开通
227. 为什么要开发审辩式思维水平测试?
228. 再谈为什么要开发审辩式思维水平测试
229. 创新意识与决策能力培养——发展审辩式思维的法国经验
230. 审辩式思维与分析性推理的区别
231. 中国学生能力与人格的"均值"和"方差"
232. 一个运用审辩式思维的典范(之三)
233. 戒诸生(节录)
234. 凭借什么坚守价值体系?(节录)
235. 1948 年 11 月 3 日的太原城内
236. 2014 年小结——第 1—235 期目录
237. 丘成桐谈创造的原动力
238. 北京公交该不该涨价?
239. 法律是普乐好决策的底线
240. 什么是袁世凯的"本质"?

241. 眼见一定为实吗？
242. 学习是孩子自己的事情
243. 不懈质疑：不仅仅是创造力的核心
244. 一个穆斯林学生的思考
245. 从一本“坏书”说起
246. 白岩松：寻找信仰
247. 何谓“真理”——维基百科词条
248. 真理、合理与信念的评判（节录）
249. 科学模型是虚构的吗？（节录）
250. 世界上最牛的博士论文
251. 什么是“语文”？
252. 什么是“语文”？（之二）
253. 这 5 道题考的是什么？
254. 特级教师黄玉峰谈审辩式（批判性）思维
255. 梦里寻他千百度
256. 从楚王失弓说起
257. 对“标准答案式教育”的一点反思（摘编）
258. 窦桂梅校长谈清华附小语文学习的 5 项过关性检查
259. 《学会生活》前言
260. 什么是“学会生存”——对 Learning to be 的补充说明
261. “学会做人”还是“学会成为你自己”？
262. 文献翻译中的审辩式思维
263. 斯坦福大学 2013 年新通识教育课程的特点
264. 美国的小学怎样考试？
265. 麻省理工中国美女才女的背影
266. 开个不为赚钱的咖啡店
267. 中国孩子比外国孩子少笑 50%
268. 两项审辩式思维测试
269. 放春假喽——第 1—268 期目录

270. 关于《穹顶之下》的审辩式思考
271. 女强人？贤妻良母？
272. 金字塔的建造者不是奴隶
273. 从柴静的“动机”谈起
274. “两会”内外话“审辩”
275. 教育呼唤批判性思维
276. 从“教师”到“助学”
277. 优等生、天赋者和思辨者
278. 中美教育比较
279. 教育：从同质化走向个性化
280. 新加坡的威权政治可以效仿吗？
281. 许多时候不可以“讲道理”
282. 教学不是科学是艺术
283. 快乐究竟是什么？
284. 幸福究竟是什么？
285. 怎样对待上课睡觉的学生？
286. 维特根斯坦——当代审辩式思维的先驱
287. 对审辩式思维 6 种核心认知技能和 16 种子技能的说明
288. 测测你的审辩式思维能力（21—30 题）
289. 怎样对待上课看微信的学生？
290. 思维的层次和境界
291. 幸好，我遇到一个可以有效沟通的老妈
292. 最遥远的距离在课堂上的师生之间
293. “移动互联”时代，知识不一定是力量
294. 国家教育行政学院审辩性和创新性思维培训
295. 是非
296. 为生活重塑教育
297. 没有人能告诉你标准答案
298. 杀害江南的主谋究竟是谁？

299. 勇士，可以屹立在课堂
300. 肯尼迪兄弟面临的艰难选择
301. 中国教育最薄弱的环节是发展审辩式思维
302. 中国人为什么需要信仰
303. 翻转课堂，最重要的是什么？
304. 一个少年的心灵创伤险些毁掉世界
305. 大学生为何失去思考能力
306. 经典碑文二则
307. 冯友兰先生谈“和而不同”
308. 幸福50%靠基因，10%靠环境，40%靠自己
309. 我曾遇到的最好老师
310. 美国大学生的“不懈质疑”
311. 先人后己是美德吗？
312. 哈耶克：驱除惟科学主义的迷雾
313. 教育的未来：帮助孩子做好未来准备的九项技能（中英对照）
314. 看什么电影有助于提高审辩式思维水平？
315. 看什么电影有助于提高审辩式思维水平？（二）
316. 一个运用审辩式思维的典范（之四）
317. 批判性思维：逻辑的革命
318. “一个都不能少”和“一个都出不来”
319. 《项链》的中心思想是什么？
320. 孩子都是哲学家
321. 对《项链》的审辩
322. 批判性阅读与批判性思维培养
323. 拐卖儿童罪的量刑是否过轻？
324. 审辩式思维绝非凡事说“不”
325. 华中科技大学附属小学已开设批判性思维课程
326. 批判性思维教育的新尝试——走进小学
327. 中国优秀科研苗子为何难修正果？

328. 昨夜无眠
329. 科研，不应是“富二代”的专利
330. 美国小学生“研究报告”堪比大学生论文
331. 美国交换生在我家生活 7 天，我被惊倒 6 次……
332. 他为什么对平凡人生深怀恐惧?
333. 美国 2014“国家年度教师”强调审辩式思维
334. 人大附中西山学校的审辩式思维课程（上）
335. 人大附中西山学校的审辩式思维课程（下）
336. 儿童站在学校正中央
337. 为强哥点赞——姗姗来迟但终于来到的改革举措
338. 今天的基础教育是过度化的教育
339. 审辩性和创新性思维培训研讨班圆满结束
340. 审辩式思维的科学基础
341. “状元”和“双博士”留给我们的思考
342. 美国基础教育的《共同核心标准》
343. 你的命运只能由你自己书写
344. 要争论
345. 中国课堂最需要的改变：让老师少讲
346. 严重推荐“思辨读写”
347. 为什么美国学校能够培养出高端创新型人才?
348. 你没权利评判我
349. 我在这里找到了教育的理想
350. 怎样发展孩子的审辩式思维?
351. 严重推荐 CCTV 纪录片《校长的选择》
352. 特级教师黄玉峰的批判性思维教学
353. 程抱一谈三
354. 在培养人才过程中“顺便”解决高考
355. 凯恩斯与哈耶克谁拥有真理?
356. 《华生—格拉瑟审辩式思维测试》简介

357. 为何“寒门难出贵子”?
358. 对“公平”的审辩
359. 对“正义”的审辩
360. 第五届全国批判性思维与创新教育研讨会见闻
361. 角逐批判性思维
362. 为什么西方国家集体缺席?
363. 凭借什么守护抗战胜利成果
364. 与总会计师相比，总裁需要什么不同的能力?
365. 审辩式阅读案例：蔺相如“完璧归赵”辩
366. 看什么电影有助于提高审辩式思维水平?(三)
367. 看什么电影有助于提高审辩式思维水平?(四)
368. 孩子在学校被打怎么办?
369. 谁有资格“替天行道”?
370. 关于“合法”的审辩
371. 该不该杀她?
372. 审辩式思维课程任课教师的角色
373. 从事科学研究需要什么素质?
374. 美国老师怎样培养学生的审辩式思维?
375. 审辩式思维发展的 9 个层次
376. 女性审辩式思维发展的 5 阶段
377. 什么是好的研究生导师?
378. 考证“教育”不适合做办学的行业名称
379. 女性审辩式思维发展的 5 阶段
380. 什么是好的研究生导师?
381. 考证“教育”不适合做办学的行业名称
382. 西安欧亚学院的审辩式思维课程
383. 这样的“专家鉴定”有什么意义?
384. 大学校长的“两难”背后
385. 首届全国中学语文批判性思维教学现场会

386. 审辩式思维：前现代与后现代的遭遇
387. 中西学术之不同
388. 新加坡中学帮助学生提高审辩式思维水平一例
389. “不是知识，而是大脑”——以学生为中心的学习
390. 老师要引导学生在手机上查你讲得对不对
391. 审辩式思维考试的题型和例题
392. 终于明白：课堂的内在品质是批判性思维
393. 欧美鼓励生育政策的经验和教训
394. 批判性思维到底有多重要？
395. 对审辩式思维的误解之一
396. 对审辩式思维的误解之二
397. 对审辩式思维的误解之三
398. “学霸”新标准：不是会背，而是会想
399. 最没用的教育方法：讲道理
400. 真相，有时候真的不重要
401. 官话套话其实是在重复废话
402. 以审辩式思维坚持“自己的真理”
403. 怎样培养小学生的审辩式思维
404. “1114”的忧伤和希望
405. 以独立思考对抗平庸之恶
406. 什么是审辩式思维？
407. 审辩式思维的幸运数字“3”
408. 信仰的力量在于不可证伪
409. 刍议审辩式思维的发展过程
410. 知识分子要具有审辩式思维
411. 向语文教师们严重推荐这个 15 分钟的专题片
412. 在高考中增加语文比重，可喜？可忧？
413. 理工科学生审辩式思维的培养
414. 我们为什么要批判

415. 西安欧亚学院的批判性思维课程
416. 巴蜀鲁能中学蒋嘉盛老师的一堂语文课
417. 思维就是力量
418. 最后的话
419. 太阳一定从东边出来吗？
420. 思维碰撞：课程改革正在向纵深发展

附录二 纸媒上发表的有关审辩式思维的文章

《〈华生—格拉瑟审辩式思维测试〉简介》，《内蒙古教育》2015 年第 11 期

《以审辩式思维坚持自己的真理》，《当代教育家》2015 年第 10 期

《关于审辩式思维教学与测试的共识》，《湖北招生考试》2015 年第 3 期

《审辩式思维在创造力发展中的重要性》，《内蒙古教育》2014 年第 6 期

《探索“审辩式思维”》，《中国科学报》2014 年 6 月 20 日

《考查审辩思维能力促进创新人才成长》，《北京考试报》2014 年 5 月 21 日

《怎样培养青少年解决问题能力》，《中国科学报》2014 年 5 月 9 日

《审辩式思维能力及其测量》，《中国考试》2014 年第 3 期

《创新型人才的关键是批判式思维》，《中国科学报》2014 年 2 月 14 日